住房和城乡建设领域"十四五"热点培训教材

建筑光储直柔
技术与工程案例

中国建筑节能协会光储直柔专业委员会　著

中国建筑工业出版社

图书在版编目（CIP）数据

建筑光储直柔技术与工程案例／中国建筑节能协会光储直柔专业委员会著．—北京：中国建筑工业出版社，2023.6

住房和城乡建设领域"十四五"热点培训教材

ISBN 978-7-112-28723-9

Ⅰ.①建…　Ⅱ.①中…　Ⅲ.①建筑光学－储能－案例－教材　Ⅳ.① TU113

中国国家版本馆 CIP 数据核字（2023）第 081792 号

责任编辑：齐庆梅
责任校对：党　蕾
技术整理：董　楠

住房和城乡建设领域"十四五"热点培训教材
建筑光储直柔技术与工程案例
中国建筑节能协会光储直柔专业委员会　著
＊
中国建筑工业出版社出版、发行（北京海淀三里河路9号）
各地新华书店、建筑书店经销
北京建筑工业印刷厂制版
北京京华铭诚工贸有限公司印刷
＊
开本：787 毫米×1092 毫米　1/16　印张：15½　字数：375 千字
2023 年 6 月第一版　　2023 年 6 月第一次印刷
定价：**158.00** 元
ISBN 978-7-112-28723-9
（41147）

顾问及作者名单

顾 问：

江 亿　王成山　武 涌　马 钊　康艳兵

陈其针　郭晓岩　孙正运　陈亦平　程韧俐

作 者：（按章节顺序排列）

郝 斌

深圳市建筑科学研究院股份有限公司，前言，第1章

刘晓华

清华大学，第1章，1.3，3.1.2.1，3.1.3.1，3.1.4.1

孙冬梅

深圳市建筑科学研究院股份有限公司，1.1，1.2，2.2.4，2.4，第4章，4.1，4.2.1

李雨桐

深圳市建筑科学研究院股份有限公司，1.3.2，1.3.3，2.2.5，3.3，4.2.1

赵宇明

深圳供电局有限公司，第2章，2.4

康 靖

深圳市建筑科学研究院股份有限公司，2.1，2.2，3.2.3，3.3，4.2.1

马 钊、王昊晴

山东大学、中国电力科学研究院有限公司，2.1，附录

冯 威

中科院深圳先进技术研究院，2.1

王振尚

深圳供电局有限公司，2.1

童亦斌

北京交通大学，2.2.1，2.2.2

王　静

　　深圳供电局有限公司，2.2.3

叶承晋

　　浙江大学，2.2.4

惠红勋

　　澳门大学，2.3

莫理莉

　　华南理工大学建筑设计研究院有限公司，第 3 章

康　靖、孙　林、何联涛、孙冬梅、李雨桐、牛润卓

　　深圳市建筑科学研究院股份有限公司，4.2.1

刘晓华、张　涛、刘效辰、李少杰

　　清华大学建筑节能研究中心，4.2.2

黄　刚、陈文波

　　南京国臣直流配电科技有限公司，4.2.3，4.2.11

袁金荣、廖俊豪、唐文强、黄毅翔

　　珠海格力电器股份有限公司、国创能源互联网创新中心（广东）有限公司，4.2.4

刘贵平、秦建英、刘　洁、于海超

　　北京安业物业管理有限公司（隶属太古地产有限公司）、深圳市建筑科学研究院
　　股份有限公司，4.2.5

潘毅群、朱　虹、闫凯丽、梁建钢

　　长三角可持续发展研究院、同济大学、北京德意新能科技有限公司，4.2.6

张智权、马利英、高小燕、侯院军

　　上海碳索能源服务股份有限公司、上海大阈信息技术有限公司，4.2.7

贾志勇、周　祁、谢士涛

　　深圳证券交易所营运服务与物业管理有限公司，4.2.8

黄学劲、刘文豪、张　强

　　广东电网有限责任公司东莞供电局，4.2.9

赵志刚、王臣章、王　京、钱　博、李艳伟

　　珠海格力电器股份有限公司、国创能源互联网创新中心（广东）有限公司、格力
　　电器（杭州）有限公司，4.2.10

杨　崴、郝　斌、陈文波、张嘉睿、刘魁星、任　军、田　喆、穆云飞、
尹宝泉、韩晨阳、王　琦、韩爱泽
  天津大学、深圳市建筑科学研究院股份有限公司、南京国臣直流配电科技有限公司，4.3.1

李珺杰、张　文、黄宇轩、刘媛卉、吴　炜、王毓乾、王鹏飞、赵如月、
边文彦、吴玺君
  北京交通大学、陈张敏聪夫人慈善基金、英国 BRE Trust 、拉夫堡大学，4.3.2

江海昊、褚冬竹、黄海静、宗德新、黄招彬、李金波
  重庆大学、美的集团家用空调事业部、中国建筑西南设计研究院有限公司、上海霍普建筑设计事务所股份有限公司，4.3.3

朱礼建、王新想、李　忠
  山西国臣直流配电工程技术有限公司、南京国臣直流配电科技有限公司，4.3.4

伏彦彪、王晓锐、金亚东
  宁夏新阜特能源服务有限公司，4.3.5

支持单位： 能源基金会
    能源行业低压直流设备与系统标准化技术委员会

前　言

科研是求极值，工程是寻最优。 新技术如何工程化是值得我们思考的问题。

"光储直柔"技术是2020年6月3日江亿院士在线上会议正式提出的，很多人好奇，为什么这项新技术在短短一年多的时间就能写入到国务院《2030年前碳达峰行动方案》等文件中。一方面我们要感谢众多幕后台前致力于推动建筑行业进步的工作者，一方面我们要回顾其产生的时代背景。

早在2010年左右江亿院士就提出"直流建筑"概念，和国外提出的直流微网有异有同。那时候行业内更多的是争论"为什么?""直流与交流相比有什么优势?"直到今天这些问题依然存在，只不过答案在实践中不断地丰富。2015年当我们开始直流建筑工程实践的时候，这一问题也不断被大家所提及，效率提升、特低电压安全、微网可靠性提升、自适应控制等优势不断地被挖掘，更重要的是我们有了"恒功率"取电的目标。说到恒功率取电，一方面拟解决建筑配电设备大量冗余问题（满负荷利用率通常小于1500h），一方面拟平抑建筑用能的波动性，从而得到电网的认可。幸运的是我们一直有电网的支持和陪伴，不断对技术细节进行打磨推敲，对运行目标进行调整优化。

按照今天的说法，"恒功率"就是柔性。以火电为主导电源时，如果每个用户能够按照恒功率用电的话，自然是好事。面向"双碳"目标，大量可再生能源成为主导电源时，如果每个用户能够跟随风、光出力规律去用电的话，才是好事。之前我们练就的"恒功率"技术本领自然也能适应新的要求，于是"恒功率"调整为"建筑电力交互"。

从构想的提出到工程实践，再到不断地打磨，事实上"光储直柔"已经发展了10年之久。随着光伏和储能技术在建筑的大量应用，直流优势逐步凸显，以建筑电力交互为目标，实现建筑和电力携手零碳逐步成为大家的共识。

如何看待"光储直柔"?

"光储直柔"涵盖多项新技术，从技术就绪度角度来看，整体处于TRL7（形成整机产品工程样机，在真实使用环境下通过试验验证）和TRL8（实际产品设计定型，通过功能、性能测试；可进行产品小批量生产）阶段。

1. "光储直柔"不仅仅是技术集成，更需要原始创新

光伏组件效率等不是建筑行业要解决的技术，但光伏建筑一体化技术和光伏就地高效利用需要技术创新。电化学储能效率不是建筑行业要解决的技术问题，但蓄冷、蓄热以及建筑电动汽车交互需要技术创新。直流配电和柔性交互更是从零开始，直流配电理论基础、产品装备、柔性柔度以及建筑电力交互模式等需要技术创新。

2. "光储直柔"诠释了工程的表象与内在，或者说是兼顾了工程的过程和结果

"光储直柔"从字面上就阐释了新型建筑供配电系统的组成，使我们清楚地认识到工程元素的构成，但恰恰是看不见摸不着的"柔"体现了其工程价值。我们的传统思维仅关注工程上"有没有""用没用"，鲜少关注用的结果。"光储直柔"告诉我们应以结果为导向，用系统的思维去构建新型系统。

3. "光储直柔"是多学科、多领域、多行业融合的必然结果

"光储直柔"不仅涉及建筑、机电、暖通等专业，也涉及电力电子、电力工程、能源经济甚至金融学等学科，对于推动新能源、数字经济、绿色消费等多领域的快速发展，以及建筑、电力、交通多行业能源结构的转型具有重要的作用。

工程怎么落地？

1. 技术标准化

没有标准，设计师无从下手，《民用建筑直流配电设计标准》T/CABEE 030—2022使之成为可能。工程实践是标准的源泉，本书收录的案例对于标准的形成发挥了举足轻重的作用。这本标准从立项到发布用了四年的时间，比如针对直流母线电压等级这一个技术点就讨论了一年有余，在工程实践的基础上，结合已有相关标准、安全与效率、用电设备需求、产业支撑与发展等多因素，确定了标准中推荐的电压等级。就直流配电这项新技术而言，标准中的很多内容还需要大量工程实践的检验和进一步丰富与完善，正如编制组所说，每三年完成一次修订，再来两次修订，十年能磨一剑。

由于设计标准中柔性定量刻画与检测检验不能完整体现，《建筑光储直柔评价标准》针对"光储直柔"整体性能，尤其是柔性，提出了评价指标和检测方法，目前在征求意见中。这本标准将有助于设计师更好地理解柔性，从而更好地进行"光储直柔"系统设计。

2. 产品多元化

针对"光储直柔"系列产品的短板——直流机电与配电产品缺失，国内相关研究院所和生产企业开展了大量的基础研究，目前解决了"0-1"的问题。随着国家重点研发计划"建筑机电设备直流化产品研制与示范"的推进，"1-100"问题也将逐步解决，为工程项目提供多元化的选择。

产品迭代也是多元化的组成。以直流双向智慧充电桩为例，需要车桩充放协议支持、建筑能源管理系统与桩的协同、直流母线电压 - 充放电功率 - 电池剩余电量的自适应，甚至与建筑防火分区、电池材料与安全、电动汽车出行规律以及使用文化等密不可分。这就意味着"光储直柔"系统要具备开放性，更好地适应技术的发展。

如何验证？

1. 能不能用

对本书收录的案例而言，很多产品是定制的，甚至是被逼无奈自制的，建设时或多或少都会存在担忧。这不是危言耸听，很多项目都经历过合不上闸、上电不工作、不明原因跳闸、储能电池过放甚至电器烧毁等问题。一次次的失败使得"能不能用"的问题逐步得到了很好的解决，现在建设的光储直柔工程，"能不能用"已不再是问题。

2. 好不好用

评判"好不好用"，一方面应关注系统的故障率和操作简洁性。"光储直柔"系统的运行控制是基于直流母线电压的自适应系统，做好了不仅没有故障，甚至在电网故障时仍能保证用户的可靠用电。当然"光储直柔"系统也有其不同的特点与要求，比如在检修时需要考虑系统电容残压释放问题等。另一方面应看是否达到设计目标，能够实现柔性调节。我们不能苛求每个项目现在都能实现柔性，本书收录的案例也不是所有的项目都能实现柔性，但我们应不忘初心，让我们的系统在硬件层面具备实施条件，在软件层面具备开放性。

3. 贵不贵

负荷灵活调节（柔性）就是价值，也是我们的初心。柔性价值的大小，很大程度上决定"光储直柔"系统"贵不贵"。柔性价值变现，一方面通过峰谷电价价差实现。考虑新能源的接入和发挥负荷侧的灵活性，国家发展改革委要求各地合理确定峰谷电价差，目前北京、上海、重庆、广东、海南、新疆等多地峰谷电价差在 4 倍以上，"光储直柔"已经具备了很好的经济性。未来可进一步通过电量或辅助服务市场得到激励补偿。另一方面通过动态碳排放因子和碳市场实现。动态碳排放因子会告诉我们什么时候的电碳排放因子高，什么时候低，我们通过柔性调节，在满足用户使用需求的同时实现低碳用电。随着碳市场的完善，低碳用电的价值逐步显现。

关于收录案例的说明

在案例编写的过程中，我们得到了业内同仁的大力支持，收集了已建成和在建的"光储直柔"建筑示范项目共计 27 项。针对城市和农村、居住建筑和公共建筑等不同场景，相关科研院所、高校、设备产品供应商等开展了大量的、卓有成效的探索与实践。由于篇幅有限，本书没能收录所有的案例，在此致以歉意，并代表编写组感谢所有参与者的辛勤付出。

我们尽可能全方位展示每一个项目，包括其建设目标、项目方案、技术特点和运行效果等，也尝试请建设者分享建设过程的体会或背后的故事。我们深知每一个案例都有其不完美甚至是缺陷的地方，但我们拥有同样的初心。

本书得到了能源基金会的"中国光储直柔建筑发展战略路径研究（二期）"项目"城市建筑光储直柔标准协同与工程应用研究（G-2209-34126）"资助，在此致以诚挚的感谢！

郝斌

2022 年 12 月于北京

目 录

第1章
背景与意义

　　第1章主要介绍了建筑"光储直柔"的基本概念、发展驱动力和推广价值，回答了"什么是建筑'光储直柔'""为什么要发展'光储直柔'"和"推广建筑'光储直柔'的价值有哪些"等广大行业同仁和用户重点关注的问题。1.1节主要介绍建筑"光储直柔"的基本概念、系统构成及工作原理；1.2节从国家双碳发展战略要求、零碳电力系统中高比例可再生能源接入和消纳难题、零碳建筑对建筑节能发展的新要求等方面阐述"为什么要发展'光储直柔'"；1.3节从电网、用户和全社会不同视角分析推广建筑"光储直柔"将给各方带来哪些收益和价值。

1.1　什么是建筑"光储直柔"

"光储直柔"，英文简称 PEDF（Photovoltaics, Energy storage, Direct current and Flexibility），旨在通过光伏等可再生能源发电、储能、直流配电和柔性用能来构建出适应"碳中和"目标需求的新型建筑配电系统（或称建筑能源系统）。典型的建筑"光储直柔"系统如图 1-1 所示。"光"是指分布式太阳能光伏，"储"是指分布式储能（包括电化学储能、蓄冷、蓄热等）及利用邻近停车场电动汽车蓄电池资源，"直"指建筑内部采用直流供电，"柔"则是建筑"光储直柔"的目标，即实现柔性用电，使其成为电网的柔性负载或虚拟灵活电源。柔性的实现主要通过各用电设备的"需求侧响应"实现，各设备可以根据电网的供需关系自动改变其瞬时用电功率；也包括各蓄能设施的"需求侧响应"，系统内所连接的蓄电池／电动汽车蓄电池或其他蓄能设施可以根据电网的供需状况调节充电／放电功率，从而改变 AC/DC 处从外电网进入系统的电功率。所以建筑"光储直柔"的最终目标是使得建筑用电由目前的刚性负载变为柔性负载，即可以根据电力系统的供需关系随时调整用电功率，而不是仅由当时系统内各用电设备的用电功率所决定。

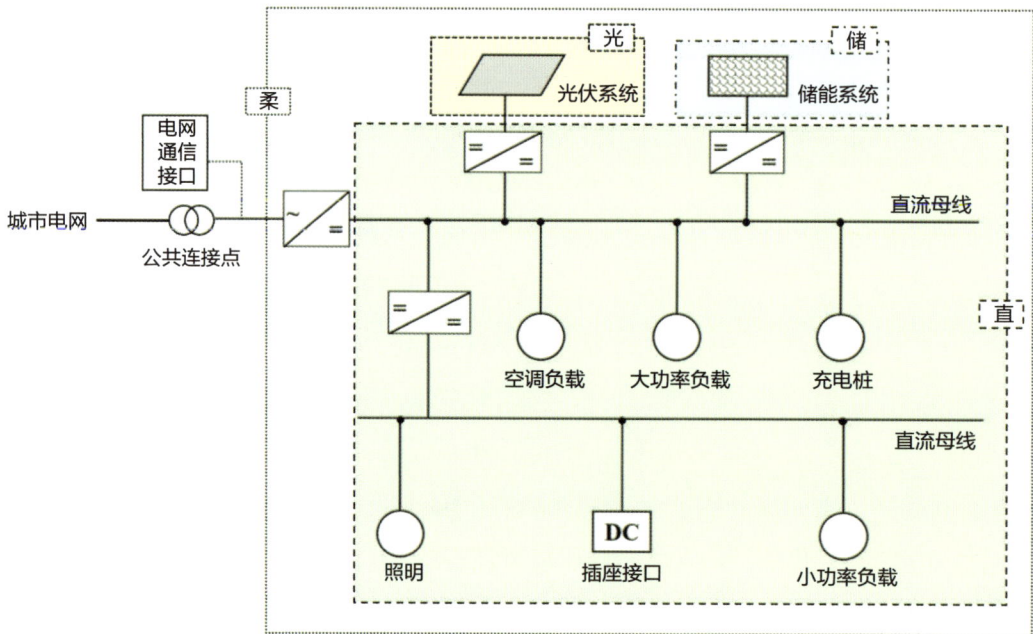

图 1-1　建筑"光储直柔"系统

以下介绍一种"光储直柔"系统基于变动母线电压信号的分布式控制工作原理：电网的电力供需关系要求建筑"光储直柔"系统某时刻的用电功率为 P_0，此时 AC/DC 可恒定输出功率 P_0，光伏发电的输出功率为 P_v，直流母线输入功率为 $P_0 + P_v$，各用电设备和蓄电装置的功率随直流母线电压的变化而自行变化。

当包括蓄电池和充电桩在内的各用电设备的总功率等于 $P_0 + P_v$ 时，系统维持平衡，直流母线电压处于要求的上限电压 V_{max} 和下限电压 V_{min} 之间。当系统用电总功率高于

$P_0 + P_v$ 时，直流母线电压下降，此时各用电设备将自动根据电压下降程度减小自身用电功率；蓄电池、充电桩也根据电压下降程度减小充电电流，甚至转换为通过放电向系统提供部分功率，随着直流母线电压的下降，系统从交流电网的取电功率不断下降，最终重新平衡到 P_0。反之，当系统用电总功率低于 $P_0 + P_v$ 时，直流母线电压升高，各用电设备根据电压的升高自动加大自身的用电功率，蓄电池、充电桩也会自动增大充电功率，从交流电网取电的功率就会重新平衡到 P_0。

当交流电网和光伏发电的供电功率 $P_0 + P_v$ 过大，而各用电设备和充电装置功率过小时，直流母线电压达到允许的上限 V_{max}，此时须通过 AC/DC 减小从交流电网引入的功率 P_0 和调节光伏发电的 DC/DC，通过部分"弃光"使母线电压稳定在 V_{max}。而当交流电网和光伏发电的供电功率 $P_0 + P_v$ 过小，小于当时各用电设备的总功率，并且各蓄电装置也无法提供更多电力时，AC/DC 将加大供电功率，使直流母线电压维持在 V_{min}，保证基本的用电需求。在这两种情形下，系统从外电网的取电功率会出现小于或大于要求的用电功率 P_0 的现象，此时光储直柔配电系统就不能实现严格按照要求的取电功率从外电网取电，是否会出现这种工况取决于系统内各用电设备功率的可调节能力以及系统配置的储能容量。

总而言之，建筑"光储直柔"使得建筑从传统能源系统中刚性消费者的角色转变为未来整个能源系统中具有可再生能源生产、消费、能量调蓄功能"三位一体"的复合体，这也是建筑面向构建未来低碳能源系统应当发挥的重要功能。

1.2 为什么要发展建筑"光储直柔"

1.2.1 符合国家战略需求

2021 年 10 月 24 日，中共中央、国务院发布的《关于完整准确全面贯彻新发展理念做好碳达峰碳中和工作的意见》指出：到 2060 年我国的非化石能源比重达 80% 以上，并着重指出大力发展低碳建筑，深化可再生能源建筑的应用。可再生能源发电的随机性、波动性将对城市电网的安全、稳定运行带来极大的挑战，制约了可再生能源大规模的应用。大规模可再生能源的发展必然要求电网系统源、网、荷、储协调运行，否则将导致可再生能源出力与终端负荷时空错配等问题。建筑"光储直柔"的发展不仅是解决分布式光伏接入和消纳问题的重要技术手段，而且是面向新型电力系统实现"荷随源动"的重要技术支撑，对于零碳建筑和零碳电力的实现具有重要作用。

2021 年 10 月 26 日，国务院印发《2030 年前碳达峰行动方案》提出：要加快优化建筑用能结构，提高建筑终端电气化水平，建设集光伏发电、储能、直流配电、柔性用电于一体的"光储直柔"建筑。到 2025 年，城镇建筑可再生能源替代率达到 8%，新建公共机构建筑、新建厂房屋顶光伏覆盖率力争达到 50%，为"光储直柔"建筑的发展目标指明了方向。2021 年 12 月 31 日，工业和信息化部等五部门联合发布《智能光伏产业创新发展行动计划（2021—2025 年）》提出：发展智能光伏建筑，在有条件的城镇和农村地区，统筹推进居民屋面智能光伏系统，鼓励新建政府投资公益性建筑推广太阳能屋顶系统，开展以智能光伏系统为核心，以储能、建筑电力需求响应等新技术为载体的区域级光伏分布式应用示范；提高建筑智能光伏应用水平，积极开展光伏发电、储能、直流配电、柔性用电于一体的"光储直柔"建筑建设示范，进一步细化了"光储直柔"建筑发展的技术路径。2022 年 3 月 1 日，住房和城乡建设部《"十四五"建筑节能与绿色建筑发展规划》提出："十四五"累计新增建筑光伏装机容量 0.5 亿千瓦；建设以"光储直柔"为特征的新型建筑电力系统，发展柔性用电建筑；在满足用户用电需求的前提下，打包可调、可控用电负荷，形成区域建筑虚拟电厂，整体参与电力需求响应及电力市场化交易，提高建筑用电效率，降低用电成本。

国家各部委出台的相关政策对发展建筑"光储直柔"系统、建筑侧需求响应、建筑层面的储能利用、建筑光伏利用等均提供了有利条件，这些政策支持为"光储直柔"建筑的推广应用提供了重要支撑，也对合理构建"光储直柔"系统、开发系统关键设备、开展工程应用等提出了具体要求，部分相关政策见表 1-1。

光储直柔建筑相关政策 表 1-1

序号	发布时间	文件名称	发布单位	内容摘要
1	2021 年 10 月 24 日	关于完整准确全面贯彻新发展理念做好碳达峰碳中和工作的意见	中共中央 国务院	・深化可再生能源建筑应用，加快推动建筑用能电气化和低碳化。 ・开展建筑屋顶光伏行动，大幅提高建筑采暖、生活热水、炊事等电气化普及率
2	2021 年 10 月 26 日	2030 年前碳达峰行动方案	国务院	・提高建筑终端电气化水平，建设集光伏发电、储能、直流配电、柔性用电于一体的"光储直柔"建筑
3	2021 年 12 月 31 日	智能光伏产业创新发展行动计划（2021—2025 年）	工业和信息化部 住房和城乡建设部 交通运输部 农业农村部 国家能源局	・发展智能光伏建筑，在有条件的城镇和农村地区，统筹推进居民屋面智能光伏系统，鼓励新建政府投资公益性建筑推广太阳能屋顶系统； ・开展以智能光伏系统为核心，以储能、建筑电力需求响应等新技术为载体的区域级光伏分布式应用示范； ・提高建筑智能光伏应用水平，积极开展光伏发电、储能、直流配电、柔性用电于一体的"光储直柔"建筑建设示范
4	2022 年 3 月 1 日	关于印发"十四五"建筑节能与绿色建筑发展规划的通知	住房和城乡建设部	・鼓励建设以"光储直柔"为特征的新型建筑电力系统，发展柔性用电建筑。 ・在满足用户用电需求的前提下，打包可调、可控用电负荷，形成区域建筑虚拟电厂，整体参与电力需求响应及电力市场化交易
5	2022 年 3 月 1 日	"十四五"住房和城乡建设科技发展规划	住房和城乡建设部	・开展高效智能光伏建筑一体化利用、"光储直柔"新型建筑电力系统建设、建筑—城市—电网能源交互技术研究与应用

续表

序号	发布时间	文件名称	发布单位	内容摘要
6	2022 年 6 月 1 日	"十四五"可再生能源发展规划	国家发展和改革委员会 国家能源局 财政部 自然资源部 生态环境部 住房和城乡建设部 农业农村部 中国气象局 国家林业和草原局	・加快建设可再生能源存储调节设施，强化多元化智能化电网基础设施支撑，提升新型电力系统对高比例可再生能源的适应能力。 ・推动可再生能源发电在终端直接应用。在工业园区、大型生产企业和大数据中心等周边地区，因地制宜开展新能源电力专线供电，建设新能源自备电站，推动绿色电力直接供应和对燃煤自备电厂替代，建设一批绿色直供电示范工厂和示范园区，开展发供用高比例新能源示范。结合增量配电网试点，积极发展以可再生能源为主的微电网、直流配电网，扩大分布式可再生能源终端直接应用规模
7	2022 年 6 月 17 日	减污降碳协同增效实施方案	生态环境部等七部委	・推动能源供给体系清洁低碳化和终端能源消费电气化，实施可再生能源替代行动，大力发展风能、太阳能、生物质能、海洋能、地热能等。 ・推动超低能耗建筑、近零碳建筑规模化发展，大力发展光伏建筑一体化应用，开展"光储直柔"一体化试点
8	2022 年 6 月 24 日	科技支撑碳达峰碳中和实施方案（2022—2030 年）	科技部 国家发展和改革委员会 工业和信息化部 生态环境部 住房和城乡建设部 交通运输部 中国科学院 中国工程院 国家能源局	・研究"光储直柔"供配电关键设备与柔性化技术，建筑光伏一体化技术体系，区域—建筑能源系统源网荷储用技术及装备。 ・建立一批适用于分布式能源的"源—网—荷—储—数"综合虚拟电厂，建设规模化的光储直柔新型建筑供配电示范工程
9	2022 年 6 月 30 日	城乡建设领域碳达峰实施方案	住房和城乡建设部 国家发展和改革委员会	・推动开展新建公共建筑全面电气化，推动高效直流电器与设备应用，推动智能微电网、"光储直柔"、蓄冷蓄热、负荷灵活调节、虚拟电厂等技术应用，优先消纳可再生能源电力，主动参与电力需求侧响应
10	2022 年 10 月 9 日	能源碳达峰碳中和标准化提升行动计划	国家能源局	・建立完善以光伏、风电为主的可再生能源标准体系，研究建立支撑新型电力系统建设的标准体系，加快完善新型储能标准体系，有力支撑大型风电光伏基地、分布式能源等开发建设、并网运行和消纳利用

1.2.2　零碳电力发展需求

实现"碳中和"战略的主要任务之一是实现从以化石能源为基础的碳基电力系统转为以可再生能源为基础的零碳电力。表 1-2 给出了我国目前的电力系统电源构成和希望未来实现的零碳电力系统的电源构成。从表 1-2 可知，未来风电、光电的装机容量要从目前的 20% 左右增加到 80% 左右，风电、光电提供的电量则要从目前的不到 10% 增加到 60% 左右。大规模发展风电、光电就必须解决以下问题：① 可再生电力的安装空间；

② 风电、光电的发电功率变化与终端用电功率变化的不同步性。"光储直柔"新型电力系统恰恰是针对这两个问题给出的解决方案。

我国 2019 年和 2050 年电力系统的装机容量和发电量　　　　表 1-2

	2019 年状况		规划的 2050 年状况	
	装机容量（亿 kW）	年发电总量（万亿 kWh）	装机容量（亿 kW）	年发电总量（万亿 kWh）
水力发电	3.8	1.6	5	2
核能发电	0.5	0.4	2	1.5
风电、光电	4	0.55	60	8
调峰火电	11	5	6.5	1.5
总计	19	7.5	74	13

（1）可再生电力的安装空间

风电、光电接收的是自然界风能和太阳能，其发电功率几乎与占地面积成正比。按照目前的技术水平，单位水平面积的发电能力约为 $100W/m^2$，远低于核电、火电和水电。按照表 1-2 的规划，如果我国未来需要的风电、光电装机容量为 60 亿 kW，则需要约 600 亿 m^2 的水平安装空间，这约为 1 亿亩土地。我国为了保证基本的粮食供应，需要约 18 亿亩农田。相比之下为能源的需要增加的 600 亿 m^2 土地是巨大的空间需求。

由此就自然会想到在我国的西部地区利用大量的沙漠、戈壁滩来开发风电、光电。这也确实是近年来发展风电、光电的重要方向。然而，我国主要的用电负荷集中在胡焕庸线以东，而可大规模开发利用的沙漠和戈壁滩则在胡焕庸线以西，二者距离几千公里。出于这一原因，我国近年来修建了多条超大功率长距离输电线路，但为了有效发挥其作用并保证输电过程的稳定性，需要用水电或火电与风电、光电"打捆"，形成相对稳定的输电功率。根据一天内风电、光电的变化规律，需要投入的水电或火电功率与所输送的风电、光电功率之比至少要达到 1∶1。尽管我国西部地区有丰富的水力资源，但其总量也不会超过 5 亿 kW，所以仅能为 5 亿 kW 的风电、光电"打捆"，更多的风电、光电需要由当地的燃煤燃气火电来匹配。这样，就无法降低未来电力系统中燃煤燃气火电的比例，从而也就难以实现零碳电力的目标。当然也可以在风电、光电基地同时设置巨大的储能设施，使一天的风电、光电经储能调整，成为全天稳定的电力。此时，需要配备的储能容量至少要达到全天发电总量的 50%~60%。1W 太阳能光伏器件按照一天发电 10Wh 计算，需要的储电容量为 5~6Wh，当前采用化学储能装置的成本在 6 元 /W 以上；而 1W 的光伏器件目前成本不到 1.5 元，包括支架、逆变器、变压器等全套光伏发电系统的成本也不超过 4 元 /W。这样，在电力产地采用化学储能就使得系统成本由 4 元 /W 增加到 10 元 /W。而另一方面，太阳能光伏电力的特点是白天大功率、晚上零功率，这又与东部终端用电的负荷特性接近。如果一天内恒定的西电东输，东部地区就要在夜间把多出来的电力蓄存起来，供白天用电高峰期使用。按照典型的一天内办公建筑用电变化规律，夜间需要蓄存的电量约为一天用电总量的 30%~40%（图 1-2）。这等于又要巨大的储能资源来调节用电侧的峰谷差。如此，西部光伏发电东输的成本为：光伏发电成本（4 元 /W）＋西部地区化学储能成本（6 元 /W）＋东部地区化学储能成本（3～4 元 /W）。经过两次叠加后的化学储能成本几乎为光伏发电系统本身成本的 2.5 倍。

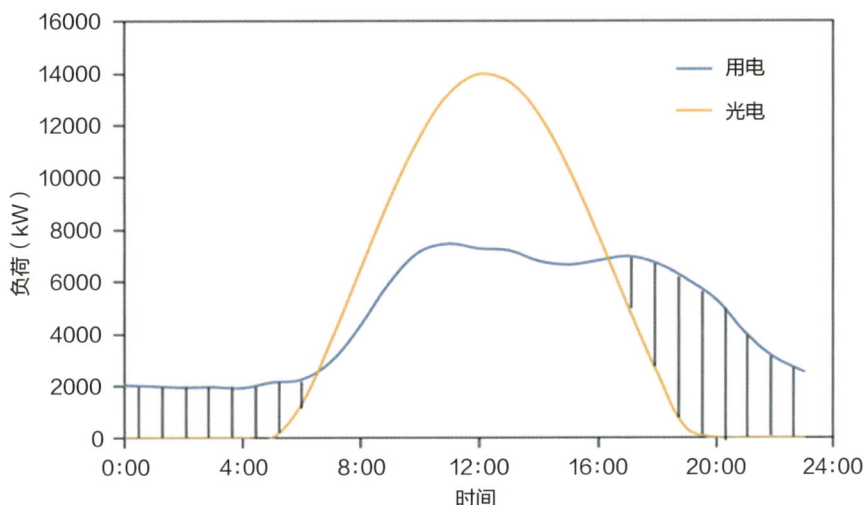

图 1-2　典型办公建筑用电负荷与光电发电曲线的耦合关系

如果在我国东部负荷密集区发展光电，如图 1-2 所示，太阳能光伏发电一天的变化与一天内建筑用电负荷的变化具有一定的耦合度，这时，1W 光伏对应的化学储能容量仅为 2～3Wh，远低于在西部安装时要求的（西部 5～6Wh ＋东部 3～4Wh）共计 8～10Wh 储能容量，这就可以使光伏系统所需要的储能规模大幅度降低，并且储放电量仅为在西部发电方式 1/3，储放电损失和长途输送损失的降低可使系统效率提高 20%～30%，几乎可以抵消西部太阳辐射强度比东部高 30%～40% 的这一优势。所以，至少对于太阳能光伏来说，可能更适合优先在东部负荷密集区域发展。

东部地区土地资源极度紧张，可能安装光伏电站的地方就是各类建筑的屋顶及各种目前尚闲置的空间。清华大学建筑节能研究中心、中国建筑设计研究院有限公司与自然资源部卫星信息研究所合作，利用高分卫星图片和现场抽样调查统计分析研究认为，我国城乡可用的屋顶折合水平表面面积为 412 亿 m²，在充分考虑各种实际的安装困难并留有充分余地后，可得到结论：城镇空闲屋顶可安装光伏发电容量为 8.3 亿 kW，年发电量为 1.23 万亿 kWh；农村空闲屋顶可安装光伏发电容量为 19.7 亿 kW，年发电量为 2.95 万亿 kWh。这样，城乡可安装光伏发电容量为 28 亿 kW，超过我国规划的未来光伏装机总量的 70%，潜在年发电量为 4.2 万亿 kWh，超过我国规划的未来光伏发电总量的 70%。城乡建筑屋顶及其他可获得太阳辐射表面的光伏发电应是我国未来大规模发展光伏发电的主要方向。

发展屋顶光伏发电系统或建筑光伏一体化系统，与发展边远地区集中式光伏基地相比，至少有以下优点：① 利用现有空闲空间，不需要"三通一平"整治荒地，安装成本低。② 纳入建筑的日常维护管理，只需要定期进行表面清洁，大幅度降低维护成本。③ 可接入建筑低压配电系统中，尤其是可直接接入"光储直柔"配电系统中。对于大多数城市建筑屋顶，可以较好实现自消纳，无需送电上网。这就避免了集中式光伏发电层层逆变、升压上网，然后再返回到用电终端这一过程，减少传输过程的初投资和传输损耗，并且不必改变当前城市电网单向受电的特性。对于乡村屋顶光伏发电系统，其发电量大于当地生活、生产和交通需要的电力，必须发电上网。但发电上网的电量也仅为总发电量的约 1/2，同样可减少电力输送的初投资和损耗。④ 避免建设超大功率的西电东输系统，节省投资和土地。

因此，我国太阳能光伏发电未来最主要的发展方向是建筑屋顶和其他表面，最主要的接入方式是优先自发自用。"光储直柔"完全适合于这种建筑光伏发展模式。

（2）如何破解可再生能源出力与终端负荷时空错配难题

以化石能源和水电为主的传统电力系统的基本调控模式是"源随荷变"，任何负载侧的变化都要由电源侧的实时调节来平衡，调节过程中的变化则依靠发电机组转子系统巨大的转动惯量来平衡。当风电、光电成为主要电源后，其发电功率由天气状况决定，只有弃风、弃光减小发电功率的调控手段。这样就要求"荷随源变"，或者增加巨大的蓄能环节来平衡源与荷之间的功率差别。

一种方式是在电源侧或关键的电网节点处设置巨大的蓄能装置，通过调节蓄能装置的储放电量，使风电、光电加上蓄能装置，仍然维持"源随荷变"的功能。实现这种蓄能功能的技术途径有：

1）抽水蓄能电站。尽管蓄能电站储放综合效率不到 70%，但已是最好的蓄能装置，也是灵活电源。而蓄能电站只有在合适的地理环境资源条件下才能建设。如果未来全国风电、光电年发电量 8 万亿 kWh，则仅实现一天内调节就需要蓄能 300 亿 kWh，我国目前满足建设抽水蓄能电站条件的资源不足 30 亿 kWh，仅能满足 1/10 的需要。包括土木工程建设，每百万千瓦时的抽水蓄能电站建设费用超过 10 亿元，300 亿 kWh 的抽水蓄能电站需要 30 万亿元，这是一笔巨大的投资。

2）空气压缩储能。其储放综合效率也不到 70%，每百万千瓦时的投资与抽水蓄能电站相当。在储电的同时要释放大量低品位热量，而释放能量发电时需要注入大量热量。当空气压缩储能用于一天内的电力平衡时，很少能找到一天内同时需要冷量和热量的场景，这样储放电过程中的冷量和热量就很难全部有效利用。

3）电解水制氢、储氢，再通过燃料电池发电。这一储放综合效率不到 60%，并且三个环节的装置成本都远高于上述两种方式。因此，这一技术路线不是大规模风电、光电发展中解决一天内电源调控的方法，而只是用于消纳高峰期过多的电力，为各类需要燃料的工业生产等过程提供零碳燃料。

4）各种化学储能方式，也就是各种类型的蓄电池。其储放综合效率可达 80% 以上，优于上述各种方式。根据目前的技术发展态势判断，其初投资还将持续下降，300 万亿 kWh 的化学储能有望通过 30 万亿元的投资规模实现。但其存在耐久性问题，目前维持其容量的充放电寿命在几千次的水平。如果每天储放一次，则其使用寿命仅为 10 年，而抽水蓄能电站的综合寿命是几十年，因此，大规模集中式化学储能方式很难和抽水蓄能电站竞争。

在电源侧仅设置部分应急储能设施，把破解问题的聚焦点转移到用电终端，也就是

"荷"侧，使目前的"源随荷变"改为"荷随源变"，则是通过"光储直柔"系统破解这一问题的思路。这就是不依靠电源侧或"电源＋储能侧"，而是根据"荷"侧的变化进行相应调节，由用电终端即"荷"侧根据电源侧的变化而自动调整其用电功率，实现系统每个瞬间的供需平衡。"光储直柔"系统通过其所连接的蓄能装置和可随时改变自身用电功率的用电设备实现柔性用电，"荷随源变"既可平衡"源"与"荷"之间的矛盾，还由于实现了分布式光伏产能和分布式化学储能，依靠自身的装置提高终端用电的可靠性和安全性，减少为了追求高标准的供电可靠性而对配电网不断加码的多路冗余供电要求。"光储直柔"系统增加的光伏投资可从其获得的发电收益中得到回报。直流配电系统在大规模发展后，其低压配电器件成本将会降低。直流系统增加的投资可从获得同样供电安全性但减少了冗余配电从而减少的成本中回收；增加设置的分布式蓄电池组容量仅为实现集中蓄能蓄电池容量的 1/4～1/3，所以增加的初投资也仅为设置集中的蓄电池机组的 1/4～1/3；而增加的邻近停车场的智能充电桩初投资则可从所提供的充电服务费中回收。"光储直柔"系统最主要的蓄能能力将来自邻近停车场电动汽车的蓄电池，而这又是由电动汽车车主所投资。研究表明，接入"光储直柔"系统的电动汽车并不会因为参加储能而减少寿命。"光储直柔"系统使得电动汽车内配置的蓄电池这一资源得到充分利用。

因此，"光储直柔"系统通过柔性负载实现"荷随源变"，破解电源侧大比例的风电、光电导致电网上"源"侧与"荷"侧瞬间不平衡难题的有效途径，为大规模的风电、光电有效消纳给出了新的途径。而且"光储直柔"系统还能大幅度提高建筑用电可靠性，对于已依靠外电网实现 99.9% 供电可靠性的建筑，一年中可能出现的累计 9h 停电期间完全可通过自身蓄电池和所连接的电动汽车蓄电池实现独立供电。根据蓄电池容量和所连接的电动汽车数量的不同，供电可靠性可由 99.9% 提高到 99.99%～99.999%。

以上讨论说明，发展建筑"光储直柔"系统是为了破解新型的零碳电力系统要大规模发展风电、光电所面临的光电安装空间和风电、光电调控这两大难题；是调度各方面资源，降低成本，助力新型零碳电力系统建设的有效途径，也是建筑实现全面电气化和用电零碳化可采用的措施。

1.2.3　零碳建筑发展要求

我国建筑节能经历了 30%、50%、65% 的三步走，从居住建筑延伸到公共建筑，从严寒寒冷地区拓展到夏热冬冷和夏热冬暖地区，从设计、施工到运行，建筑本体性能以及设备系统效率大幅提升，采暖空调占建筑能耗的比例由过去的三分之二逐步降低到三分之一。与此同时，随着生活水平和智能化水平的提高，电器设备用能比例逐步提高。在建筑电气化的背景下，未来是继续把钱花在建筑本体的能效提升还是兼顾建筑用能的灵活性上，这是值得深入研究的。美国能源部 2021 年 5 月公布的"A National Road Map for Grid-Interactive Efficient Buildings"（与电网互动的建筑国家发展路线图）认为，考虑可再生能源边际成本的降低，未来建筑负荷灵活性的作用甚至超过能效提高发挥的作用。"光储直柔"是在建筑能效提升基础上进一步实现电能替代与电网友好交互的新型建筑能源系统。

　　我国建筑能耗总量中电力消耗量大幅增长。2020 年全国建筑运行总用电量为 2 万亿 kWh，占全社会用电量的 26.6%。根据电力平衡表，建筑用电量在全社会用电量中的比重在 2001—2020 年提升了 6.6%，如图 1-3 所示。建筑电气化率（即建筑用电量在建筑终端能源消费中的比重）也快速提升。如图 1-4 所示，在 2001—2020 年间，建筑电气化率从 19% 提升到 58%，未来还将进一步提升。未来高比例的可再生能源将成为电力供应的主力，由此带来的突出矛盾是可再生能源的发电功率与终端用户用电功率的不同步。潜在的建筑负荷调节能力是解决高比例可再生能源接入所带来的波动性难题的重要措施。按照当前规划的"风光"比例，未来电力紧张的时间段，从每日分布看，大概率出现在前半夜；从季节分布看，大概率出现在冬季。电力的峰谷与目前存在显著差异，将被重新定义。

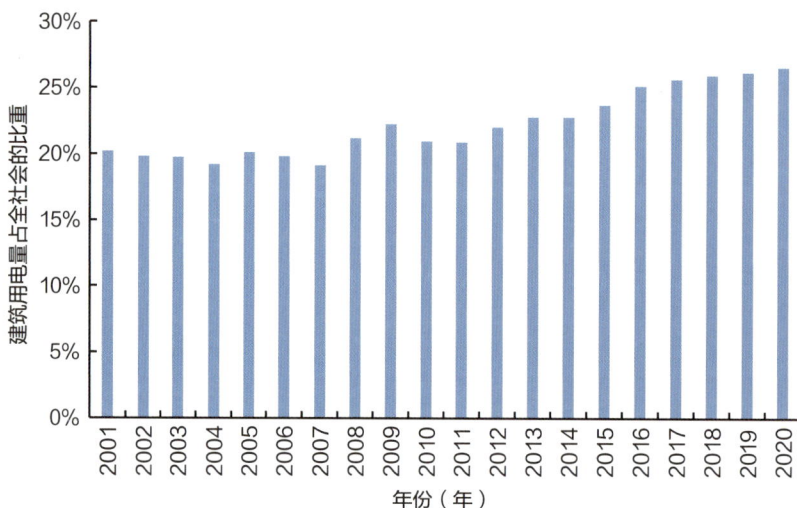

图 1-3　建筑用电量占全社会用电量的比重

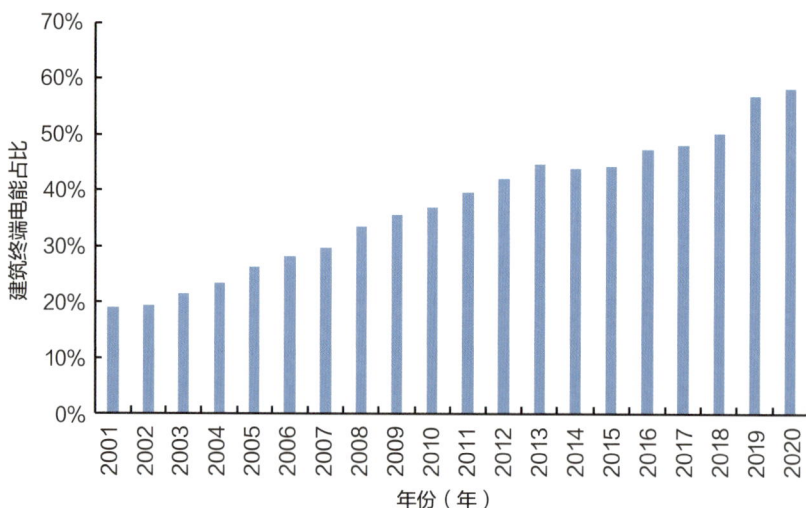

图 1-4　建筑电气化率

注：按发电煤耗法计算

　　从一整年的时间尺度来看，用电峰值仅占很短的时间比例。图 1-5 给出了我国南方某城市 2019 年全社会用电负荷曲线，可以看出其 95% 以上的电力尖峰负荷持续很短，一年内不过 30h。短时尖峰负荷供应短缺是当前我国电力供应安全面临的主要难题，但这并非电力装机不足导致的，其根源是我国电力系统结构性问题，即基础电源过多而尖峰资源不足。新型电力系统的特点主要有新能源发电占比显著增加，源、网、荷高度电力电子化，电网输配电成本上升等。由此带来的电网电力平衡困难、系统安全稳定难度增加、调节成本增加等挑战，需要大力挖掘灵活资源与电网的交互能力。此时加强调峰能力建设，提升系统灵活性是解决新能源发展问题、提高新能源开发和利用效益的关键。欧美很多发达国家的能源转型都是以约 30% 的灵活性电源作为基础支撑，目前我国灵活性电源的比例仍旧过低。

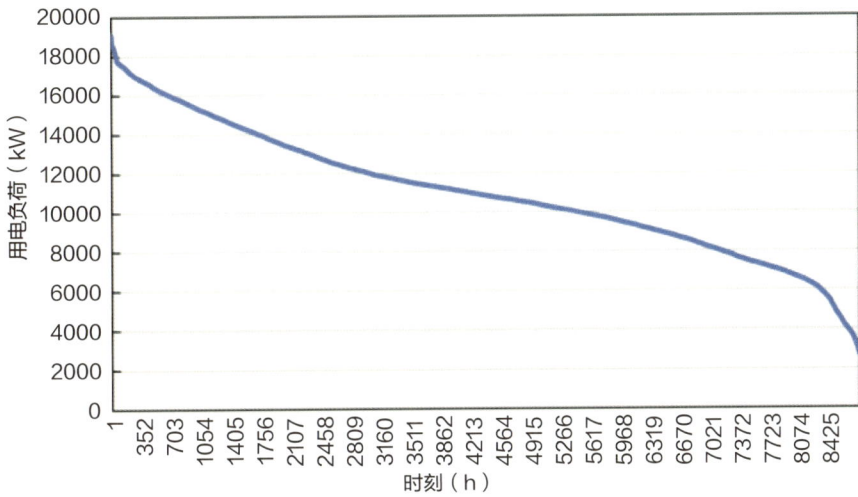

（a）

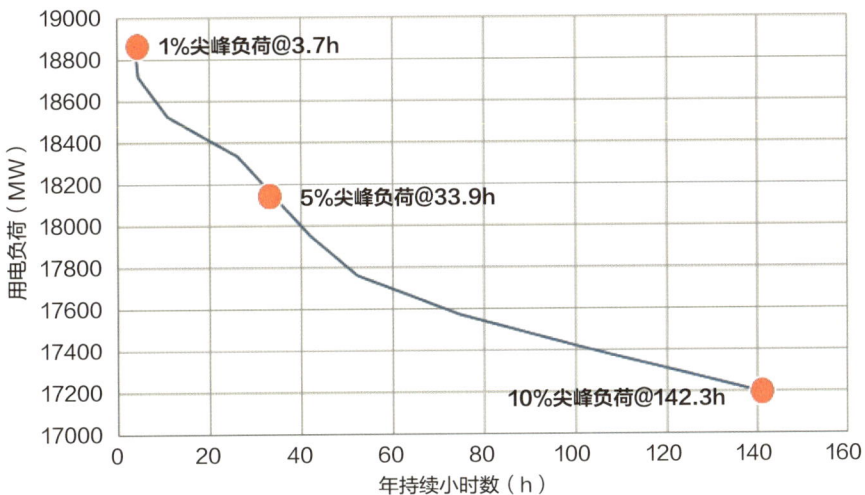

（b）

图 1-5　电负荷延时曲线

（a）年电负荷延时曲线；（b）局部放大图

《国家发展改革委 国家能源局关于推进电力源网荷储一体化和多能互补发展的指导意见》（发改能源规〔2021〕280号）提出：通过优化整合本地电源侧、电网侧、负荷侧资源，以先进技术突破和体制机制创新为支撑，探索构建源网荷储高度融合的新型电力系统发展路径。充分发挥负荷侧的调节能力。这对于负荷侧的建筑来说，当通过优化建筑用能结构、提高建筑终端电气化水平而提升可调节用电负荷的灵活性时，未来还能够通过"光储直柔"建筑、虚拟电厂等形式聚合的可调节负荷参与电力辅助服务，成为建筑领域"碳达峰"行动的必然选择。

1.3 推广建筑"光储直柔"的价值

1.3.1 电网效益

未来以新能源为主体的新型电力系统相比现有电力系统本征特性改变，能源时空需均衡配置，空间尺度更大，时间尺度更小；不确定性电源主导系统，运行特性更加复杂多变；源—荷双向响应成为常态。电力系统的运行机制也发生了巨大变化，规划关键约束由供电充裕度向供电灵活性转变，电力电量平衡也由总量平衡向资源时空均衡转变。建筑"光储直柔"对新型电力系统的作用主要分为两个方面：提供巨大的蓄能能力、支撑以零碳电力为基础的新型电力系统。

（1）提供巨大的蓄能能力

建筑中可利用的储能资源如图1-6所示。其中建筑本体围护结构可发挥一定的冷热量蓄存作用，与暖通空调系统特征相关联后可作为重要的建筑储能／蓄能资源；水蓄冷／冰蓄冷等蓄冷方式是建筑空调系统中常见的可实现电力移峰填谷的技术手段，在很多建筑中已得到应用。除了上述暖通空调领域常见的蓄能可利用资源外，建筑中可发挥蓄能作用的至少还包括电动汽车和各类电器设备。已经初步开展的建筑周边汽车使用行为研究表明，电动汽车与建筑之间具有密切联系和高度同步使用性，电动汽车可视为"移动的建筑"或"移动的蓄电池"，是一种重要的蓄电池资源，可发挥对建筑能源系统进行有效调蓄的重要作用，电动汽车也有望成为实现交通—建筑—电力协同互动（如V2G/V2B）的重要载体。从某种程度上来看，建筑整体可视为一种具有能量蓄存释放能力的电池，而使其更好的成为整个能源系统中的可调蓄环节。在充分挖掘建筑自身具有的储能潜力的基础上，需合理设计配置"光储直柔"建筑中所需的化学电池储能容量，既要保证发挥有效的调蓄能力、满足建筑需求，又要避免过多的蓄电池容量增加系统成本。

建筑中各种储能资源蓄能潜力如图1-7所示。

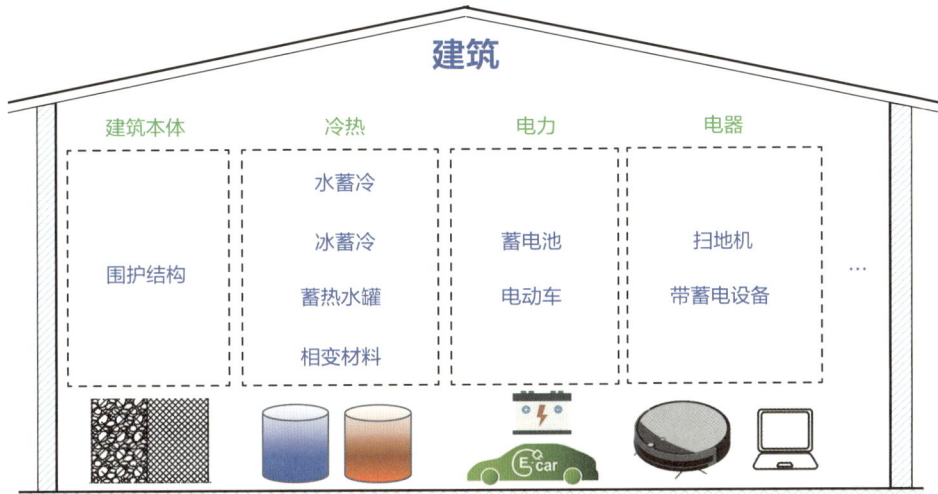

图 1-6　建筑中可供利用的蓄能资源

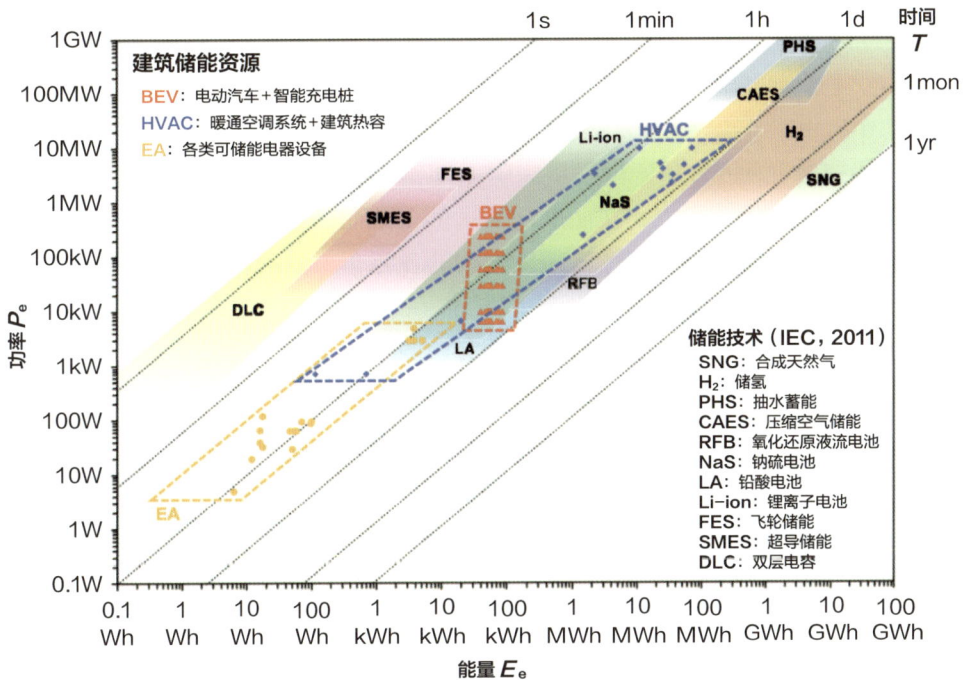

图 1-7　建筑中各种储能资源蓄能潜力

建筑中的空调系统。其等效的充电功率、放电功率、储能容量与空调系统规模、是否设置蓄冷蓄热方式密切相关。以设置蓄冷的航站楼空调系统为例，其等效充电功率可达兆瓦级别，蓄冷空调对应的等效储能容量亦可达兆瓦时级别，蓄冷空调系统可实现数小时尺度上的电力削峰；对于无蓄冷的常规空调系统，仍可利用建筑自身的热惯性、建筑中环境控制参数的波动特点等来实现一定的储能效果，例如分体机对应的场景，其可调节功率通常仅在数百瓦至千瓦级别，可利用的调节响应时长也仅在数分钟级至半小时。因而空调系统可实现的储能能力能够覆盖图 1-7 中较大的能量及功率范围，对应的时间尺度也可在数分钟至数天级别。

建筑周围的电动汽车。可利用其具有的蓄电池资源作为建筑可调度的储能资源。一辆电动汽车的等效充电功率可在数千瓦到数万瓦级别，达到的储能容量可在数万瓦级别，可实现的调节时间也在数分钟至小时。当建筑周围存在多辆电动汽车时，这些电动汽车可发挥的调节能力既与车辆自身具有的电池资源有关，还与电动汽车的使用行为、转移规律等相关，需要结合电动汽车的使用行为来确定其可发挥的储能调蓄能力，以便更好地满足建筑自身能量调度需求。

建筑中的各类电器设备。其等效的充放电功率、储能容量与电器设备自身具有的电池容量、输入输出功率特点相关，也与电器设备可实现的功率可调节能力、时间尺度上的能量迁移程度相关。目前各类建筑中的电器设备具有的储能能力、响应功率等存在较大差异，例如有的个人电子设备仅能实现瓦级别的功率响应，有的楼宇机电设备可实现数千瓦至数万瓦的功率响应。

（2）支撑以零碳电力为基础的新型电力系统

我国未来的新型电力系统中，风电、光电提供约 8 万亿 kWh/年的电量，通过水电和抽水蓄能的协同调节，可消纳其中的 2 万亿 kWh，剩余 6 万亿 kWh 需要其他调控资源。这 6 万亿 kWh 的风电、光电中，农村屋顶光伏及零散空地的风电约 2.5 万亿 kWh；城市周边集中风电、光电（包括海上风电）和屋顶光伏约 3.5 万亿 kWh。

农村如果建成如图 1-8 所示的村级直流微网，除全部实现电气化满足自身生活、生产和交通用能外，每年还可以将按照电网需求侧要求而调整的 0.7 万亿～1 万亿 kWh 电力输出上网。依靠农村用电负载上占很大比例的各类车辆蓄电池以及农业生产的需求侧响应用电模式，再加上农村直流微网配置的分布式蓄电装置，这 0.7 万亿～1 万亿 kWh 电力可以按照电网指定时段上网，有效用于电力调峰。

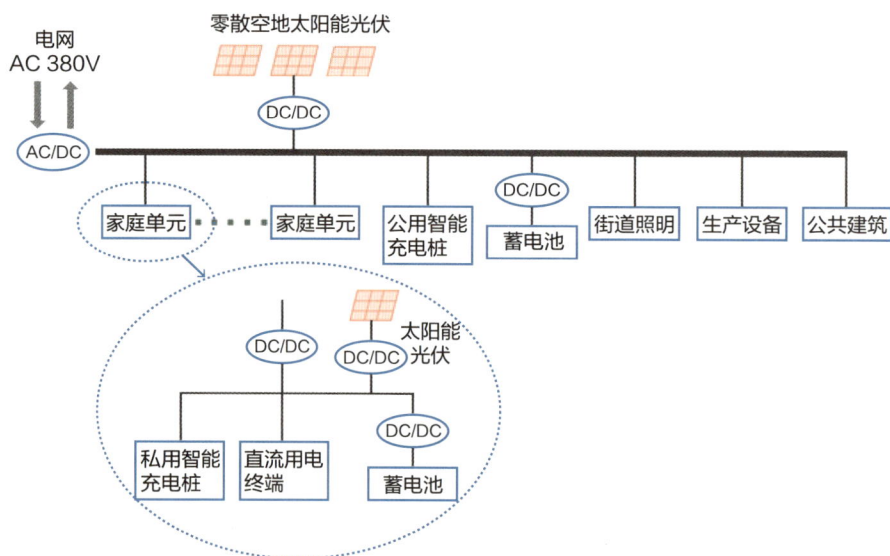

图 1-8　农村基于屋顶光伏的村级光储直柔微网

如果未来城镇的 300 亿 m² 居住建筑和 100 亿 m² 办公及其他功能建筑改造为光储

直柔配电，并且通过周边停车场与 2 亿辆电动汽车连接，则每年可消纳自身和外界的风电、光电 3 万亿 kWh，可以完成风电、光电剩余部分 85% 的消纳任务。剩余 0.5 万亿 kWh 的风电、光电即可通过集中的空气储能、化学储能和制氢等方式进行一周或更长的储存周期来调整和消纳，应对连阴天、静风天等，以保证电力的可靠供应。

由此可见，研究开发建筑的"光储直柔"系统，在取得成熟经验后全面推广这一系统，对我国建设和发展以风电、光电为主要电源的新型电力系统有至关重要的作用，是能源消费侧革命的重要内容。新型电力系统将使电力系统的电源由目前的集中式转为半集中、半分布式；电网将由目前的单向受电电网转为双向有源电网；系统的稳定性将由依靠电源侧的转动惯量和同步容量维持转为较多地依靠负载侧的分布式蓄电；系统的安全性则由目前的冗余备用转为分布式电源和蓄电；电力的供需关系由目前的"源随荷变"转为"荷随源变"；电力成本也由目前不同时段的 2～3 倍之差转变为不同时段 5 倍以上的差别。建筑的"光储直柔"系统是这些重大变化在建筑用电系统和用电方式中的体现。未来电源的成本在一天内有巨大变化，当风电、光电完全可以满足负荷需求时，电力成本低于目前的燃煤电力；而当风电、光电功率不足，需要依靠各种蓄电方式把风电、光电高峰期的剩余电量转移以应对负荷需求时，电力成本将是低成本时段的 5～10 倍。蓄能和用电侧需求响应的功率调节，将比用电效率还重要。"光储直柔"系统的任务就是通过利用各种可能的蓄能资源，挖掘需求侧可响应供需关系变化并进行实时功率调节的能力。

此外，"光储直柔"建筑可减少光伏送电上网比例和建筑从电网取电比例，通过"光储直柔"系统的柔性调节可使建筑用电曲线更加平滑，避免了集中式光伏发电层层逆变、升压上网，然后再返回到用电终端这一过程，减少传输过程的损耗，同时有利于逐级降低整个电网系统的基础设施规模，进而减少初投资。

1.3.2　用户效益

建筑"光储直柔"系统在用户效益方面主要体现在以下层面：

"光储直柔"系统的发展有利于推动建筑终端电器直流化。目前建筑内的各类用电设备，照明装置采用 LED 光源，需要直流驱动；电脑、显示器等 IT 设备，其内部为直流驱动；空调、冰箱等白色家电，现在的发展方向是变频器驱动同步电机，实现对电机转速的高效精准控制，其内部也是直流驱动；电梯、风机、水泵等建筑中大功率装置，目前的高效节能发展方向也是直流驱动的变频控制。各种建筑用电装置的发展和技术进步的方向都是由交流驱动转为直流驱动，光伏和蓄电池也要求直流接入。建筑用电系统中不断地进行交流和直流之间的转换，多次转换就要重复地接入转换装置，不仅增加设备投入以及故障点，还造成较大的转换损失。

"光储直柔"系统有利于优化建筑配电容量，提高资产利用效率。通常市政电源容量设计时主要根据建筑规模、负荷性质、用电设备类型等，采用需要系数法计算用电负荷，并在此基础上考虑一定的安全系数得到。由于担心配电容量未来无法满足用电负荷增长需求，计算过程中倾向于采用较大的负荷指标和安全系数，导致容易过高估计配电容量需求。根据深圳市 2019 年大型公共建筑能耗监测数据显示，各类公共建筑的变压器负载率达到 75% 以上的时间不足 2%，全年 60%～90% 的时间变压器负载率低于 25%。可见，当前建筑配电变压器实际运行负载率低下是普遍现象。采用"光储直柔"技术可以柔性灵活调节建筑对市政电网的电力需求，有利于设计人员和建设方采用更贴近实际运行负荷需求的配电容量，提高变压器运行效率，减少电力基础设施的投资浪费。

"光储直柔"系统有利于降低系统的运行电费甚至获得售电收益。 在现有分时电价或者其他动态电价的激励下，通过"光储直柔"系统的调蓄作用，可以使得建筑实现"移峰填谷"的效果，建筑用电系统在经济性方面更加低成本的运行，未来新型电力系统必然也存在变化的电价激励信号，通过蓄电池、建筑等效储能、电动汽车等柔性资源的柔性调节，系统在保证与电网良好互动的基础上可以更加经济的运行，现有储能、光伏成本下，通过减少运行成本和售电收益，建筑"光储直柔"系统的投资回收期一般在 5～8 年，未来随着光伏、储能成本的降低，建筑末端等效储能技术的进步，峰谷电价差的增加等因素，系统回收期会进一步缩短。

1.3.3　产业带动

随着我国能源行业即将进入全面深化改革的关键期，能源品种、能源技术和服务模式的多元化创新发展将推动能源系统一体化进程加速，不同能源的互补集成、"源—网—末端"的综合优化、集中式与分布式的相互结合、工业建筑交通的交互融合势必成为能源系统的发展趋势。建筑"光储直柔"系统为建筑新能源技术提供更灵活的接入条件和更高效的运行平台。建筑"光储直柔"系统与建筑光伏、建筑储能、直流电器、电动汽车、需求响应等产业息息相关，如图 1-9 所示，建筑"光储直柔"系统与可再生光伏资源利用的相互促进关系，能够带动电力电子新兴产业、电化学储能和建筑电器等产业的发展。

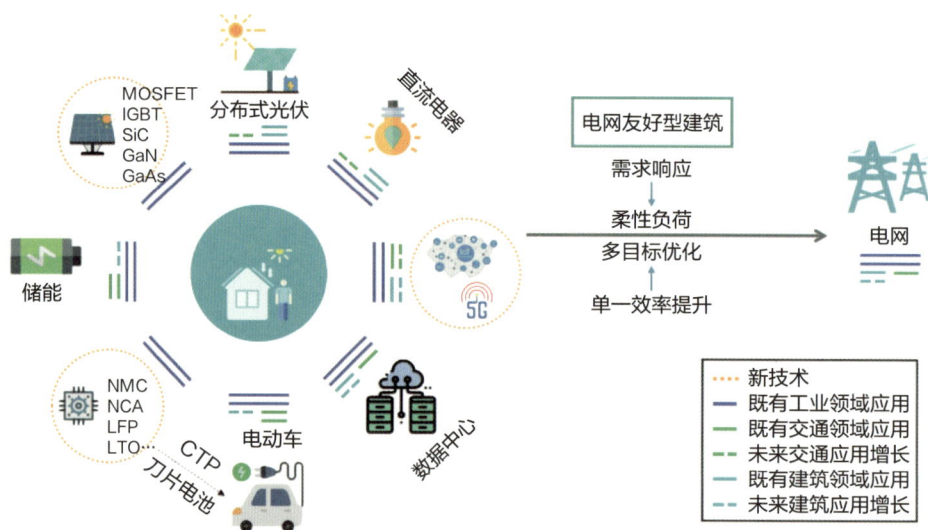

图 1-9　建筑光储直柔系统关联产业与驱动力

（1）建筑光伏

建筑光伏是指光伏设备与建筑屋顶外墙、市政绿化和基础设施等结合的分布式光伏技术，以自发自用为主要目的。近年来分布式光伏发展迅速，2013—2018 年，累计装机容量从不到 500 万 kW 增长到 1.2 亿 kW。截至 2018 年底，分布式光伏占光伏累计装机容量的比重达 28%，占当年新增容量的比重达 50%。根据《中国能源电力发展展望》报告预测，未来光伏并网发电装机容量将大幅增长，到 2030 年和 2050 年光伏发电装机容量将增长到现在的 6 倍和 9 倍。按照集中式与分布式并重发展的趋势，分布式光伏，尤其是建筑光伏，在未来还有很大的发展潜力。随着分布式光伏的规模化发展，其成本也在迅速下降，光伏发电在电力市场中的竞争力越来越强。2008 年光伏系统价格约 50 元/W，而目前甚至已降至 4 元/W，十年间降幅超 90% 以上。分布式光伏由于初投资低于集中式光伏，根据光伏行业协会预测，未来两年内部分区域的分布式光伏有望实现与居民用电平价。

（2）储能

据中国能源研究会储能专委会统计，截至 2018 年底我国已投运储能项目累计达 3130 万 kW，其中电化学储能达到 107 万 kW。从电化学储能技术、电网需求等方面分析，电化学储能在未来五年内将延续超过 70% 的年增长速度，到 2023 年储能规模接近 2000 万 kW。国际可再生能源机构、国网能源研究院的分析报告也同样给出了相似的发展趋势判断。这很大程度上要归功于电动汽车动力电池快速发展带来的规模效应。在 2009—2013 年期间，每 kWh 电池的成本降低为不到原来的 1/4。2017 年我国出台了首个储能产业指导性政策文件《关于促进我国储能技术与产业发展的指导意见》，对我国储能产业发展进行了明确部署；各地政府机构和电网公司也开始积极探索分布式储能产业发展路径。在大气污染治理和能源转型的双重驱动下，电动汽车成为私家车及城市客运的主要转型方向。据工信部《新能源汽车产业发展规划（2021—2035 年）》征求意见稿，2025 年新能源汽车在新车中的占比预测达到 25%。电动汽车的蓄电池采用直流充电和直流供电，在单向充电时是典型的直流负载，在双向充放电时还能作为建筑分布式蓄电池来使用，电动汽车直流充电桩可以与直流建筑配合，与建筑需求响应系统耦合运行。

（3）建筑设备直流化

照明、空调是建筑的主要能耗组成，占建筑耗电量的 30%~60%。随着技术进步和用户要求提高，照明和空调设备已经开始直流化。照明系统直流化体现为新型 LED 灯对传统灯具的替代，空调系统的直流化体现为变频空调的发展。随着用户对设备性能和使用体验要求的提升，采用变频控制的建筑电器凭借着高调控精度、低噪声和长寿命越来越受到用户的青睐，例如家用空调机组中压缩机采用直流无刷电机驱动，运行寿命可以与交流电机媲美，达到 10 万 h 以上，而且效率更高、调节特性更好。此外，直流建筑发展还会带动一系列电器及设备的直流化，包括炊事电器、洗衣机、电冰箱、电热水器等。国内外大型家电企业都在积极试制一系列采用直流供电的家用电器产品，包括分体式房间空调器、电冰箱、小型半导体冷藏箱、洗衣机等。而近年新出现的碳化硅（SiC）和氮化镓（GaN）半导体器件将传统的硅（Si）半导体器件的功耗大幅度降低约

2/3，将进一步促进和丰富直流家电产品的发展。

（4）电动汽车

随着经济结构转型，未来交通运输中钢铁建材等大宗货物占总运输量的比重会显著下降，客运比重将会提升。在大气污染治理和能源转型的双重驱动下，电动汽车成为公交、私家车等城市客运的主要转型方向。根据工信部发布的数据，2018年全年汽车销售量为2808万辆，其中新能源汽车126万辆，销售量增长53.3%。然而目前新能源汽车的市场占比还很小，只有4.5%，据工信部的《新能源汽车产业发展规划（2021—2035年）》征求意见稿，2025年新能源汽车在新车中的占比预测达到25%，可见未来新能源汽车的整体消费市场还有较大增长潜力。电动汽车的蓄电池采用直流充电和直流供电，在单向充电时是典型的直流负载，在双向充放电时还能作为建筑分布式蓄电池来使用，电动汽车直流充电桩可以与直流建筑配合实施，与建筑需求响应系统耦合运行。

（5）数据中心

近年受益于国家政策的指引，大数据、"互联网＋"、数字经济等业务规模持续扩大，互联网企业对数据中心机房的需求不断增长。有数据表明，2018年我国数据中心的市场规模已经达到1228亿元，同比增长29.8%。数据中心机房的面积从2012年的190万 m^2 增长到2018年的412万 m^2，年均增长率13.8%。机架数量也达到了210万架。

配电系统直流化是数据中心的发展趋势之一，但是由于市场规模较小、直流配电技术尚未成熟、标准不够完备、专业技术人员匮乏等原因推进缓慢。直流配电技术在建筑中的发展将有利于解决上述问题，从而促进直流配电技术在民用建筑以外的其他场景中推广应用。

（6）建筑需求响应与智慧物联网

在高比例的可再生能源结构下，为了应对风电、光电出力与末端负荷间的不匹配所带来的风险和损失，电网不仅要配置大量的储能，还需要发展需求侧的响应技术。据《中国能源电力发展展望报告》预测，2050年需求侧响应容量需求将近4亿 kW。直流建筑利用其母线电压传递调峰信号，无需新增通信系统即可实现设备与电网的互动，为建筑需求响应提供了更加"简单"的模式。因此，直流建筑的发展有利于未来建筑需求侧响应的实施与推广。而需求侧响应等建筑能源智慧管控的需求增长又将带动智慧建筑或智慧物联网的发展。

《直流建筑发展路线图2020—2030》按照低速情景、中速情景、高速情景三个情景对直流建筑及相关市场开展预测，如图1-10所示。在低速情景下，预计2030年直流建筑直接相关产业的市场规模达3300亿元/年，具体为：建筑光伏装机容量新增17GW/年，光伏建筑新增11.5亿 m^2/年，其中直流建筑面积预计新增3.6亿 m^2/年，占比约30%；直流建筑中的直流配电规模新增1400万 kW/年；分布式储能电池规模新增360万 kWh/年，累计蓄电池与需求侧响应技术结合可以提供约1800万 kW 的调峰能力；直流建筑预计将提供108万个配备直流充电桩的车位给电动汽车充电。在中速情景下，预计2030年直流建筑直接相关产业的市场规模达7000亿元/年，具体为：建筑光伏装机容量新增22GW/年，光伏建筑新增14.3亿 m^2/年，其中直流建筑面积预计新增7.1亿 m^2/年，占比约 50%；直流建筑中的直流配电规模新增 3700 万 kW/年；分布式储能电池规模新增 1000 万 kWh/年，累计蓄电池与需求侧响应技术结合可以提供约 5800 万 kW 的调峰能力；直流建筑预计将提供 320 万个配备直流充电桩的车位给电动汽车充电。在高速情景下，预计 2030 年直流建筑直接相关产业的市场规模达 1.2 万亿元/年，具体为：建筑光伏装机容量新增 26GW/年，光伏建筑新增 17.2 亿 m²/年，其中直流建筑面积预计新增 11.6 亿 m²/年，占比约 67%；直流建筑中的直流配电规模新增 7400 万 kW/年；分布式储能电池规模新增 2300 万 kWh/年，累计蓄电池与需求侧响应技术结合可以提供约 1.2 亿 kW 的调峰能力；直流建筑预计将提供 635 万个配备直流充电桩的车位给电动汽车充电。

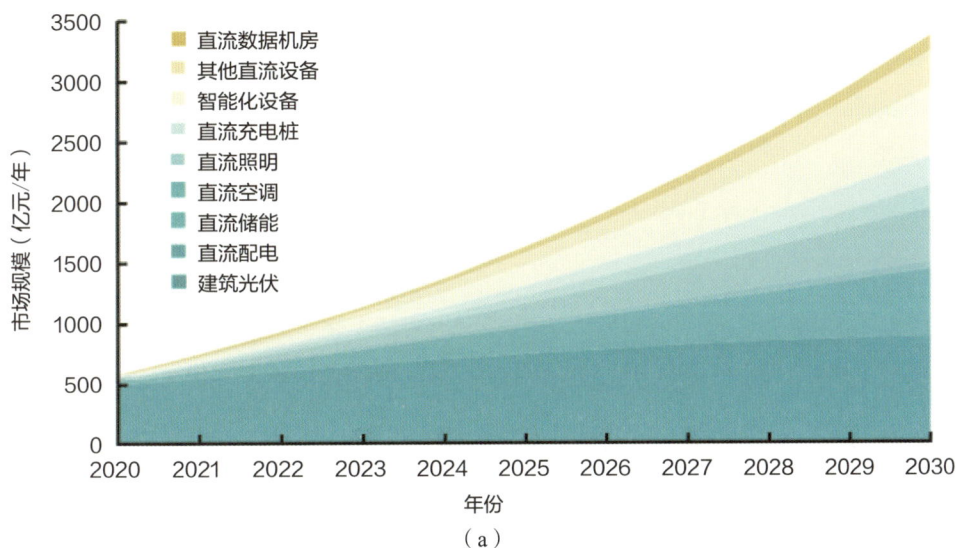

（a）

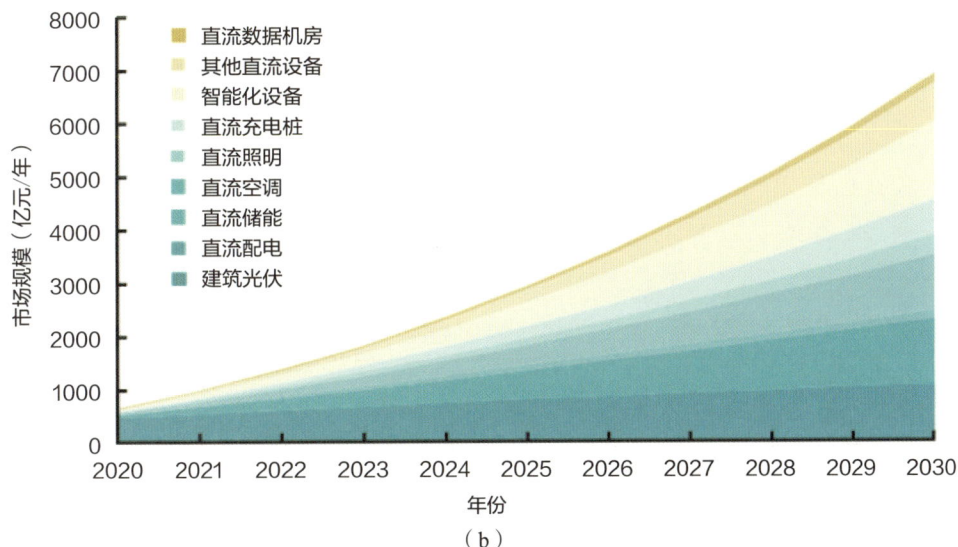

（b）

图 1-10　建筑光储直柔系统相关产业市场规模（一）
（a）低速情景；（b）中速情景

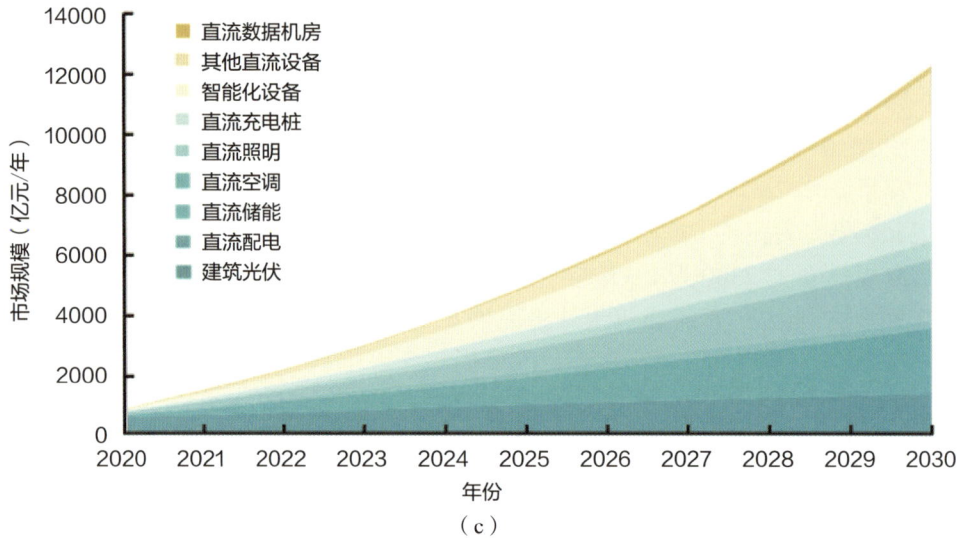

图 1-10   建筑光储直柔系统相关产业市场规模（二）

（c）高速情景

本章参考文献

[1] 江亿. 光储直柔——助力实现零碳电力的新型建筑配电系统［J］. 暖通空调，2021，51
（10）：1-12.

[2] 刘晓华，张涛，刘效辰，等. "光储直柔"建筑新型能源系统发展现状与研究展望［J］. 暖
通空调，2022，52（8）：1-9，82.

[3] 郝斌. 建筑"光储直柔"与零碳电力如影随形［J］. 建筑，2021，（23）：27-29.

[4] 江亿，郝斌，李雨桐，等. 直流建筑发展路线图2020—2030（Ⅱ）［J］. 建筑节能（中英文），
2021，49（9）：1-10.

[5] 刘晓华，张涛，刘效辰. 如何描述建筑在新型电力系统中的基本特征？——现状与展望
［J］. 暖通空调，2023，53（1）：1-10，124.

第 2 章
现状与趋势

第 2 章主要介绍了建筑"光储直柔"的标准体系、关键技术与设备、政策与市场机制发展现状，分析在当前的政策背景及技术条件下建筑"光储直柔"发展面临的问题与挑战，提出推动建筑"光储直柔"规模化发展的建议，展望未来发展趋势。2.1 节主要介绍了国内外建筑"光储直柔"相关标准研究与发展现状，分析了现有相关标准存在的不足或问题。2.2 节主要介绍了建筑光伏技术、建筑储能技术、建筑直流配电技术、柔性控制技术和直流用电设备的研究与发展现状，分析了各项关键技术和直流用电设备方面存在的不足或问题。2.3 节主要介绍了国内外电力市场政策与机制现状，分析了现有政策与市场机制存在的不足或问题。2.4 节主要是基于标准体系、关键技术与设备、政策与市场机制等方面的现状情况，分析建筑"光储直柔"发展面临的问题与挑战，提出推动建筑"光储直柔"规模化发展的建议，展望未来发展趋势。

2.1 标准体系现状

目前，建筑领域已有的"光储直柔"相关标准大多为针对"光""储""直""柔"单项技术领域的标准，然而对于将上述各项技术有机融合的"光储直柔"建筑，其标准体系还未建立，相应技术标准缺失，难以指导具体工程建设实施，也无法对建筑的节能减排效果开展统一评价。

2.1.1 国内标准现状

目前我国"光储直柔"建筑相关的标准主要集中在低压直流领域，在许多行业低压直流已得到了广泛应用，以专用场景为主，如照明、数据中心供电、光伏、电动汽车、工业电压暂降治理、舰船、轨道交通、航空器供电等。我国的"光储直柔"建筑相关标准见附表1。

近五年来，低压直流配电的工程技术标准编制工作取得了突破性进展，图2-1为直流配电领域的标准现状。电压的选择是这项全新供配电技术的基础，《中低压直流配电电压导则》GB/T 35727—2017定义了低压配电系统中电压的推荐值，这些规定更符合工程应用实际。在配电设计与评价方面，建筑与电力领域同时颁布了首个民用建筑直流配电设计标准以及系统性能综合评估方法，为项目落地提供依据。2020年出台的直流系统剩余电流和电弧检测技术及试验方法标准描述了直流故障防护方案，针对性的指导电气设备研发。同时，直流配电保护标准也进一步得到了完善，考虑到交直流配电的区别，阻抗扫频装置技术、系统保护配合设计以及剩余电流动作继电器的技术规范弥补了安全方面的空缺。总体而言，虽然还在起步阶段，但是低压直流技术领域的标准编制工作在多方面得到了发展，并取得实质性成果，已经奠定了工程应用基础。

国家标准	《中低压直流配电电压导则》GB/T 35727—2017	直流配电电压
团体标准	《民用建筑直流配电设计标准》T/CABEE 030—2022	配电系统设计与评估
	《低压直流配电系统能效与电能质量综合评估方法》T/CPSS 1008—2021	
	《直流系统用剩余电流检测模块动作特性试验方法》T/CEEIA 479—2020	检测试验方法
	《直流系统用故障电弧检测模块动作特性试验方法》T/CEEIA 468—2020	
	《低压直流配用电系统阻抗扫频装置技术规范》T/CPSS 1005—2021	直流配电保护
	《有源低压直流配电系统保护与配合设计规范》T/CSEE 0277—2021	
	《直流系统用剩余电流动作继电器（DC-RCR）》T/CEEIA 469—2020	

图2-1 标准现状

2.1.2　国外标准现状

随着直流建筑研究和示范项目的经验积累，建立统一的直流标准的呼声也越来越强烈，相关国际标准组织也已经开展直流系统标准化工作。

国际电工委员会（IEC）于 2009 年正式启动低压直流相关标准化工作，先后成立了低压直流配电系统战略组（IEC/SMB/SG4）、低压直流配电系统评估组（IEC/SEG4），并于 2017 年成立了低压直流及其电力应用系统委员会（IEC SyC LVDC），具体负责标准化工作，从标准体系、市场、电压等级、保护等多个角度开展 LVDC 研究与评估。2018 年 6 月德国电气工程、电子和信息技术行业标准化组织（DKE）发布了"德国低压直流标准化路线图"，标准化路线图主要包括四个工作组，着眼于安全、保护、网格结构（含系统拓扑）和经济性等内容。2018 年 11 月 IEEE-PES（电力和能源协会）成立了直流电力系统技术委员会，旨在搭建直流电力系统技术领域的国际信息互通平台，推动直流电力系统技术领域的快速健康发展，促进直流电力系统技术以及产业的支撑配套。

目前一些国际标准化组织出版的与"光储直柔"直流建筑相关的标准可以参考引用，相关标准如附表 2～附表 5 所示。其中应用于特定场景的直流电力系统的基础标准居多。更值得关注的是，国际标准化组织在电力系统信息交换方面的标准体系全面，IEC 的 61968 和 61970 系列标准，IEEE 的 P2030 系列标准、IEEE1547 系列标准、IEEE802.3bt-2018、IEEE802.3bu-2016、ITU-TL.1200 系列标准都是为解决未来能源和电力互联时数据采集、信息交换、互联互通的问题，对我国电力行业工作者来说具有重要参考意义。

2.2　关键技术与设备现状

未来在高比例可再生能源结构下，新型建筑配用电应具备 4 项新技术——光、储、直、柔（图 2-2）。其中"光"和"储"分别指分布式光伏和分布式储能会越来越多地应用于建筑场景，作为建筑配用电系统重要组成部分；"直"指建筑配用电网的形式发生改变，从传统的交流配电网改为采用低压直流配电网；"柔"则是指建筑用电设备应具备可中断、可调节的能力，使建筑用电需求从刚性转变为柔性。本节将从"光储直柔"4 个方面介绍它们在建筑中的应用现状和发展趋势。

2.2.1　建筑光伏技术

太阳能光伏发电是一种非常有前景的可再生能源利用形式，体量巨大的建筑外表面可以为分布式光伏的发展提供空间资源的保障，光伏发电成本的快速下降使得光伏建筑一体化变得更加可行。将光伏发电纳入建筑的总体设计，把光伏发电设施作为建筑的有机组成部分，是未来建筑和能源系统融合发展的趋势[1]。2018 年我国建筑面积总量超过

600 亿 m²，屋顶面积超过 100 亿 m²，估计可安装超过 800GW 的屋顶光伏，年发电量超 8000 亿 kWh。图 2-3 展示了光伏组件及系统价格变化趋势，图 2-4 为光伏电池效率变化趋势，与 2008 年相比，晶体硅光伏组件的效率提升了 6%，2018 年已有超过 20% 光电转换效率的产品实现商业化；同期光伏组件价格降低了 94%，2018 年已不到 2 元 /W。

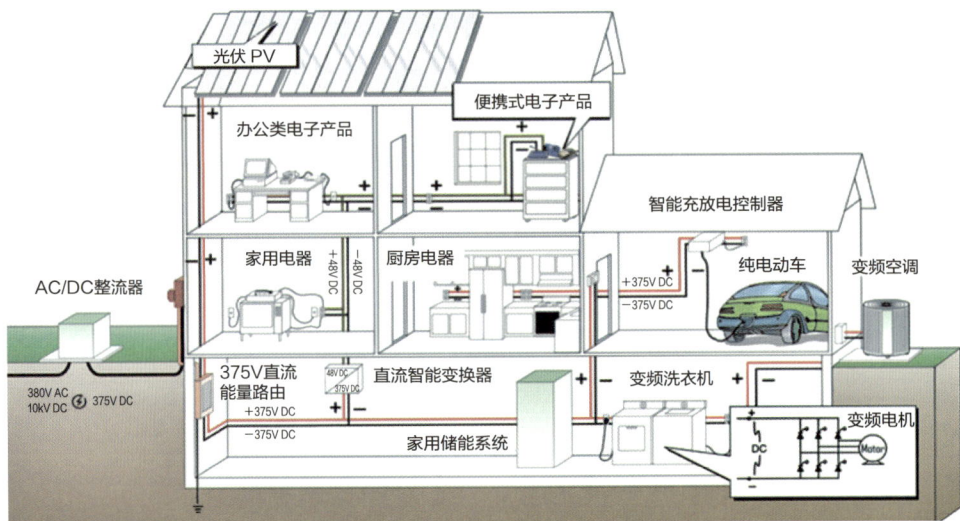

图 2-2　建筑光储直柔系统构成

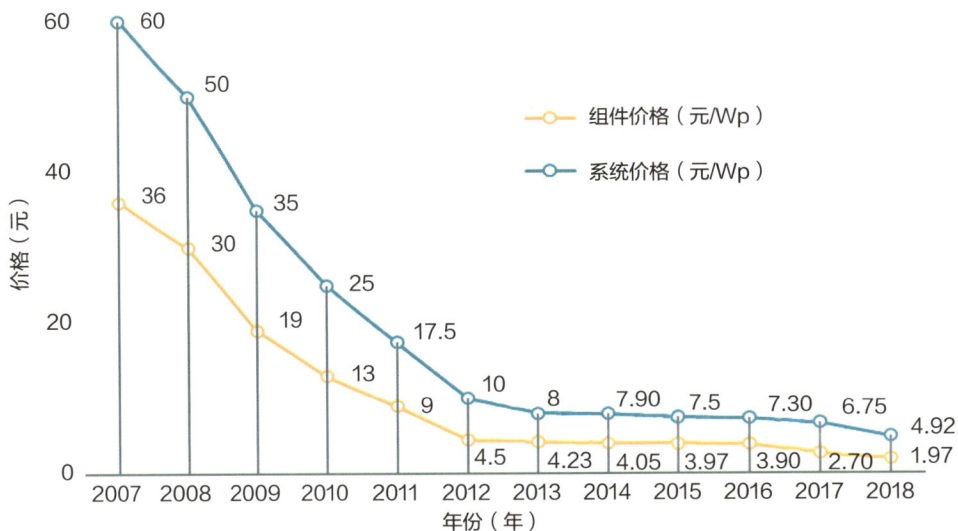

图 2-3　光伏组件及系统价格变化趋势

国家发展改革委能源研究所等单位联合发布的《中国 2050 年光伏发展展望》预测，在光伏组件成本大幅降低以及转换效率持续提升的带动下，2025 年光伏新增装机发电成本（含税和合理收益率）预计将低于 0.3 元 /kWh，到 2035 年和 2050 年，新增光伏发电成本将降至约 0.2 元 /kWh 和 0.13 元 /kWh，图 2-5 展示了未来光伏发电系统造价预测值。

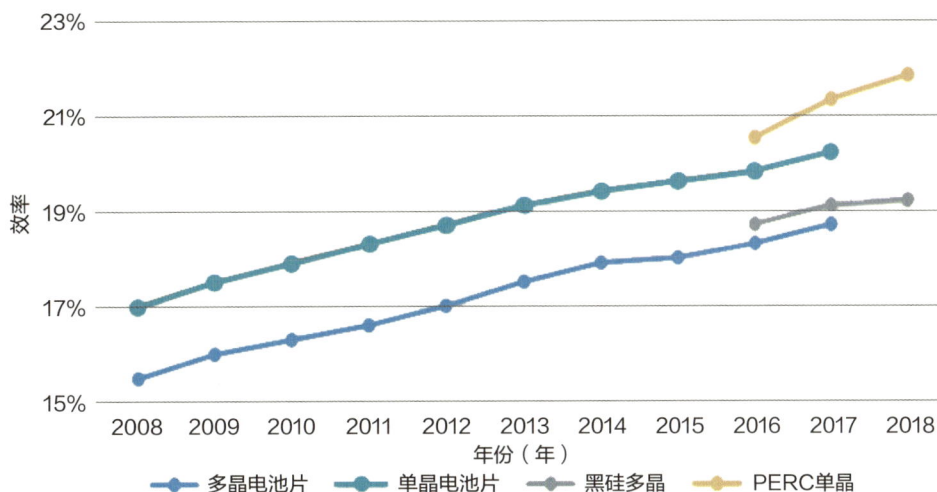

图 2-4　光伏电池效率变化趋势

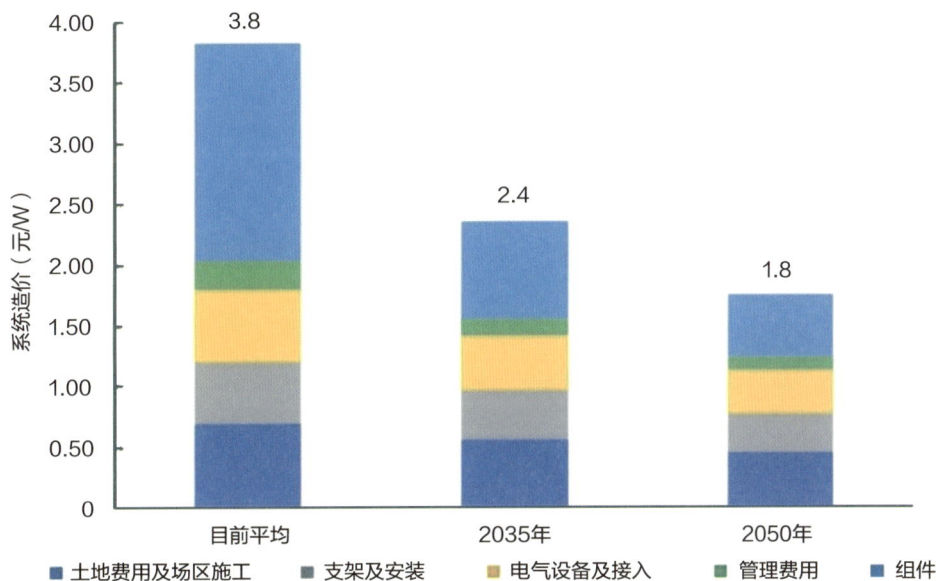

图 2-5　光伏发电系统造价（预测）

　　近十年以来，在政策和市场的双重驱动下，我国光伏发电装机容量持续快速增长，图 2-6 展示了 2016—2021 年我国光伏发电新增和累计装机容量。2021 年，我国新增光伏并网装机容量 54.88GWp，同比上升 13.9%，累计光伏并网装机容量达到 308GWp，新增和累计装机容量均为全球第一。2021 年全年光伏发电量 3259 亿 kWh，同比增长 25.1%，约占全国全年总发电量的 4.0%。

　　技术的持续进步是光伏发电成本下降的最大推动力，而光伏发电成本的快速下降将直接带动规模激增。到 2050 年，光伏将成为我国第一大电源，光伏发电总装机规模达 50 亿 kWp，占全国总装机规模的 59%，全年发电量约为 6 万亿 kWh，占当年全社会用电量的 39%。

图 2-6　我国光伏发电新增和累计装机容量

与此同时，随着成本的降低，光伏发电市场也出现了一些新的变化，分布式和户用光伏装机规模加速增长，相当多的分布式光伏和几乎所有的户用光伏都采用与建筑结合的形式。截止到 2021 年，我国分布式光伏装机容量达到 1.075 亿 kWp，约占全部光伏发电并网装机容量的三分之一；在 2021 年新增光伏装机容量中，分布式光伏为 2900 万 kW，约占全部新增光伏发电装机容量的 55%，首次超过集中式光伏，而在新增分布式光伏中，户用光伏继 2020 年首次超过 1000 万 kWp 后，2021 年达到约 2150 万 kWp。分布式光伏和户用光伏已经成为我国如期实现"碳达峰""碳中和"目标和落实乡村振兴战略的重要力量。

与地面光伏电站相比，建筑光伏采用光伏组件与建筑结合的方式（BIPV 或 BAPV），如图 2-7 所示，不仅可以节约土地资源，而且由于靠近用电负荷，光伏发电的利用效率也更高。我国的电力负荷集中在东部、南部和中部地区，建筑光伏有助于解决可再生能源发展和土地资源紧张的矛盾。清华大学建筑节能研究中心等单位利用高分卫星图片和现场抽样调查统计分析得出结论，我国城乡建筑可用的屋顶折合水平表面积为412亿 m^2，剔除无法利用和难以利用的面积，城镇建筑屋顶可安装光伏发电容量约 8.3 亿 kWp，农村建筑屋顶可安装光伏发电容量约为 19.7 亿 kWp，两者之和将超过 2050 年光伏装机预测容量的 50%。考虑到建筑低碳发展的内在需求，建筑光伏发展的潜力巨大，未来光伏将会越来越多地应用在建筑中，并且成为建筑的重要组成部分。

光伏发电具有波动性和随机性的特点，与火电和水电相比调节性能差，对电力系统的稳定运行会产生不利影响，随着光伏发电装机容量的增长，这将成为制约光伏发电发展的一个主要因素。提高电力系统新能源消纳能力，建设以新能源为主体的新型电力系统，是"双碳"战略对能源体系变革的必然要求。建筑"光储直柔"的目的不仅是利用建筑光伏实现建筑减碳，更强调通过"建筑电网互动"的方式，提高电力系统新能源（光伏在新能源中占有显著的比重）消纳能力。建筑"光储直柔"是建筑光伏更高层级的利用形式。

（a）　　　　　　　　　　　　　　　　　　（b）

图 2-7　建筑光伏形式
（a）建科大楼西立面光伏幕墙（BIPV）；（b）建科大楼屋顶光伏（BAPV）
（摄影师：陈勇）

2.2.2　建筑储能技术

电力系统的储能需求不只来自于电源侧和电网侧，负荷侧同样需要储能。建筑储能是部署在负荷侧的表后储能（behind-the-meter energy storage），是指在用户所在场地建设，接入用户内部配电网，以用户内部配电网系统平衡调节为特征，通过物理储能、电化学电池或电磁能量存储介质进行可循环电能存储、转换及释放的设备系统。随着建筑光伏和电动汽车的发展，建筑储能的作用逐渐显现，不仅可以解决建筑能源系统自身的问题，还能以虚拟电厂的角色参与电力系统的辅助服务，为新型电力系统的稳定高效运行提供保障。

在传统的建筑能源系统中，建筑储能主要以蓄冷、蓄热和相变储能等形式出现，不仅应用范围比较小，而且与能源系统中其他要素的互动关系比较简单，使用和调节也不方便。随着建筑电气化的发展，电力在建筑能源系统中的重要性日益提高，包括电力储能与蓄冷、蓄热和相变储能等多种储能依托电力系统实现灵活互动，将成为未来建筑储能和建筑能源系统新的技术特征。传统的建筑储能主要用于应急电源和后备电源，而由于新型电力系统对建筑负荷的调节性能提出了更高的要求，建筑光储直柔系统中的储能因此也被赋予了更加丰富的内涵，主要体现在挖掘建筑广义储能价值、电力储能以及电动汽车与建筑互动三个方面。

建筑广义储能是指建筑自身的储能特性，包括建筑本体热惯性、暖通系统热容以及基于人体舒适度的环境温度调节和使用行为改变带来的冷热功率变化等，也被称建筑虚拟储能。建筑广义储能充分利用建筑自身功能和结构资源，增量成本相对较低，总量规模大，但也存在资源分散、受人为因素影响大以及评估和控制比较复杂等问题。建筑广义储能具有广阔的应用前景，迫切需要根据市场化要求，在技术和商业模式方面进一步探索。

与建筑广义储能相比，电力储能具有非常优异的调节性能，是储能应用的主要形式，以锂离子电池为代表的电化学储能，未来在建筑领域的应用将越来越广泛。中关村储能产业技术联盟的统计数据显示，截至 2022 年 9 月底，我国已投运电力储能累计装机规模达 50GW，同比增长 36%，环比一季度增长 7.5%。目前，电力储能仍以抽水蓄能为主，占比 86.5%。电化学储能技术具有响应速度快、效率高、安装维护要求低等优点，是电力系统的灵活性资源和备用电源，随着成本的降低，电化学储能规模已经开始加速增长，占比逐年扩大。图 2-8 所示是不同材料的电池成本与转换效率的发展趋势。2021 年我国电化学储能新增装机功率 1844.6MW，占新增电力储能装机功率的比例为 24.9%，相比 2020 年的 9.2% 增幅较大。

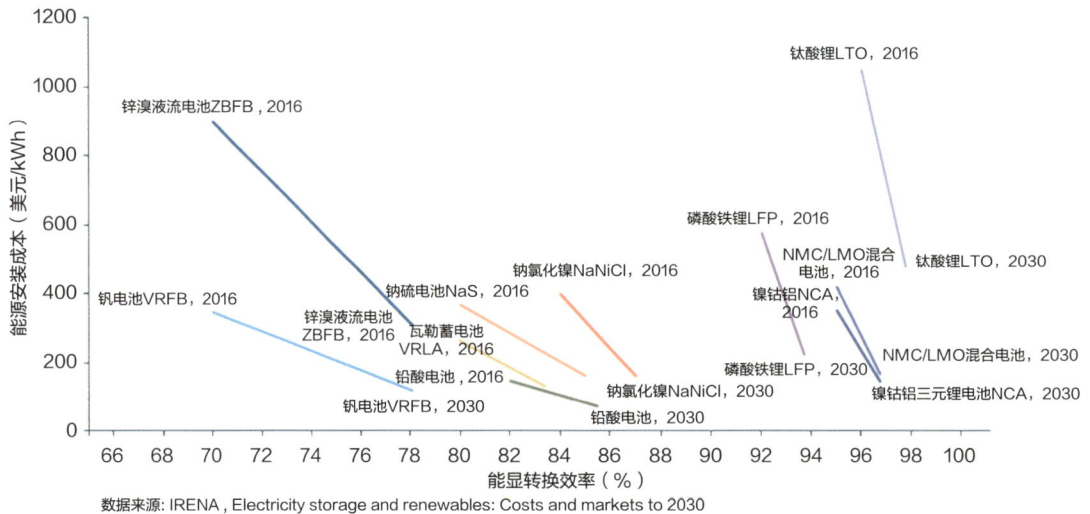

数据来源: IRENA , Electricity storage and renewables: Costs and markets to 2030

图 2-8   不同材料的电池成本与转换效率发展趋势

根据国家发改委和国家能源局 2021 年印发的《关于加快推动新型储能发展的指导意见》，到 2025 年，实现新型储能从商业化初期向规模化发展转变，装机规模达 3000 万 kW 以上，2030 年实现新型储能全面市场化发展。中关村储能产业技术联盟《储能产业研究白皮书 2022》预测，2026 年新型储能累计规模将达到 48.5GW，2022—2026 年复合年均增长率为 53.3%，还有研究预测我国 2050 年的电化学储能容量有望达到 3.2 亿 kW。

在各种电化学储能技术中，锂离子电池的技术优势更加明显，市场占比超过 90%。图 2-9 所示为镍钴锰酸锂（$LiNiMnCoO_2$ 或 NMC）、镍钴铝酸锂（$LiNiCoAlO_2$ 或 NCA）、磷酸铁锂（$LiFePO_4$ 或 LFP）、钛酸锂（$Li_4Ti_5O_{12}$ 或 LTO）和锰酸锂（$LiMn_2O_4$ 或 LMO）等 5 种材料的锂电池特性对比。对于建筑"光储直柔"系统，磷酸铁锂电池和钛酸锂电池的优势更加突出。磷酸铁锂电池的技术性能较为均衡，针对负荷柔性调节、光伏消纳和平抑波动等应用，性价比最高；钛酸锂电池的安全性能最好，非常适合在安全性要求较高的建筑中使用。

电动汽车是建筑"光储直柔"第三条储能技术路线，长远看也是最具规模利用效益的方向。"十三五"以来，国内新能源汽车规模呈现持续高速增长趋势，年均增长超过

100 万辆。截至 2022 年 9 月底,我国新能源汽车保有量已达 1149 万辆,占全国汽车保有总量的 3.65%。其中,电动汽车保有量 926 万辆,占新能源汽车保有总量的 80.56%。根据国家有关规划和预测,到 2025 年全国新能源汽车保有量将超过 2500 万辆,2030 年将突破 8000 万辆。

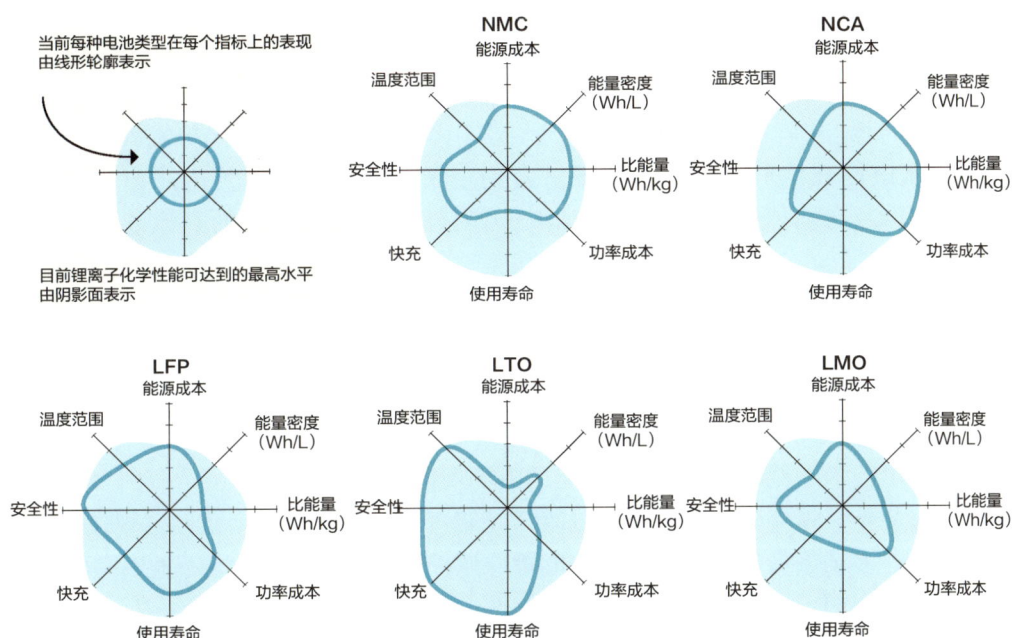

图 2-9 不同材料的锂电池特性

电动汽车具有储能属性,不仅可以通过灵活调节充电功率的方式参与建筑能源系统运行,未来还能通过反向放电为建筑提供电能。在各种类型电动汽车中,乘用车(私家车)的占比最高,私家车日常使用以通勤为主,特别适合采用目的地(家或者工作单位)慢充方式,而目的地充电与建筑的关系十分紧密,通过有序充电和反向放电方式,电动汽车与建筑交互(V2B)可以聚合形成规模巨大的储能资源,从而具备参与虚拟电厂等电力辅助服务的能力。

建筑广义储能、电化学储能和电动汽车与建筑互动等技术的综合应用,使建筑能源原本相互独立的环节能够有机融合,建筑将从传统的简单刚性负荷,转变为具备灵活调节和"荷源互动"能力的柔性负荷,这将成为未来新型电力系统的一个重要的技术特征和发展方向。

2.2.3 建筑直流配电技术

随着建筑中电源和负载的直流化程度越来越高,直流配用电可能是一种更合理的形式[6]。电源侧的分布式光伏、储能电池等普遍输出直流电。用电设备中传统照明灯具正逐渐被 LED 替代,空调、水泵等电机设备也更多考虑变频的需求,此外还有各式各样的数字设备,都是直流负载。建筑内部改用直流配用电网,可以取消直流设备与配电网之间的交直变换环节，同时放开配用电系统对电压和频率的限制，从而展现出能效提升、可靠性提高、变换器成本降低、设备并离网和电力平衡控制更加简单等诸多优势。

直流建筑的配用电系统在建筑入口处设有 AC/DC 整流器，其将外电网的交流电整流为直流电为建筑供电，或者在建筑电力富余时将直流电逆变为交流电对外电网供电。而建筑内部通过直流电配电网与所有电源和电器（设备）连接。当电源或电器（设备）的电压等级与配电网电压等级不同时，需设置 DC/DC 变压器。

早在 21 世纪初就已经有学者意识到可再生能源和电器直流化的发展趋势，提出了将直流微电网技术应用于建筑场景。直到今天，建筑低压直流配用电技术在国内外已经有了大量的研究。据不完全统计，国内外实际建成运行的直流建筑项目已有 20 余个，涵盖了办公、校园、住宅、厂房等多个建筑类型，配电容量在 10～300kW 之间。

未来随着"光"和"储"在建筑中的应用，低压直流配电技术将在建筑中得到持续关注和研究；同时随着标准的建立和更多家电设备企业的参与，建筑低压直流配电的生态环境也会逐渐成形。直流建筑联盟发布的《直流建筑发展路线图 2020—2030》中预测直流配用电技术将拉动每年 7000 亿元的市场规模。

在过去几年，直流建筑联盟聚焦限制"光储直柔"在建筑和市政领域规模化应用的关键问题，在多场景量化评估、建筑与能量协调控制、多类型风险源安全保障、关键设备研发及工程应用等方面取得了一系列原创性成果：

（1）提出包含"光储直柔"系统能效、安全、可靠和电能质量等指标的多维度量化评估方法，主导制定了国内"光储直柔"系统多场景供电设计和评估标准，开发了国内外首套"光储直柔"系统规划评估软件，促进"光储直柔"技术的全面推广；

（2）构建基于监控和通信资源复用的"光储直柔"建筑、能源管理系统融合方案，提出基于直流电压分区和下垂控制的变换器高效复合控制技术，实现了系统便捷组网和功能扩展，节约管控系统成本 60%，并缩短调试时间 50%；

（3）提出"光储直柔"系统多工况、复杂干扰条件下的直流剩余电流和故障电弧微弱信号高精度检测方法，研制了国内外首套低成本、高精度直流剩余电流和故障电弧检测装置，检测精度达 95% 以上，且成本降低 40%，实现了装置量产和规模化应用；

（4）提出基于复合控制技术和自动功率跟踪群控制技术的变换器半定制化开发方案，实现"光储直柔"系统级控制保护功能与通用工业变换器产品的解耦，设备开发成本降低 90%，系统运行能效提升 5%～8%，显著提升了系统的经济效益。

自 2019 年以来成果应用于深圳未来大厦、高新中片区等 32 个"光储直柔"示范项目。项目成果填补了国内外"光储直柔"综合评估、协调控制、安全保护、关键装备和工程应用的多项技术空白，对"光储直柔"技术在我国的规模化推广发挥了引领作用。然而，随着"光储直柔"技术日益受到重视，规模化应用对控制保护的智能化和可靠性、电网互动的灵活性，以及关键设备的通用性和兼容性的要求会更高，这也是未来直流配电技术的重点发展方向。

2.2.4　柔性控制技术

2.2.4.1　建筑柔性来源及潜力研究现状

建筑用电柔性是通过调节用户侧解决发电负荷和用电负荷不匹配问题的一种能力。建筑用电柔性来自于三方面，如图 2-10 所示。一是建筑用电设备，在保障生产生活基本质量的前提下，通过优化设备的运行时序，错峰用电；二是储能设施，投资建设储能电池、蓄冷水箱、蓄冰槽、蓄热装置等，直接或间接地实现电力的存储；三是电动汽车，通过智能充电桩连接电动汽车电池和建筑配电系统，在满足车辆使用需求的基础上，挖掘冗余的电池容量，使停车场中电动汽车发挥"移动充电宝"的作用。

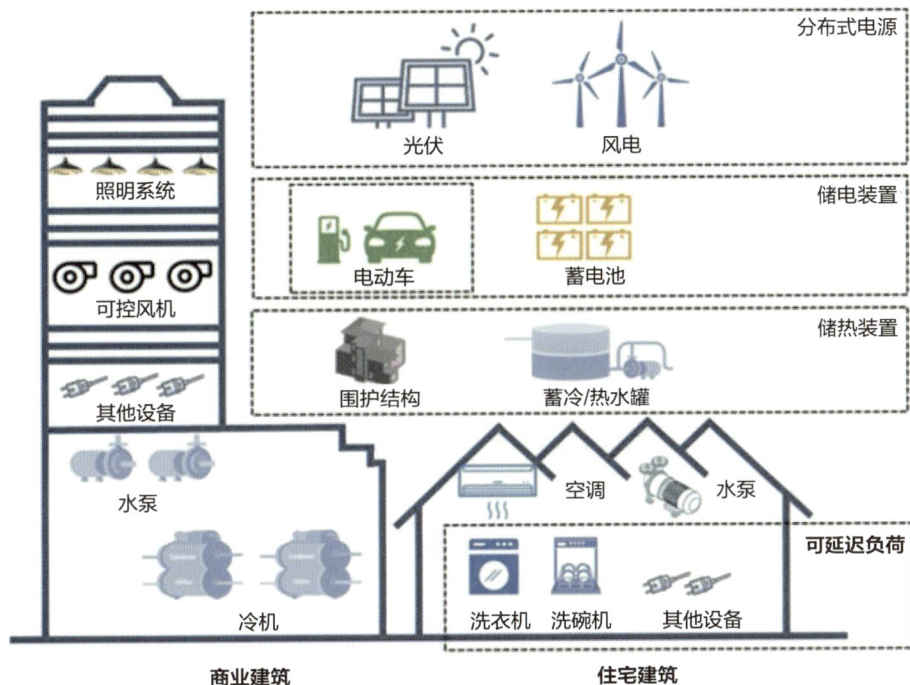

图 2-10　建筑中的可调节设备

（1）用电设备的柔性

建筑中有丰富的可调节设备，可以转移用电负荷或可以削减用电负荷。例如，暖通空调就是典型的可调节负荷，建筑围护结构、冷水系统都具有一定的蓄冷和蓄热能力，短时间的关闭空调或调整空调输出功率并不会显著影响室内环境温度，因此通过控制空调启停、改变变频空调的压缩机频率、改变中央空调空调箱运行风量，或者放开室内温度的控制精度等方式都可以在不影响或少影响用户舒适度的情况下实现负荷柔性控制。照明系统从技术上也可以实现在用电高峰时段降低室内照度等级，从而降低照明功率的，但是由于人对灯光变化比较敏感，需要充分考虑人的舒适度，分时分区制定精细化的调控策略。智能设备如洗衣机、洗碗机等，在非急用的情况下，可以通过节能模式降低负荷，也可以延迟启动避开高峰。还有很多自带电池的移动设备，也可以作为可中断负荷来调控。过去，用电设备的调节手段主要为满足多样化的使用需求；现在，基于智能化管理调度，能够利用用电设备的柔性改变建筑的负荷形态，实现电力调峰和可再生能源消纳。

（2）储能设施的柔性

储能电池是直接储存电力的设备，它既可以作为建筑或者设备的备用电源，在电力供给故障时为建筑或者设备提供短暂的电力供给，还可以结合峰谷电价在低电价时段储存电力，在高电价时段释放电力，从而实现削峰填谷。在不少建筑中已采用的冰蓄冷、水蓄冷等蓄能装置可以间接的储存电力，即把用电低谷时期的电力通过暖通空调系统转化为冷热量储存起来，在用电高峰时期释放以减少原本暖通空调在该时段需要消耗的电力。储能设施的柔性是单纯的能量转移，对用户舒适性没有影响。从趋势上看，储能成本和调峰收益分别呈下降和上升趋势。在成本方面，2022 年国家发展改革委、国家能源局发布的《"十四五"新型储能发展实施方案》提出了到 2025 年电化学电池系统成本降低 30% 以上的发展目标。在收益方面，2021 年国家发展改革委发布关于进一步完善分时电价机制的通知，提出要拉大峰谷电价差，多省市陆续执行，如深圳市普通工商业用户的峰谷电价分别为 1.3553 元 /kWh 和 0.289 元 /kWh，峰谷价差达 1.0663 元 /kWh。以系统成本 1500 元 /kWh、循环寿命超过 3000 次、效率超过 85% 的磷酸铁锂电池为例，度电储能成本约为 0.56 元 /kWh，在当前的峰谷价差下已经可以盈利。未来，随着电池成本的进一步降低与峰谷价差的进一步拉大，建筑中配置储能的经济价值会越来越好。

（3）电动汽车的柔性

为适应能源结构的低碳转型、减少城市汽车大气污染物排放，新能源汽车是未来的重要发展趋势。虽然目前新能源汽车保有量只有几百万辆，但是增长迅速，预计未来电动汽车保有量会超过 3 亿辆。与此同时，电池技术的发展使得电动汽车电池在满足行驶需求之外还有大量的冗余容量。按照 500km 续航里程和 3000 次循环计算，可以行驶 150 万 km，已经远远超出了普通私家车的行驶里程需求，电池循环次数对于汽车使用生命周期是冗余的。电动私家车的使用场景主要是城市内通勤，500km 的续航里程基本能做到一周一充，电池容量对于日行驶需求是冗余的。而且，电动私家车 80% 的时间是停在住宅、办公、商业建筑周边的停车场。在充电桩设施健全后，电动汽车完全可以实现有序充电和双向充放电，与建筑用电负荷协同，利用冗余电池容量和循环次数为建筑提供柔性。

目前关于建筑柔性潜力及其可行性的研究有很多，例如 IEA EBC（国际能源署－建筑与社区节能）的 Annex 67 项目就围绕建筑柔性用能开展了一系列研究，包括用户调节意愿调研、控制策略优化、设备调节效益分析、可调节程度评价等。用户调节意愿调研方面，有文献对用户接受各类智能控制技术的意愿程度、延时开启各类设备的意愿程度、电器设备控制权归属等方面进行了调研。灵活性调节的好处分析方面，对不同的案例进行分析，计算他们进行灵活调节以后减少了多少电费、多少碳排放、削减多大幅度的负荷峰值；电负荷曲线可调节潜力研究方面，有文献提出 6 个指标来描述电负荷曲线上的变化程度，从接收到调节信号至开始调节的反应时间、电负荷削减的幅度、电负荷削减的速率、电负荷削减的持续时间、电负荷削减的用电量、电负荷回弹后超调阶段的增加的用电量；柔性控制策略研究方面，其主要分为两类：基于规则和基于模型预测，其中前者是设定促发条件，运行中达到条件，设备就根据逻辑启停，而后者则是基于模型计算下一阶段的可能状态并选出最优值。

无论采用何种方式实现柔性，从技术上来讲，都需要建筑具备一套能量管理系统，实现建筑内部设备的灵活控制以及建筑与电网的通信互动。直流建筑供配电系统基于电压控制可以实现无通信、自适应的电力平衡调节，目前已经广泛用于光伏和电池储能系统，同时还有很多其他设备尚未纳入其中，有待进一步研究。在电力自平衡的基础上，结合分布式控制、5G 等智慧物联网技术发展，考虑设备多样性、使用者行为规律等因素，进一步研究适合直流建筑的电力柔性调节策略，实现恒功率控制、电价跟随、削峰填谷等电力调节模式，使建筑用电需求从"用户要多少，电网供多少"的刚性需求转变为具有一定可调程度的柔性需求。建筑作为电力的消费主体，若能参与电网调峰等辅助服务，将会推动电力结构的转型和电力体制的改革。

2.2.4.2 建筑柔性控制技术研究现状

建筑内灵活负荷的控制逻辑有两种，一种是楼宇自控系统或建筑内灵活负荷响应动态电价，自主调节用电，达到节省电费的效果。具有代表性的是欧盟 Ecogrid EU 项目，运营商按 5min 间隔发布实时电价，热泵、冷柜、空调等接收电价信号后自动参与系统平衡调节，由价格来引导设备调节。另一种是楼宇自控系统响应电网的调节指令，根据电网需求调节建筑内灵活负荷用电。具有代表性的是中新天津生态城不动产登记服务中心零能耗智慧建筑项目，该建筑内装有零能耗智慧能源管理系统，接收市政电网的调节信号，调节建筑内各类灵活负荷用电，满足电网的各类调节需求。

对于单个设备的调节方式有中断和功率调节两种。只有开关两种状态的设备只能进行中断控制，如非智能照明；可连续调节的设备既可以进行中断控制，也可以进行功率调节，如空调。对于建筑内的负荷群可进行组态调节，由于建筑内灵活负荷较为多元，表现出的调节特性也各不相同，楼宇自控系统可根据电网调节需求进行负荷的组态调用，为电网提供调峰、调频等服务。

要实现建筑柔性控制须至少安装楼宇自控系统、终端测控设备、通信设备三类装置。楼宇自控系统负责接收电网指令、计算建筑内负荷调控潜力、给建筑内柔性负荷下指令等功能，楼宇自控系统一般是服务器或高性能计算机；终端测控设备实现单个设备的用电功率采集、状态信息监测、环境数据测量，以及接收楼宇自控系统的调节指令并执行，智能插座就是一种简易的终端测控设备；通信设备实现电网与楼宇自控系统的通信、楼宇自控系统与终端测控设备的通信，蓝牙、无线网关、网线等都可以作为建筑内通信设备。

建筑内的典型灵活负荷运行模式见图 2-11。能量流方面，建筑负荷电源包括两部分，一是楼宇分布式光伏发电，二是电网供电。数据流方面，空调、UPS 等储能、照明、充电桩、热水器等灵活负荷通过终端硬件采集数据，终端硬件与楼宇自控系统连接通信。终端硬件采集负荷的特征数据，如空调的终端硬件一般采集空调的用电功率、设定温度、环境温度、湿度、房间人数等，储能的终端硬件采集储能的荷电状态、充放电状态、充放电功率等。终端硬件将采集到的灵活负荷数据传输到楼宇自控系统，楼宇自控系统根据特征数据评估调节潜力。信息流方面，空调、UPS 等储能、照明、充电桩、热水器等灵活负荷由终端硬件连接控制，终端硬件接入楼宇自控系统，由楼宇自控系统统一下发指令对灵活负荷进行柔性调节，为电力系统提供灵活性。

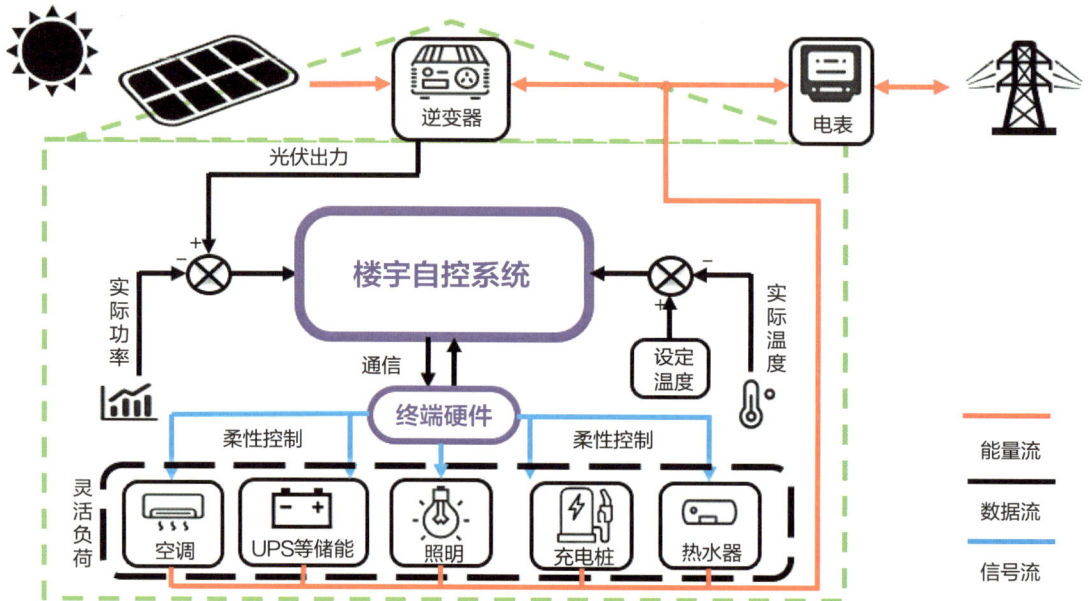

图 2-11　建筑灵活负荷运行模式

　　学术研究和工程实践两个层面，建筑设备的用电灵活性已经受到国内外广泛关注，例如 IEA EBC 的 Annex 67 项目就围绕建筑柔性用能开展了一系列研究，包括用户调节意愿调研、控制策略优化、设备调节效益分析、可调节程度评价等。建筑柔性负荷中空调等温控类负荷、电动汽车、储能比较典型，以空调为代表的温控负荷在电力系统中占比较高，在部分地区夏季占比甚至超过 40%，具备巨大的调节潜力。电动汽车和储能发展迅猛，其在负荷侧的占比也日益增加。这三类负荷具有智能化水平高、调控模式相对简单、调控对用户影响低、量多或发展前景好等特点，逐渐参与到电力系统辅助服务。相关文献提出了一种基于直接负荷控制技术的大规模聚合空调控制方法，通过对空调的设定温度控制以提供小时级的负荷削减服务，从而协助电力系统调峰。特别值得注意的是，作为主体的变频空调依靠变频器的频率调整，能够实现空调输出功率的连续调整，成为电力需求侧资源调控的关注热点。电动汽车固有的储能特性使得其具备良好的需求响应潜力，是能够提供多种辅助服务的重要资源，其灵活的调节能力和巨大的调节潜力得到了广泛的关注，许多学者研究了电动汽车在调峰、可再生能源调节和电压调节等方面的应用。相关文献研究结果表明储能柔性负荷群可在 200ms 内完成响应，比较了不同储能技术提供频率控制备用服务的优劣。另外，在欧洲、北美等地区，已经有许多建筑项目使用了建筑负荷柔性控制技术，并取得了较好的节能效果。

　　随着智能家居的发展、物联网技术的日趋成熟和电力市场的深化改革，建筑柔性负荷的应用也在不断拓展。智能家居技术的发展会调高建筑内负荷的可控性和灵活性。

通过智能家居控制可以优化建筑的照明、加热、空调等设备用能，提高建筑能效，同时也可以提高建筑使用者的舒适度和生活品质。物联网作为一种新型的信息通信技术，可以实现对实物的自动化监测。通过物联网技术可以对建筑内部的能源使用情况进行实时监测和分析，为调节建筑负荷提供准确的数据支持。电力市场的深化改革会促进建筑柔性负荷的发展。一方面，建筑通过柔性负荷控制技术提高可再生能源利用率，进而降低建筑能耗；另一方面，建筑通过柔性负荷控制技术为电网提供辅助服务，接收电网调节指令，改变柔性负荷用能，提升电网的稳定性和效率。总体而言，智能家居、物联网、电力市场等因素都将对建筑柔性负荷的发展产生重要影响，未来建筑柔性负荷的应用将更加普及，并将成为电力系统的重要调节机制之一。

2.2.5　直流用电设备

直流化是建筑机电设备领域未来发展的重要方向，特别是在当前风电、光电等可再生能源大力发展的背景下，供给侧可再生能源的直流化进一步推动了用户侧机电设备的直流化发展。日本和欧美国家已开展空调、冰箱等独立光伏直流家电技术研究，基于光伏等可再生能源利用需求开展了建筑内部设备电器等方面的直流化初步工作，对部分建筑设备电器如照明灯具、冰箱等开展了直流化示范应用。日本经济产业省启动了直流生态住宅研发项目，目标是在住宅中采用直流供电方式，并全面使用直流家用电器；日本多家大型家电生产企业先后研发了适宜住宅使用的"住宅能源管理系统"，将直流配电设备小型化、功能集成化，并且研发了直流空调、电视机、冰箱等一系列终端家电产品。我国也在直流设备电器方面开展了一定的技术研发和产品研制工作，积累了一定经验，研究水平与国外同行接近甚至部分实现超越。

2.3　政策与市场机制现状

2.3.1　电力市场现状简介

2.3.1.1　电能量市场

在电力批发市场中，主要的电力交易产品是电能量。按照时间维度，电能量交易类型可分为中长期交易和现货交易，将月内至运行日前两天的电力交易归为中长期交易，将日前和日内交易归为现货交易。其中现货交易是指已建成并接入电网、具备发电条件的电厂可预期的供给用户所需电力电量。

目前山东、广东、山西等省份正加速推动储能、分布式能源、建筑负荷、虚拟电厂、能源综合体等新兴市场主体参与现货市场。2022 年 5 月，广东实现首个虚拟电厂参与电力现货市场获得盈利。2022 年 6 月，山东省明确提出虚拟电厂可作为独立市场主体参与市场交易。2022 年 6 月 23 日，山西省为引导虚拟电厂规范入市，提出《虚拟电厂建设与运营管理实施方案》。

通过充分发挥分时价格作用，现货市场可引导多种建筑负荷通过虚拟电厂聚合方式积极参与电力平衡，提升电力系统的灵活性和可靠性。此外，为进一步挖掘绿色电力零碳属性的商业和社会价值，绿电交易成为目前电能量市场的一个交易类别，即以绿色电力产品为标的物的电力中长期交易，用以满足电力用户购买、消费绿色电力需求，并提供相应的绿色电力消费认证，为智慧建筑用电绿色化提供渠道。

2.3.1.2 需求侧响应市场

需求侧响应市场机制是促进需求侧响应发展的主要手段，通过价格激励调整用户侧电力负荷，从而保证电力供需平衡。现阶段我国主要是通过行政手段进行需求侧管理，引导用户负荷削减或负荷转移，市场化程度不高，用户参与度低。随着我国各省区电力市场建设的推进，实时电价机制的引入将会为需求侧响应的发展创造条件。一方面，实时电价机制的引入使得电力用户直面用电成本上升的风险，进而促使用户积极参与需求侧响应，降低用能成本；另一方面，变动的电价可以激励售电企业积极参与需求侧响应业务，获取经济补偿。

我国已形成包括分时电价、削峰填谷、阻塞缓解等多类型需求响应项目，开放省市覆盖广东、天津、山东、上海、江苏、浙江等。其中，各试点省市根据自身情况制定需求侧响应方案，具备鲜明的地方特色。如天津重点解决春节用电低谷时期电网调峰困难问题；山东、江苏、江西等地重点解决迎峰度夏（冬）用电高峰期或新能源发电尖峰时段电网电量平衡等问题；上海开展侧重楼宇负荷资源的虚拟电厂全域综合响应。广东市场化需求侧响应已开展日前邀约，2022年下半年逐步开展可中断负荷、直控型可调节负荷竞争性配置等交易。表 2-1 为广东省市场化需求侧响应交易体系，包括需求侧响应的交易方式、出清规则、结算方式和资源要求等。

广东省市场化需求侧响应交易 表 2-1

交易类型	需求侧响应交易方式	申报与出清	需求侧响应结算方式	响应资源
直控虚拟电厂竞争性配置交易	根据未来电力供应能力与系统条件需要，以半年为周期开展交易，原则上为每年3月和9月	报量报价边际出清	按月结算，容量费用与调用费用	资源要求：已投产及交易月未来3个月内具备投产条件的直控虚拟电厂
可中断负荷交易	预计运行周存在全省或局部电力供应紧张、断面或设备重过载风险时，以周为周期开展交易	报量报价边际出清	按月结算，容量费用与调用费用	资源要求：随时调用，响应时长不低于2h
日前邀约需求响应	当运行日存在电力供应缺口或断面/设备重过载风险时开展交易，以日为周期组织	报量报价边际出清	日清月结，响应费用和考核费用	资源要求：具备基于用电参考基线采取轮休、避峰等方式调节负荷

2.3.1.3 辅助服务市场

电力辅助服务是指为维护电力系统的安全稳定运行，保证电能质量，除正常电能生产、输送、使用外，由发电企业、电网经营企业和电力用户提供的服务，包括：一次调频、自动发电控制、调峰、无功调节、备用、黑启动服务等。辅助服务又可分为强制性辅助服务和商业性辅助服务，强制性辅助服务是要求进入电力市场的发电商必须提供一定的辅助服务，主要是在频率响应和电压方面；剩余的频率响应、备用以及电压调节、黑启动等商业性辅助服务可以通过市场进行交易。

电力辅助服务正在向多元化发展，公平透明、竞争有序的市场化辅助服务共享和分担机制正在形成，构建鼓励储能设备、需求侧资源（含建筑负荷）等第三方参与的电力辅助服务市场。目前，江苏已启动电力可调负荷辅助服务市场试运行，电力辅助服务市场迈入负荷侧常态化参与的新阶段；冀北地区各地政府也鼓励工业企业响应负荷参与华北调峰辅助服务市场，储备百万千瓦级的可调节负荷资源。

作为重要的负荷侧资源，不同类别建筑负荷在特定的时间段有差异化负荷特性，从而能够根据自身运行特性提供不同的辅助服务。选取深圳地区的典型建筑，分别分析其不同季节单位面积的典型用能特性，如图 2-12 所示。

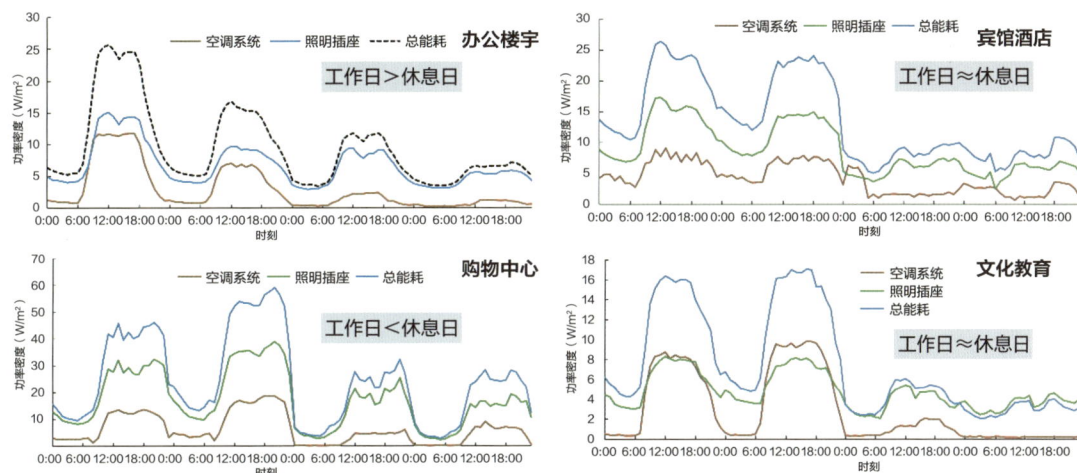

图 2-12　深圳市典型建筑负荷差异化用能特性

2.3.1.4　区域市场

随着大量分布式光伏、分布式储能、智能充电桩、建筑柔性负荷等技术的发展与应用，电力系统末端电力资源主体的复杂程度显著提升。在此背景下，区域市场的构建可作为现有电力市场的补充，解决配电网的多级平衡和安全性问题。

已有区域电力交易市场目前皆以试点的形式存在，承担零售侧的电力商品交易。国家能源局印发的《能源领域深化"放管服"改革优化营商环境实施意见》中提出应推动分布式发电市场化交易。通过完善市场交易机制，推动开展分布式发电就近交易。浙江也通过了《浙江省电力条例》，提出"分布式光伏发电、分散式风能发电等电力生产企业可以与周边用户按照规定直接交易"。

区域市场的出现为建筑负荷参与电网调节的盈利提供了新的思路。通过与其他分布式资源的就近交易，进一步降低用户侧用电成本，同时保证地区级、城市级、园区级配电网络的电力电量平衡。

2.3.1.5　市场适配分析

近年来，各类建筑能耗呈现持续增长趋势，如图 2-13 所示，公共建筑能耗占全部建筑能耗的 38%~40%。如图 2-14 所示，建筑能耗主要表现在照明用电、空调用电、动力用电及其他特殊用电四个部分，其中，空调用电约占总能耗的 26.8%，是建筑用电量增长的主要因素。可以看到，建筑负荷在用电高峰时期的调控潜力巨大。

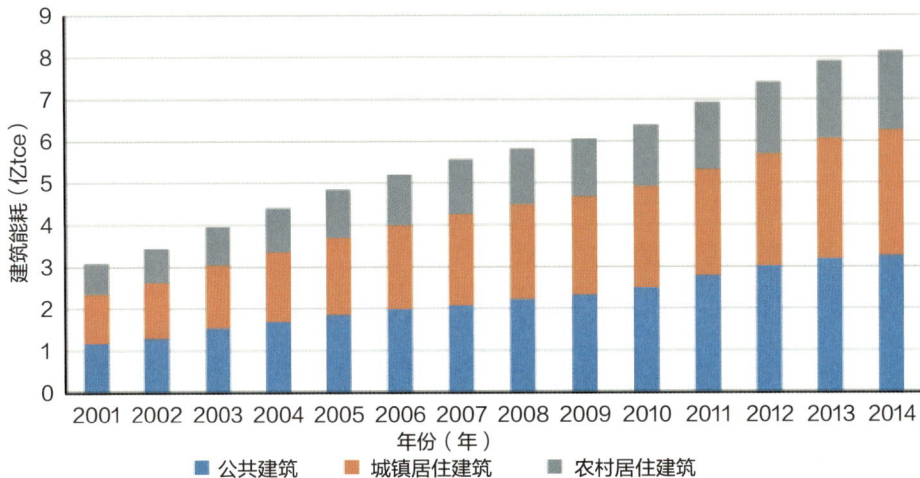

图 2-13　各类建筑能耗的比重

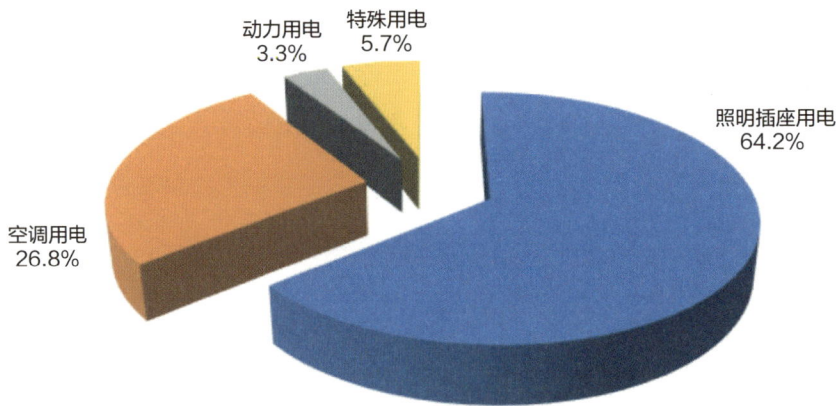

图 2-14　各用电类型在建筑能耗中的占比

针对现有的建筑负荷类型及其对应的调控特性和潜在商业模式，参与典型电力交易品种的建筑负荷调控特点分析如图 2-15 所示。

因此，筛选合适的建筑负荷类型，关注不同类型建筑负荷的调控特性，聚合可调控负荷参与电能量市场、需求侧响应和辅助服务市场，能够为参与电网调控的建筑负荷运营商增加新的盈利空间。然而，考虑到目前此类市场对参与者的开放门槛、考核标准等在各省区差异较大，且当前建筑负荷如何支持集群聚合后的调度也无相关规范，建筑负荷参与电力市场交易受到制约，所以未来相关的政策、法规、规范的配套和支持需要加快构建。

建筑负荷类型	负荷调控特性	潜在商业模式					
		峰谷差套利	电力现货市场	削峰	填谷	旋转备用	调频
		调节要求(低→高)					
医疗卫生	可调潜力极低, 负荷重要性极高, 响应意愿不高						
文化教育	可调潜力极低, 仅有部分负荷有调节意愿						
普通商铺	可调潜力较低, 缺乏有效的自动控制设备						
宾馆酒店	可调潜力较低, 负荷构成单一, 需考虑宾客舒适度						
公共事业	可调潜力适中, 非工作时间负荷较低						
综合建筑	可调潜力适中, 负荷组成多样, 自动化程度不一						
商业办公	可调潜力大, 中央空调负荷占比高, 控制灵活						
商业综合体	可调潜力大, 负荷可控性高, 业主节能降费意愿强						

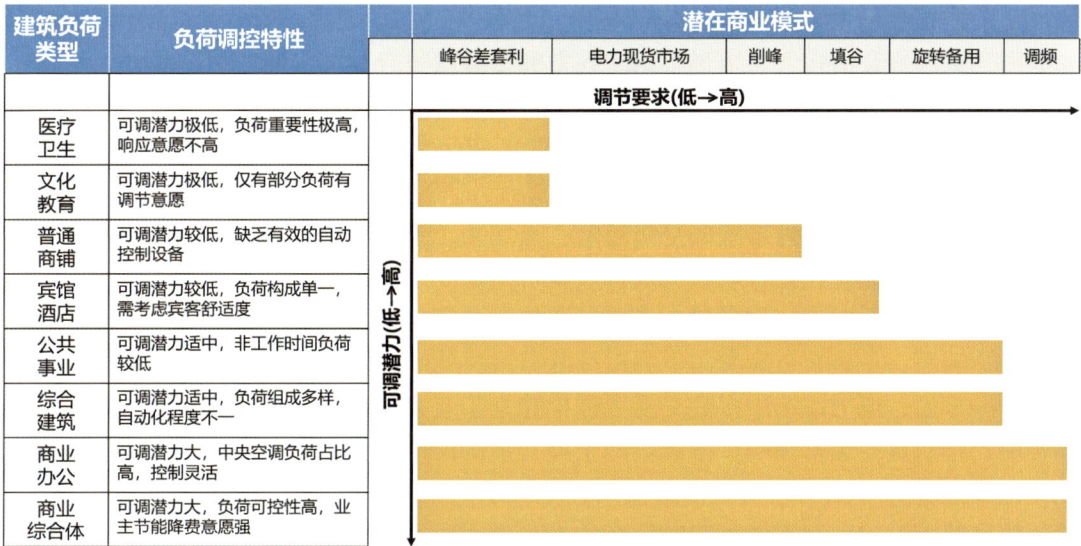

图 2-15　建筑负荷调控特性分析

2.3.2　建筑负荷参与市场的问题

电能量市场和电力辅助服务市场为建筑负荷的灵活性提供了可靠的交易场所, 但要组织大规模建筑负荷集群进入市场并持续获利, 还需解决 5 方面的问题: ① 现有电力市场限制多类资源聚合商进入, 未能实现竞争充分、开放有序; ② 当前电力市场交易体系缺乏科学定价机制, 不足以支撑面向建筑灵活负荷资源的更广泛、更持续的激励; ③ 电网企业的信息安全开放程度不足以支撑规模化建筑灵活负荷资源参与需要快速响应的辅助服务; ④ 用户行为不确定性是建筑负荷资源参与电力市场的最大障碍; ⑤ 不同参与主体之间的用电信息壁垒影响建筑负荷资源的精准调控。

2.3.2.1　市场资格的获取

资源聚合商参与不同类型电力市场需要符合相应的市场主体资格条件。从各省区电力市场建设情况来看, 需求响应市场对资源聚合商的参与有调节能力下限要求, 如广东省需求响应市场要求非直控虚拟电厂聚合响应能力不低于 0.3MW, 直控虚拟电厂上下调节能力不低于 10MW。

需要注意的是, 多数省区的电能量市场和调频、调峰辅助服务市场尚未面向建筑负荷资源聚合商开放。可见, 基于当前电力市场发展情况, 资源聚合商可参与的电力市场类别较为单一。相比于传统的电力市场资源主体, 建筑负荷集群的聚合响应能力仍具有良好的竞争力。因此, 加快建设竞争充分的市场化体系, 获取市场准入资格是建筑负荷参与市场的首要问题。

2.3.2.2　有效价值的传导

当前, 新能源消纳成本主要由发电企业和电网企业承担, 通过电力市场传导至终端用户的激励有限。同时, 相关市场机制的缺乏也导致定价机制不合理, 电价无法真实反映成本, 无论是发电侧还是用电侧都缺乏提升系统运行效率的动力。

对于建筑负荷而言，电力市场交易价格尚且难以驱动大规模资源聚合商参与互动。如能提升资源聚合商在电力市场中的获利空间，并通过合理的机制向用户传导红利，构建更加完善的市场环境，实现"市场引导、科学定价、商业模式多元"发展，必将吸引更多建筑负荷主体参与市场交易。

2.3.2.3　电力信息安全的约束

一方面，为保障电力系统的平衡稳定，市场要求资源聚合商必须接受电力调度机构的高频、实时调控。这意味着当大规模建筑负荷参与电力市场交易时，其运行特性将接受调度机构监测，那么，如何保护市场行为的安全可靠交易，避免建筑负荷运行特性的信息安全问题，是建筑负荷参与电力市场亟需解决的问题之一。

另一方面，电力市场中多数交易主体构建基于互联网云服务的运营系统，包括资源聚合商、建筑负荷运营商等。按照电网企业目前的网络安全技术要求，该系统必须经正反向隔离装置等专用网络安全设备接入调度自动化系统，以保障市场运行安全。然而，这一技术要求将较大程度增加建筑负荷的市场准入成本，成为建筑负荷进入电力市场的制约要素。

2.3.2.4　用户交互与引导

在不加干预的自然状态下，受自身冷热舒适度、用电高峰时段、用电电器类型等多类因素影响，建筑用户的负荷行为具有显著不确定性。随着建筑负荷参与市场的规模扩大，这一不确定性将会极大增加建筑负荷可调节能力的评估，进而影响建筑负荷聚合商参与市场交易，不利于电力系统的安全可靠运行。

因此，关注电力市场与建筑负荷用户的交互与引导过程，是建筑负荷参与市场的关键问题。通过市场价格有效引导建筑负荷用户的用电行为，充分发挥建筑负荷集群的可调节能力，从而提升建筑负荷聚合商参与电力市场的交易能力。

2.3.2.5　数据共享与开放

建筑用户主体的实时用电负荷、各类型负荷来源情况、用户电力交易信息等是各建筑负荷运营商的核心数据。考虑到建筑负荷的资产属性差异，不同资源运营商之间存在信息壁垒，使得资源聚合商难以获取建筑负荷集群的电力数据，给建筑的日前和实时可调节能力评估带来了较大困难。

因此，推动资源聚合商内部各主体的数据共享与开放，是建筑负荷参与市场的重要问题。打破信息壁垒，有助于促进资源有效聚合，同时增加建筑负荷参与电力交易的灵活性。

2.4　挑战与发展趋势

2.4.1　实施挑战

"光储直柔"的技术发展和应用，明显体现出面向具体场景的技术集成和创新的特点。具体而言，"光""储""直""柔"所对应的建筑光伏、用户侧储能、直流供电和用户负荷管理等，都不是新的技术。在国家提出并有序推进"双碳"目标建设，积极探索和构建新型能源体系的大背景下，如何更好地结合建筑行业电气化、节能化、智能化和安全化的发展目标，探索出符合未来低碳建筑实际需求的"光储直柔"发展路径和技术方案，必然是未来一段时间"光储直柔"技术研究和实践所必须关注的核心问题。

从已有的实践来看，"光储直柔"技术所面临的主要挑战包括："光储直柔"技术的核心价值尚待进一步明确；直流用电设备和供电接口设备尚未成熟；"光储直柔"的整体技术标准体系尚待完善；负荷柔性互动市场化模式尚待完善。

2.4.1.1　技术核心价值

面向民用建筑等更加丰富场景的直流供电技术的研究和应用，从如何明确直流供电系统替代（或者替代）低压交流供电系统的核心驱动力开始，一直是技术研究者和实践应用者不断思考和探讨的关键问题之一。研究者先后从包含分布式电源的复杂供电系统及其关键设备的能量效率、建设成本、使用便捷性，以及系统用电安全和电能质量等众多的角度，去探讨和论证建筑直流供电技术的核心价值，并提出了可用于实际工程的"投资—收益"分析的指标、方法和相关工具。

然而，上述依托于既有经验和数据的、偏向理论和工具层面的探讨，还是很难解决广大用户最为关心的"收益"问题。问题的症结是多方面的，概括而言，主要还是体现在现有的分析方法，尤其是支撑分析结论的关键数据，缺乏不同气候地区、不同建筑类型、不同用电设备、不同服务对象的有效的总结和分析，缺乏"从实践中来、到实践中去"的系统性的、全面的、令人信服的闭环分析。因此，也就难以得到具有普遍指导意义的结论。无法获得全面的结论，也就难以形成跨行业的共识，进而难以聚集资源去有针对性地解决最关键的技术问题。

但是，无论怎样，"光储直柔"技术所依托的直流供电系统的核心价值，从现阶段社会发展需求来看，还是应该聚焦于两个方面：一是全环节的能效提升；二是低成本的负荷调节。前者依托了建筑和电气行业数十年来的技术路径，并能够从局部到整体，构建有效的、全新的节能技术体系；后者是全社会共同承担大规模可再生能源消纳的重要技术方案。这两者必将是构建全新能源体系的关键技术方向。

2.4.1.2　技术标准体系

"光储直柔"技术作为面向民用建筑，尤其是公共建筑的新技术，规模化的推广和应用必须依靠完备的技术标准体系，明确设计、设备、控制、保护、调试、维护等各个环节的技术要求和标准化流程，进而有效和规范地指导"光储直柔"项目全环节的实施。

目前，国内外已经编制和发布了一系列与"光储直柔"系统相关的技术标准，能源基金会也组织国内专家梳理了"光储直柔"技术标准体系。但是，从实用化和指导性的角度来看，现阶段的技术标准还存在不少问题。

（1）现有的标准无法覆盖"光储直柔"系统应用全环节的实施需求，在系统分析、供电模式、继电保护、用电安全设备等方面较为完善，但是缺乏关键设备、安全配置、关键设备、性能评测、供电接口等专用技术标准，更缺乏系统典型设计、安装调试、维护要求等与工程实施相关的标准，难以有效指导工程实践。

（2）受到原有"光储直柔"研究和示范工程重视供电系统，忽视用电电器的影响，国内外均缺乏实用的直流供电接口和直流用电电器的系列标准，严重限制了"光储直柔"技术的推广应用。

（3）"光储直柔"全系列标准涉及工程的设计、设备、控制、保护、安全、维护等各个环节，涉及单位众多；由于不同单位参与"光储直柔"研究和示范的深度和技术视角存在显著差异，协调不同标准的技术要求、避免标准条款之间的矛盾和冲突，也是需要关注的重要问题。

2.4.1.3 直流电器与接口

现阶段"光储直柔"系统规模化应用面临的重大障碍，就是直流电器的各方面不足。问题主要体现在几个方面：① 直流电器品类匮乏，价格较高；② 现有的直流供电接口标准不一、形式复杂；③ 直流用电电器性能配置与"光储直柔"系统控制和保护需求的衔接不好，有待进一步完善；④ 直流电器的节能指标需要进一步挖掘，以便全面提升系统能效指标。

产生上述问题的原因是多方面的，最主要的还是不同的技术研究和工程示范牵头单位对于"光储直柔"系统的核心价值和技术解决方案的认识有偏差。如前所述，在国家"双碳"背景下，民用建筑应用"光储直柔"技术的核心价值就在于节能和负荷的灵活调节。"光储直柔"系统要发挥节能和灵活调节优势，除了优化配置可再生电源、储能和直流供电系统的参数之外，最关键的在于通过用电电器的直流化过程，进一步提升能效和智能化水平。同时，"光储直柔"技术主要应用于民用建筑，需要系统控制保护和关键设备的价格低、实施简单、维护便捷，即将相对复杂的系统控制和保护功能需求，合理地分配并集成到各类设备尤其是用电设备之中。

2.4.1.4 市场及商业价值

"光储直柔"系统的终极目标是以较低的实施成本，推动建筑终端能源系统进一步转型，从而带动全社会共同参与国家"双碳"目标的实现。从以往的新技术规模化应用的经验来看，"光储直柔"技术的规模化发展既需要各级政府的政策和资金的支持，也需要探索出有效的商业价值，从而吸引和带动建筑、能源、装备、家电等各个行业的积极参与和投入，并赢得广大用户的认可和支持。

目前，国务院、国家发展改革委、住房和城乡建设部等部门均已将"光储直柔"正式写入国家"双碳"的多项指导性文件，然而，政策扶持和补贴配套到真正实现规模化应用，还需要面对很多的问题。

首先，就是要尽快制定出能够反映"光储直柔"关键技术价值的系统核心指标评价标准和考核要求，避免出现简易拼装和骗补等浑水摸鱼的情况。其次，针对"光储直柔"两个核心价值，需要加大系统智能化、电器节能化的研发力度和实践验证，及时总结系统示范和设备应用效果，加快技术升级和完善程度。再次，要关注虚拟电厂等能源领域的资源聚合技术，提前做好技术对接和集成，降低分布式资源聚合的难度和成本。最后，需要关注并影响国家能源政策，尤其是新型能源体系的发展带来的电力市场和碳市场的政策和机制变化，积极参与各类能源和碳交易市场，提升"光储直柔"技术应用的获利空间，加大技术的吸引力。

2.4.2　发展建议

新技术的广泛推广和规模化应用离不开政策、标准、产品的协同推进和示范工程的应用验证，相关建议主要有如下四点：

（1）推动激励机制和市场化政策的落地。积极参与到国家各部委和地方政府的政策制定过程中，进一步推动民用建筑电气化、直流化和"光储直柔"等列入发展战略，为"光储直柔"发展营造良好的政策环境，并争取资金扶持。

（2）推动相关标准完善和跨行业标准协同。建议加强技术标准的顶层设计和编制协调，重点推进支撑工程实施、技术评价以及直流接口和用电电器的系列化标准，例如《光储直柔建筑评价标准》《直流用电电器技术条件》《家用和类似用途插头插座 》等，为"光储直柔"技术的推广提供全面有力的支撑。

（3）推动直流配电设备和电器产品标准化和系列化。依托各类项目和示范，聚合直流配电设备和家用电器生产厂家，协同推动直流配电设备的标准化和电器的系列化，打通"光储直柔"实现应用的"最后一公里"。

（4）在工程实践中进一步打磨技术方案，推动技术应用价值的商业闭环。加强现有"光储直柔"技术和示范工程案例的总结，探索不同应用场景的"光储直柔"系统发展路径，完善"光储直柔"规划评估方法和工具，对接商业地产开发企业，开展定量的系统运行指标评价，积极探索多市场参与的商业模式，显著提升"光储直柔"技术应用的经济效益。

本章参考文献

［1］李叶茂，李雨桐，郝斌，等. 低碳发展背景下的建筑"光储直柔"配用电系统关键技术分析［J］. 供用电，2021，38（1）：32-38.

［2］闫金光，刘佳佳，刘晓华，等. 加快发展"光储直柔"建筑的重要意义、挑战及政策建议［J］. 中国能源，2022，44（8）：33-38.

［3］江亿. 光储直柔——助力实现零碳电力的新型建筑配电系统［J］. 暖通空调，2021，51（10）：1-12.

［4］唐文虎，申悦晴，钱瞳，等. 双碳目标下城市楼宇群能源系统灵活性量化分析与调控技术研究现状与展望［J］. 高电压技术，2022，48（09）：3423-3436.

［5］ZHANG C, XUE X, ZHAO Y, et al. An improved association rule mining-based method for revealing operational problems of building heating, ventilation and air conditioning (HVAC) systems [J]. Applied Energy, 2019, 253: 113492.

［6］LU N. An evaluation of the HVAC load potential for providing load balancing service [J]. IEEE Transactions on Smart Grid, 2012, 3 (3): 1263–1270.

［7］2018 年中国空调行业销售量及空调电商市场规模分析【图】_ 智研咨询 _ 产业信息网［EB/OL］.［2022-12-08］.

［8］WEI H, LIANG J, LI C, et al. Real-time locally optimal schedule for electric vehicle load via diversity-maximization NSGA-Ⅱ[J]. Journal of Modern Power Systems and Clean Energy, 2021, 9 (4): 940–950.

［9］ HADIAN E, AKBARI H, FARZINFAR M, et al. Optimal allocation of electric vehicle charging stations with adopted smart charging/discharging schedule [J]. IEEE Access, 2020, 8: 196908–196919.

［10］ CHUNG H-M, MAHARJAN S, ZHANG Y, et al. Intelligent charging management of electric vehicles considering dynamic user behavior and renewable energy: A stochastic game approach [J]. IEEE Transactions on Intelligent Transportation Systems, 2021, 22 (12): 7760–7771.

［11］ HU J, YE C, DING Y, et al. A distributed MPC to exploit reactive power V2g for real-time voltage regulation in distribution networks [J]. IEEE Transactions on Smart Grid, 2022, 13 (1): 576–588.

［12］ Ali J, Silvestro F. Conventional power plants to TSO frequency containment reserves-A competitive analysis for virtual power plant's role [C]. 2019 IEEE 5th International forum on Research and Technology for Society and Industry (RTSI). IEEE, 2019.

［13］ Li L, Cheng Y, Huang X. Research on the application of building load flexibility control technology in intelligent building [J]. Energy and Buildings, 2017, 141: 173-179.

［14］ 王昊晴，刘宁，马钊，等. 面向安全可靠用电需求的"光储直柔"直流建筑标准体系研究 ［J］. 供用电，2022，39（08）：15-20，57.

［15］ 江亿，郝斌，李雨桐，等. 直流建筑发展路线图 2020—2030（Ⅰ）［J］. 建筑节能（中英文），2021，49（8）：1-10.

［16］ 江亿，郝斌，李雨桐，等. 直流建筑发展路线图 2020—2030（Ⅱ）［J］. 建筑节能（中英文），2021，49（9）：1-10.

［17］ 江亿，郝斌，李雨桐，等. 直流建筑发展路线图 2020—2030（Ⅲ）［J］. 建筑节能（中英文），2021，49（10）：1-17.

［18］ 刘晓华，张涛，刘效辰，等. "光储直柔"建筑新型能源系统发展现状与研究展望［J］. 暖通空调，2022，52（8）：1-982.

第3章
方法与技术

第3章主要介绍了建筑"光储直柔"配电系统的系统设计、运行控制及系统评价方法。3.1节主要介绍了建筑"光储直柔"系统的规划与设计方法原理，并从建筑光伏系统、储能系统、低压直流配电系统、柔性控制系统四个方面提出了"光储直柔"系统设计的基本原则和主要设备的选择要点。3.2节主要介绍了建筑"光储直柔"系统运行控制原则、响应潜力评估及系统运行控制技术。3.3节主要介绍了"光储直柔"系统的评价与测试方法，包括评价指标体系构建、评价方法流程和评价指标（技术性能评价和柔性潜力评价）。

3.1　系统规划与设计

如何构建"光储直柔"系统是这一新技术需要解决的重要难题，这一系统并非简单应用光伏或某项单一技术，也并非将"光""储""直""柔"简单组合即可实现目标。合理构建"光储直柔"系统需要合理规划设计与多方面的协同，才能实现将建筑打造成为能源系统中集生产、消费、调蓄功能"三位一体"复合体的目标。

3.1.1　系统设计原理

3.1.1.1　基本概念

典型的"光储直柔"建筑电气系统接线如图 3-1 所示，接线图展示了外部交流电源、光伏、储能、充电桩及用电设备通过直流配电网组成有机物理整体的逻辑拓扑关系。

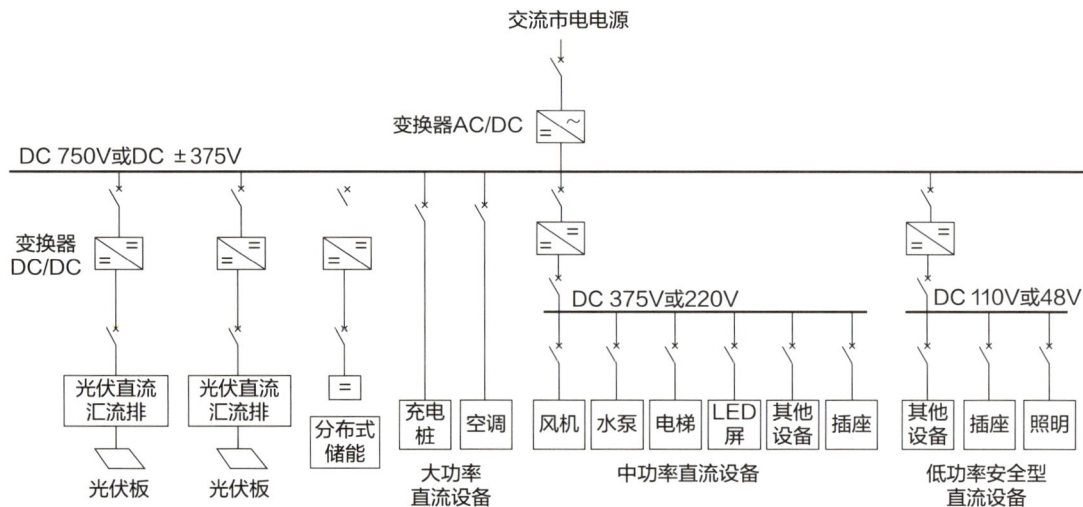

图 3-1　典型"光储直柔"建筑电气系统接线图

"光储直柔"建筑电气系统设计原理如图 3-2 所示，设计主要分为以下四部分内容：

（1）**光伏发电系统设计**。首先是结合建筑外形效果要求确定建筑光伏组件形式和安装方式，确定光伏发电系统的装机容量，然后进行光伏发电量消纳分析，确定光伏系统接入方案。

（2）**储能系统设计**。储能系统包括分布式储能装置和通过充电桩接入的电动汽车。

（3）**低压直流配电系统设计**。首先分析用电负荷特性，确定用电设备的接入方式，然后根据接入系统的光伏、储能和用电设备综合确定系统电压等级及系统接线形式。设计原则是尽量减少变换次数，实现系统运行的高效性、经济性、可靠性和安全性。

（4）**系统柔性控制平台设计**。系统控制平台主要实现以下功能：预测光伏发电量；预测建筑负荷用电量；制定储能及充电桩（电动汽车）充放电策略；确保直流微网内部电压稳定并给出系统负荷柔性调节裕度；接受电网需求侧响应。

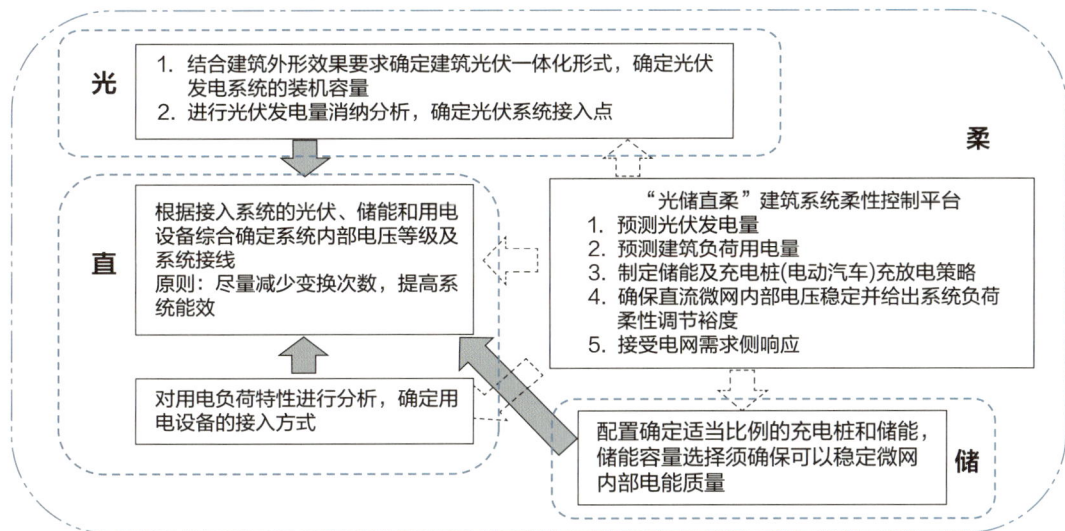

图 3-2　"光储直柔"建筑电气系统设计原理图

3.1.1.2　设计要点

（1）交直流系统的选择

目前城市电网以交流电为主，在未来相当长的时间里，低碳建筑电气系统应该是交直流混合系统。

采用低压直流系统的目的是便于新能源发电和储能系统的接入，有利于实现建筑负荷的柔性调节。系统中可以考虑采用低压直流系统的环节如下：

1）有新能源发电或储能系统接入的地方，可以设置匹配发电或储能规模的低压直流系统。

2）负荷有柔性控制要求的场所，如变频设备为主的空调系统，可以设置更加高效的低压直流制冷机房配电系统。

3）本身为直流驱动的 LED 光源照明系统，也可以采用低压直流系统。

4）在老人、儿童等有安全用电要求的场所可以设置 48V 直流安全特低电压配电系统。交流安全特低电压为不大于 25V，带载能力低；直流安全特低电压为不低于 50V，大部分小家电可以接入系统。所以低压直流安全特低电压可以考虑用于末端用电区域，在满足用电设备供电需求的同时，提高配电系统的安全性。

5）路灯等市政远距离场所可以考虑设置 750V 甚至 1500V 低压直流系统，供电半径比交流系统大很多，有利于降低线损和节约成本。

（2）光伏装机容量的确定

国务院印发的《2030 年前碳达峰行动方案》要求，到 2025 年，新建公共机构建筑、新建厂房屋顶光伏覆盖率力争达到 50%。光伏容量除了满足碳达峰行动方案要求外，还可以综合考虑用户内部碳配额、碳指标和用电情况，适当考虑加大光伏装机容量，减少夏季用电高峰期用电短缺限电对生产生活的影响。

（3）储能装机容量的确定

"光储直柔"系统需要配置适当储能以稳定微网内部供电质量。考虑到电化学储能电池有使用寿命要求及目前价格仍然比较高，用户侧集中储能可以根据情况分期建设，等到未来 3～10 年新能源比例逐步提高后再逐步投入，建议低碳建筑适当预留日后安装储能系统的土建位置及系统接口。

（4）用电设备的接入

照明设备的接入： LED 光源灯具可以根据实际情况，接入直流供电系统，其余光源灯具仍建议接入交流系统。

动力设备： 变频风机、水泵、多联机、制冷主机等设备，一般是接入交流系统，也可以把变频器整流环节取消，直接把变频器直流端接入直流系统。电梯为特种设备，目前直接把直流端接入直流系统的变频电梯尚未有厂家取得特种设备许可，所以电梯还是保持在交流系统接入。如增加其余动力设备，还是接入交流系统。

末端用电设备： 除微波炉、电磁炉、打印机、复印机外的一般家电设备都可以直接接入直流系统。

充电桩： 7kW 及以下慢速充电桩输入输出均为交流电，可以接入交流系统，采用车载交流充电机充电。快速充电桩输入可以选择为交流或者直流电，输出为直流电，直接采用汽车直流充电口充电。

光伏、储能： 可直接接入直流系统，接入交流系统时，需要经过逆变器。

3.1.2   建筑光伏系统设计

3.1.2.1   设计原则

建筑光伏系统设计的原则是应装尽装、产消明确。

我国可利用的屋顶资源潜力达到 1.4 万 km^2。住房和城乡建设部等相关部门预测，到 2025 年我国建筑光伏装机容量可达 100GW，到 2030 年可达 215GW。对农村光伏资源的调查研究也表明，我国农村单户具有的光伏发电潜力可达 10kW 甚至更高，例如山西某村 1000 户安装光伏可具有 5MW 的光伏发电潜力。因而，建筑表面将是分布式光伏的重要安装场所，建筑光伏发电将成为低碳电力系统中的重要组成部分。

建筑光伏设计时需要做自消纳分析，关注建筑光伏发电与建筑自身用能之间的匹配关系，以确保建筑光伏发电有效利用，实现产消一体。不同类型建筑的用能特点不同，建筑自身用能具有很大的波动变化特点，同时光伏发电能力受到光伏板自身性能、安装方式、所安装区域的太阳辐照度等多重因素影响，建筑自身用能与自身光伏发电之间的关系需要深入探讨，不单是两者总量之间的简单对比，更应该注重的是建筑逐时用电特征与光伏逐时出力之间的关系，以便更好的判断建筑光伏是否可实现自我消纳。

从"光储直柔"建筑构建需求来看，建筑应当明确其作为可再生能源产消者的重要作用，区分出建筑到底是作为生产者还是自我消纳为主的定位。以典型建筑的用电特征为基础，对建筑可利用的光伏发电资源和自身用能之间的逐时变化规律进行定量分析，如图 3-3 所示。初步的研究结果表明：对于办公建筑，大致 6 层以上的建筑应实现光伏自我消纳、不上网，在实现较高光伏自我消纳率、充分利用自身可利用光伏资源的基础上，减少与电网之间的双向交互，建筑用电不足的部分由外部电网供给。对于商场类用能强度较高的建筑，大致 3 层以上的建筑可实现光伏自我消纳；对于 2 层以下的建筑，在充分安装光伏、利用建筑自身面积资源的基础上，除通过有效蓄存、缓解光伏发电与建筑用电时间上的不匹配来解决自身用能需求外，还可以向外网输电，绝大部分时间可实现向外网输电而不从外网取电，这时，建筑也是电网能源的重要生产者，例如大多数乡村建筑可利用自身的光伏资源，有效解决其自身能源需求，并且多余电力上网，使得乡村等具有显著光伏利用潜力的地区有望成为未来零碳电力系统中重要的分布式电力来源。

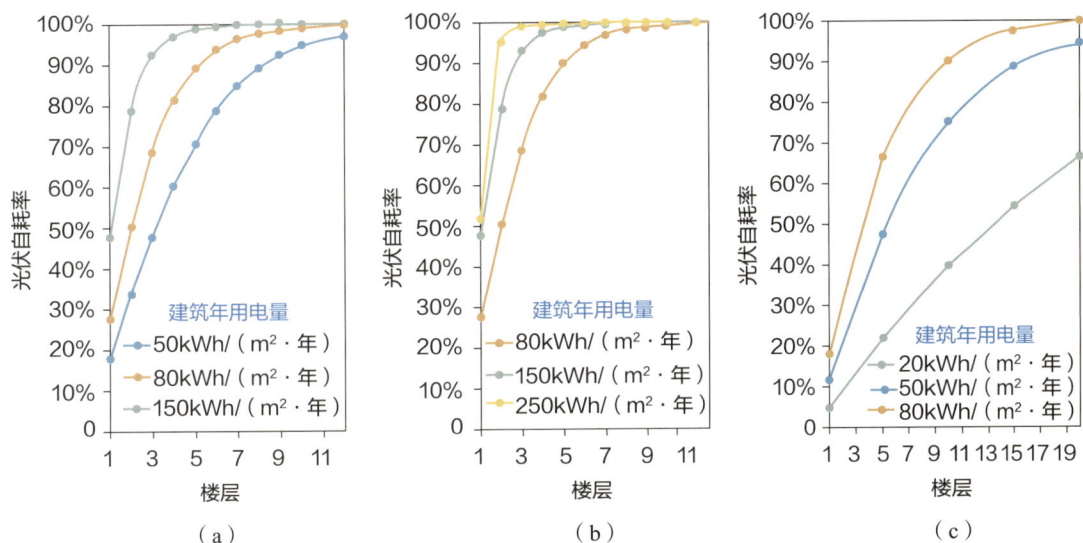

图 3-3　建筑自身用电与光伏发电之间的关系

（a）办公建筑；（b）商场；（c）公寓

3.1.2.2　设计方法与要点

（1）系统组成

建筑光伏发电系统主要由光伏组件、汇流箱、变换器、光伏发电控制系统及其辅助配件等组成。系统原理框图如图 3-4 所示。

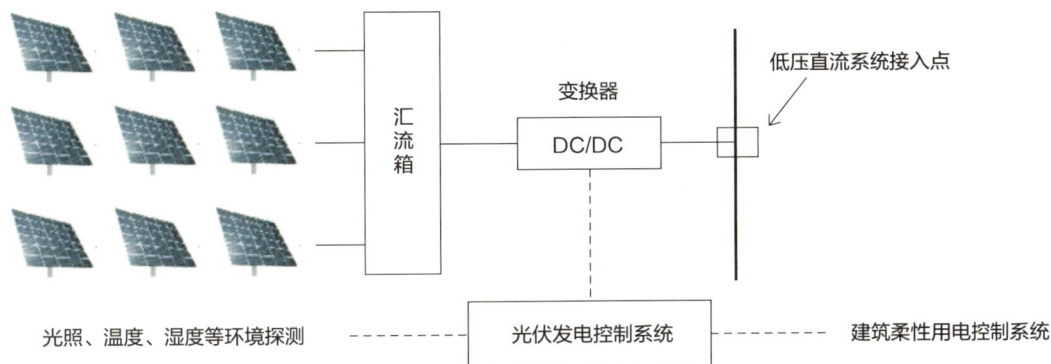

图 3-4　建筑光伏发电系统原理框图

（2）设计方法

光伏建筑一体化系统设计首先根据建筑物的可安装条件及功能确定光伏系统的形式，再结合当地的气候条件以及建筑物条件确定光伏组件的安装位置、数量以及角度等参数，最终达到设计的协调与统一。

具体设计步骤如下：

1）结合当地天气特征、太阳能资源、建筑物的功能、当地电网条件、负荷性质等因素，确定光伏发电系统的类型和设计方案。

2）根据上述信息选择合适的光伏组件、确定合适的安装倾角、间距等因素。

3）计算光伏发电系统的装机容量。

4）计算光伏发电系统发电量。

5）若系统装有储能装置，则需要进行储能环节（蓄电池）的设计。

6）进行光伏接线箱、光伏配电箱（柜）、并网配电箱（柜）、交直流线缆、光伏发电系统保护等供配电设计。

7）进行光伏发电系统的防雷设计。

（3）设计要点

设计过程中需要电气专业与建筑、结构、暖通、给水排水各专业人员的积极协作，以保证方案完成后的后续设计和施工工作的顺利开展。设计结束后，考虑光伏建筑一体化的维护，并遵循《光伏建筑一体化系统运行与维护规范》JGJ/T 264—2012进行设备维护。

电气专业： 首先确定光伏系统的类型，在满足上述条件的情况下尽可能让光伏发电系统发电量最大，例如为使太阳能电池板获取最大太阳辐射量，要考虑太阳能电池方阵的朝向、角度、遮挡情况、降温措施、逆变器合理配置等，同时要特别做好防雷接地设计。

建筑专业： 结合建筑的外形选择最优的安装位置、安装面积，满足建筑外形和功能要求的情况下注意保温、隔热、防水以及设备的检修维护等。建筑设计从以下几个方面考虑分析：

1）建筑物的环境条件以及建筑物的形体朝向的影响。

2）与建筑物的外装饰的协调，例如薄膜光伏组件的透光率、颜色的多元化等和建筑设计的结合。

3）光伏组件对于建筑物本身温度效应的影响。

结构专业： 确保增加光伏发电系统后对建筑结构安全性的影响。根据建筑上光伏组件的各种安装方式，需要结构专业根据其安装部位和荷载，完成结构设计。

暖通专业： 光伏系统安装在建筑立面时，需考虑光伏系统围护结构对空调系统的影响。

给水排水专业： 安装在屋面时（紧贴屋面和支架上安装），考虑屋面排水措施等。

3.1.2.3　光伏系统类型确定

"光储直柔"建筑光伏发电系统一般采用并网光伏发电系统，为减少大规模光伏发电接入电网对市政电网运行安全性、稳定性和可靠性造成的冲击，推荐采用"自发自用、余电并网"的自消纳并网模式，太阳能电池所发电量优先给内部负载，多余的电送入电网，当光伏发电量不足以供给负载时，由电网和光伏发电系统同时给负载供电。所以，在确定光伏接入点的时候，需要根据建筑配电系统的特点，结合建筑用电负荷特性和光伏发电特性进行光伏发电自消纳分析。

3.1.2.4 光伏组件设计选型

（1）光伏组件类型

光伏技术不断更新发展，光伏电池材料的种类也越来越多，大致可按其材料结构分为以下三类：① 硅基光伏电池，如单晶硅、多晶硅光伏电池等；② 薄膜光伏电池，如砷化镓、碲化镉、铜铟镓硒薄膜光伏电池等；③ 具有理论高转化效率和低成本优势的新概念电池，主要为新型光伏电池，如染料敏化光伏电池、钙钛矿光伏电池、有机太阳电池以及量子点太阳电池等。

不同类型光伏电池的性能如表 3-1 所示，其中转化效率为实验室数据。

光伏电池的性能对比表 表 3-1

常见光伏电池种类		转化效率（%）	单价（元/W）	优缺点
硅基光伏电池	单晶硅电池	24.2	1.04~1.12	转化率较高，价格较高，硅耗大，工艺复杂，寿命长，光伏电站和屋顶采用
	多晶硅电池	22.8	0.73~0.83	转化率低，价格低，硅耗小，工艺简单，寿命长，光伏电站和屋顶采用
薄膜光伏电池	碲化镉薄膜电池（CdTe）	22.1	4.6	运行转化效率高于非晶硅电池，性能稳定，制造成本低，碲稀有，镉有毒，适用于 BIPV
	铜铟镓硒薄膜电池（CIGS）	23.4	5	转化率较高，重量轻，弱光性能好，有不同颜色，铟元素稀有，适用于 BIPV
	砷化镓薄膜电池（GaAs）	35.5	38	转化率最高，价格昂贵，难加工，耐高温，稳定性好，适用于空间卫星、无人飞行器等
新概念电池	钙钛矿电池（PSCs）	26.7	1	转化率较高，制备成本最低，材料稳定性差，技术有待完善，发展应用潜力大

目前，单晶硅以及多晶硅电池因具有较高性价比仍然占市场主体，在屋顶、室外雨棚等场所一般考虑采用这种材料；薄膜光伏电池可以与光伏幕墙结合，在立面展示效果好，在建筑光伏一体化设计中，常采用不同材料的薄膜电池配合达到更好的立面效果；新型光伏电池由于有较高的理论转化效率和较低的制备成本，在建筑光伏市场里的发展潜力也很大。需要注意，薄膜电池在立面安装中，需要配合建筑立面效果和透光率要求来确定实际薄膜电池的转换率，透光率越高，其单位面积转化效率越低。

（2）光伏组件安装方式

光伏组件与建筑有多种结合方式，如光伏屋顶、光伏立面和光伏构件等，如图 3-5 所示。但是不论哪种形式都必须考虑不同立面朝向、立面倾角、日照时间、太阳辐射量等影响因素。

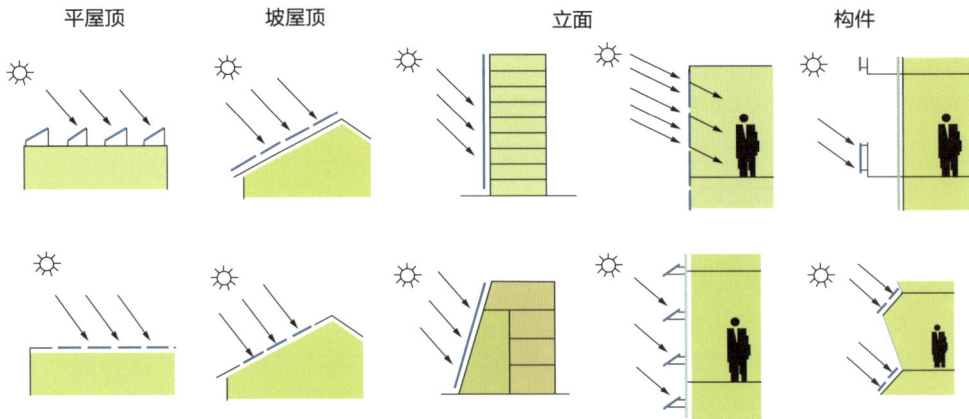

图 3-5 光伏组件与建筑结合的方式

（3）屋顶光伏组件设计

屋顶是建筑外表面中接受太阳辐射最多的地方，也是可安装光伏面积较大且完整的区域。因此，屋顶光伏系统的安装容量、朝向、倾角与间距应根据安全、美观、负荷时间规律和投资收益等因素进行确定，侧重于考虑光伏发电量与经济性，兼顾美观性。

光伏组件的发电量与太阳辐射强度、太阳辐射光谱、环境温度、光伏组件温度系数等因素有关。当光伏组件的方位角和倾斜角不同时，单位面积光伏组件接收到的太阳辐射量不同，因此发电量也会有变化，图 3-6 显示了不同朝向和不同倾斜角下我国典型城市年发电量分布。

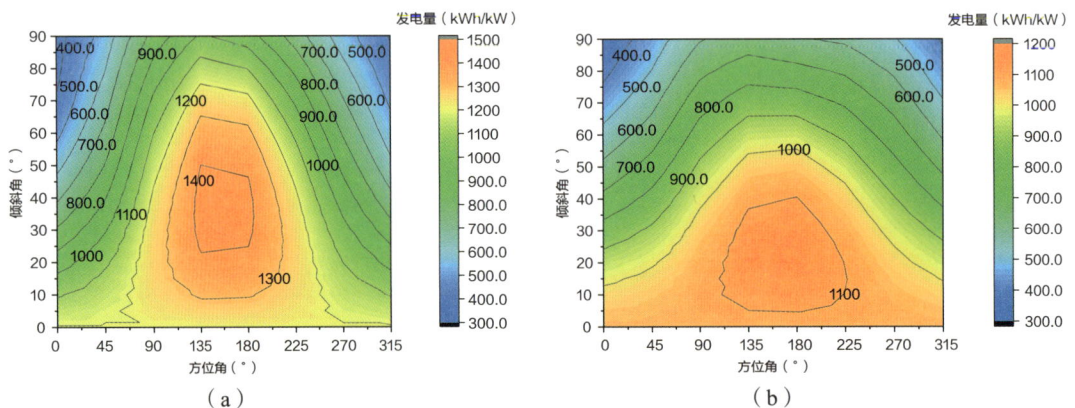

图 3-6 光伏组件不同朝向和不同倾斜角安装时的年发电量对比
（a）北京市光伏年发电量；（b）广州市光伏年发电量

当光伏组件安装倾角不同时，不仅年度发电总量不同，而且不同月份的发电量分布也不同。光伏组件水平安装时，夏季发电量较大，冬季发电量较小；以最佳倾斜角安装时，光伏组件全年发电量最大，且各月发电量较为平均；竖直安装时，光伏组件夏季发电量较小，而冬季发电量较大。由于我国位于北半球，夏季太阳高度角较高，因此水平面太阳辐射强度高，而竖直面太阳辐射强度低；冬季太阳高度角较低，因此水平面太阳辐射强度低，而竖直面太阳辐射强度高。以北京和广州为例，当光伏组件水平安装、南向最佳倾斜角安装和南向竖直安装时，光伏组件逐月发电量如图 3-7 所示。考虑到我国南方地区夏季空调负荷较大，北方地区冬季采暖负荷较大，可以因地制宜根据负荷需求采用不同的安装方式，在尽可能实现光伏系统全年发电量最大的同时，兼顾考虑光伏系统每月发电量与负荷需求的匹配性。

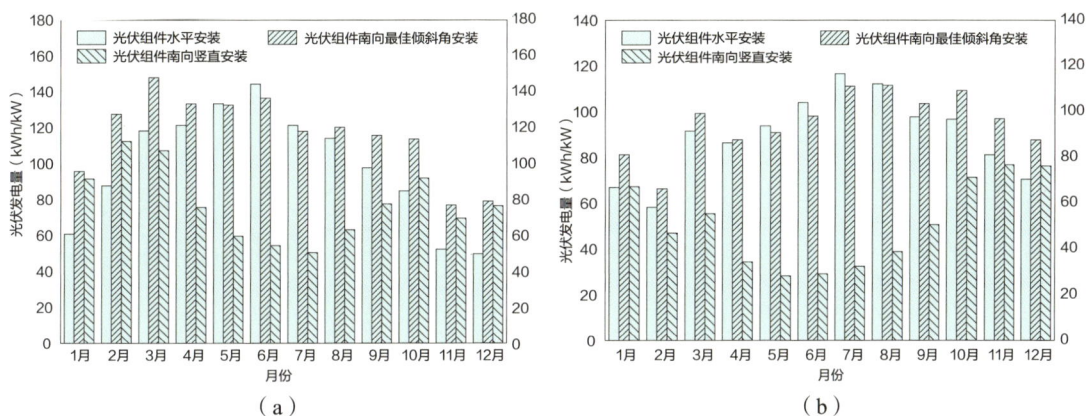

图 3-7 光伏组件不同倾斜角安装时的逐月发电量对比
（a）北京；（b）广州

考虑到组件间距（如图 3-8 所示），以最佳倾斜角安装时单位屋顶面积发电量比水平安装时单位屋顶面积发电量低。因此，采用最佳倾斜角安装光伏组件和采用水平安装光伏组件可以产生不同的经济效益。当屋顶面积比较紧缺并且对初投资不敏感，但是对光伏发电量占比有要求时，可以水平安装光伏组件，最大化利用占地面积（图 3-8），从而实现单位占地面积光伏发电量最大。而当屋顶面积充裕并且对投资性价比要求高时，可以采用最佳倾斜角安装光伏组件（如图 3-9 所示），虽然单位屋顶面积光伏发电量较低，但是单位面积光伏组件的发电量相比其他安装方式要高，投资收益最大。

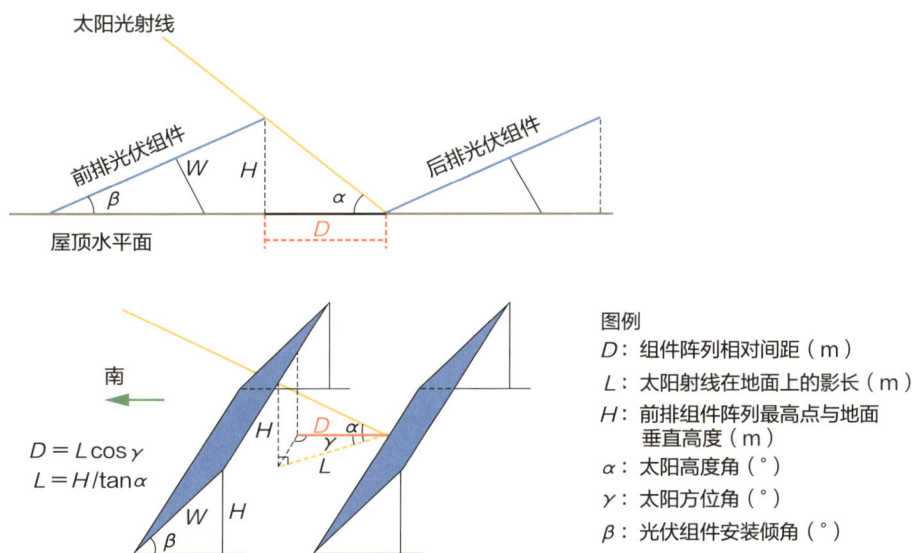

$$D = L\cos\gamma$$
$$L = H/\tan\alpha$$

图例

D：组件阵列相对间距（m）

L：太阳射线在地面上的影长（m）

H：前排组件阵列最高点与地面垂直高度（m）

α：太阳高度角（°）

γ：太阳方位角（°）

β：光伏组件安装倾角（°）

图 3-8 太阳能光伏阵列前后排间距计算示意图

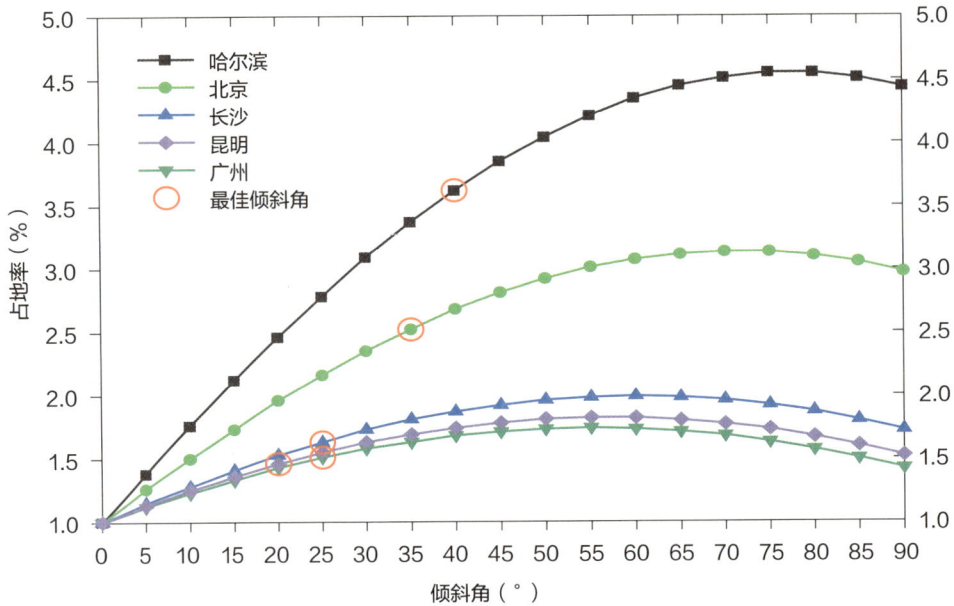

图 3-9　不同城市光伏组件占地率随倾斜角变化示意图

此外，设计时应同步考虑美观性。在实际项目中，还可以选择以介于最佳倾斜角和水平之间的某个角度进行安装，以追求包括光伏系统的初投资和屋顶租金在内的综合效益最大化。

（4）立面光伏系统设计

立面光伏系统应用形式主要有光伏墙体、光伏幕墙、光伏围栏及光伏遮阳等，通常作为建筑构件的一部分。立面光伏系统应结合建筑风貌要求，根据采光和遮阳等建筑热工因素、发电效率以及经济性，进行一体化设计，侧重于考虑美观性与功能性，兼顾发电效率与经济性。

立面光伏系统可以减少照射在建筑表面上的太阳辐射，从而降低空调能耗。而窗户作为传统建筑中建筑节能的薄弱环节，白天由窗户进入室内的太阳辐射热量和夜晚由窗户损失的热量是导致建筑能耗大的主要原因之一。采用半透明光伏幕墙具有很好的建筑节能效果：一方面，它可以通过减少室内太阳得热，降低空调制冷负荷，并进一步降低空调设备容量，实现更大程度节能。另一方面，虽然采用半透明光伏幕墙会增加一些人工照明能耗，但是可以通过调整光伏幕墙的透过率，最大程度地利用自然采光，达到良好的节能效果。然而，不同类型的光伏组件成本差别很大，当前技术条件下，采用立面光伏系统投资收益通常低于屋顶光伏系统，设计时应综合考虑。

3.1.2.5　光伏发电量计算

考虑建筑光伏系统大多数采用并网光伏系统，本书仅介绍并网光伏发电系统总功率和发电量的估算方法。

并网光伏系统的装机容量估算方法见式（3-1）。

$$P = N_S \times N_P \times P_m \tag{3-1}$$

式中　P——光伏系统装机容量（kWp）；

N_S——并联的光伏组串数（取整）；

N_P——每个组串中串联的光伏组件数（取整）；

P_m——单块光伏组件峰值功率（kWp）。

并网光伏系统的发电量估算方法见式（3-2）。

$$E_P = \frac{H_A}{E_S} \times P \times K = H_A \times A \times \eta_i \times K \qquad (3\text{-}2)$$

式中　K——光伏系统综合效率系数；

H_A——水平面太阳总辐照量（kWp/m^2），计算月发电量时，应为各月的日均水平面太阳总辐照量和每月天数的乘积；

E_P——并网发电量（kWp）；

E_S——标准条件下的辐照度（常数），1kW/m^2；

A——计算范围内的方阵组件总面积（m^2）；

η_i——组件转换效率（%），由制造商提供的数据确定。

3.1.3　储能系统设计

3.1.3.1　设计原则

储能系统的设计原则是挖掘潜力、合理配置。

未来以风光电为主的新型电力系统需要解决风光电力波动性难题，需要配置大量调蓄和储能资源。当前电力系统中考虑的主要储能方式包括化学电池、蓄冷/蓄热、抽水蓄能、压缩空气、飞轮、氢等，这些储能方式对应不同的时间尺度，可用于解决不同体量/时间尺度下的能量调蓄问题。电池储能等蓄能调节方式成本过高（电池约1元/Wh），压缩空气、飞轮、氢，与可大面积推广应用的光伏（成本约2元/W，系统成本不超过5元/W）相比，成本过高，是构建未来以风光电为主的低碳电力系统面临的重要难题。

依靠现有储能电池等方式实现零碳电力系统，需要投入极高的成本，这就需要经济性合理、可负担的调蓄方式。为此可探索的路径包括：① 寻求降低储能成本、提高储能技术的方式，对于电池等储能技术的研究一直是热门领域；② 降低对储能容量的需求，寻求替代的方式及减少成本的路径，这就使得建筑侧成为重要调蓄资源具有重要意义。储能可不再局限于传统的化学电池、压缩空气、储氢等方式，而是从建筑整体以及建筑内部可利用、可调度的资源来重新认识建筑领域的蓄能手段和相应的储蓄能力。建筑内可利用的各类具有储能能力的设备、设施都可以作为"光储直柔"系统中的储能资源。

建筑中可利用的储能手段包括建筑本体围护结构，水蓄冷/冰蓄冷/蓄热罐等暖通空调设备，储能电池、电动汽车蓄电池及各种蓄电池的用电设备。针对围护结构及空调系统储能潜力的研究已有不少，Peng 等对商业建筑预冷策略的测试表明，2 种预冷策略在正常用电高峰时段均可实现80%～100%的负荷转移，且无舒适度方面的投诉；Aduda 等的研究结果表明，在不影响室内空气质量的情况下，送风机在需求高峰时段降低一半的风量最长可持续 120min；Ali 等的研究结果表明，建筑热惯性可与储能系统相结合，降低用电高峰时段的供热或供冷需求。林琳针对航站楼空调系统具有的储能潜力作了探索，指出在航站楼围护结构、多区域实际空调环境控制参数存在差异等因素作用下，通过空调系统的预冷提前开启、尖峰错峰运行等方式可以实现小时级的储能／蓄能效果，实现在保证合理热环境需求、不增加任何额外投入条件下的柔性用能。

这样，从某种程度上来看，建筑整体可视为一种具有能量蓄存、释放能力的电池，可成为整个能源系统中的可调蓄环节。在充分挖掘建筑自身储能潜力的基础上，需合理设计配置"光储直柔"建筑中所需的化学电池储能容量，既要保证发挥有效的调蓄能力、满足建筑需求，又要保证避免过多的蓄电池容量增加系统成本。从可利用的储能资源重新认识建筑中的各类用电负载、电器设备，对其资源深入挖掘、充分认识其潜力后，有望大幅降低对"光储直柔"建筑所需单独配置的蓄能电池容量需求，更好地发挥建筑自身的能量调蓄功能，促进建筑由单纯负载向具有调蓄功能负载的转变。

3.1.3.2　设计方法与要点

（1）储能系统组成

如图 3-10 所示，锂电池储能系统基本组成包括：电池组、电池管理系统、功率系统、能量管理系统，以及照明配电、空调、消防等辅助系统。

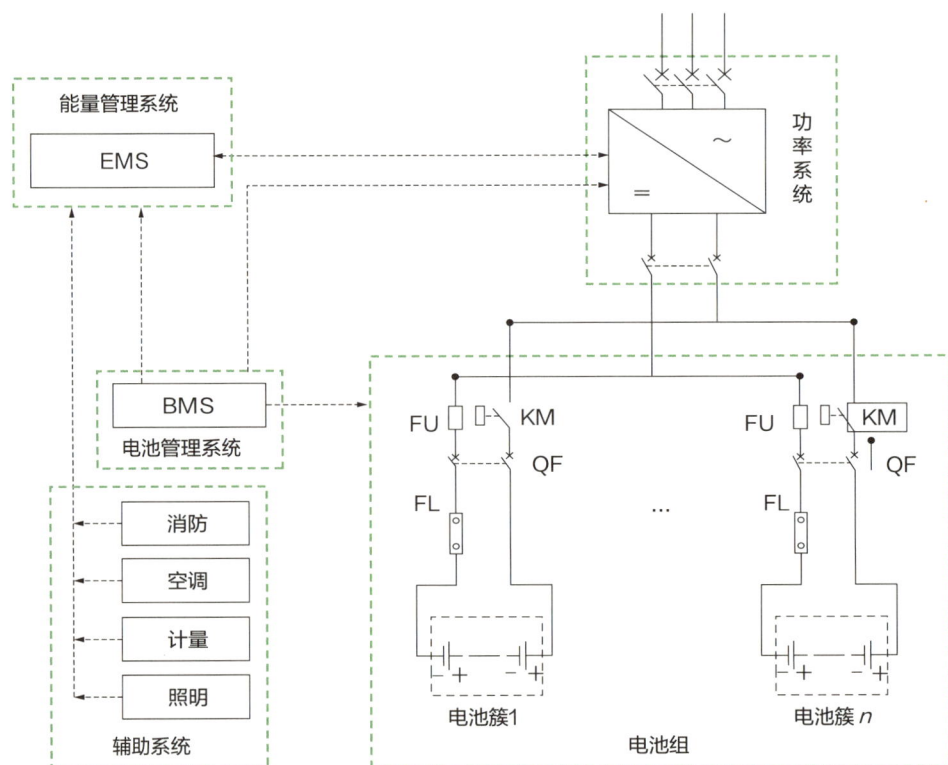

图 3-10　储能系统组成

电池管理系统（BMS）对电池状态进行监测及管理，多采用三级架构，包括从控采集均衡模块（BSU）、主控控制模块（BMU）和电池堆控制模块（BDU）。

系统目的是提升储能系统的安全管理水平，防止发生安全事故，主要通过结合不同电池的特性，设置对应的使用阈值，并通过实时监测，及时调整控制指令，保证电池在安全阈值范围内工作。

（2）设计方法

储能系统设计需要综合建筑性质、电网要求、光伏发电系统等因素，提出合理的设计和解决方案。

具体设计步骤如下：

1）结合建筑场地条件、当地电网条件、建筑光伏发电系统装机规模、充电桩安装情况、备用电源、负荷性质等因素，确定储能系统的类型和设计方案。

2）根据上述信息选择合适的储能系统形式，落实储能系统安装的土建条件。

3）计算储能系统的装机容量，当设计为电储能时，需要根据储能系统是否参与辅助调峰调频服务选择能量型、功率型还是混合型的储能电池类型。

4）进行储能系统架构、设备安装、消防设计、防雷接地设计。

设计过程中需要暖通、给水排水各专业人员的积极协作，以保证方案完成后的后续设计和施工工作的顺利开展。设计结束，考虑系统的维护。

（3）设计要点

系统设计需要从系统安全、比能量、比功率、转换效率、使用寿命和成本等方面综合考虑。

1）提高系统安全

主要有以下设计要点：

① 制定合理的电池筛选标准，加强电池成组筛选管控，电池单体、电池包、电池簇均需要通过相关的安全标准测试。

② 建立详细的仿真模型，优化散热设计，制定合理的热管理控制策略。

③ 优化保护参数，采用先进的预警技术。

④ 系统设计以高内聚、低耦合为原则，将系统分为若干个独立的小系统，每个小系统均有自己独立的保护和控制策略。

⑤ 电气设计严格遵循相关标准要求，对系统电气中各风险点，均需要增加保护措施。

⑥ 优化消防设计，消防探头应能够准确定位异常点，消防气体可直达异常点，做到快速精准灭火；系统设计增加排烟通信设计，及时将有毒、有害、可燃气体排出，避免扩大；增加水消防，储能系统发生热失控时，能够及时灭火；选用高效的灭火剂，从降温、隔绝氧气、降低可燃物浓度等多个维度进行灭火。

2）提高储能系统比功率和比能量

主要有以下设计要点：

① 简化设计，在满足整体设计要求的基础上，减少集成过程中结构件，提高设备空间利用率。

② 采用大容量电芯，减少电池间的连接部件对空间影响。

③ 采用无过道设计，提高系统空间利用率。

3）提高系统转换效率

主要有以下设计要点：

① 采用高效的电池管理技术，提高电池一致性，从而提高电池系统充放电转换效率。

② 优化控制策略，如通过电池温度来控制空调的开启，降低温控系统能耗等。

③ 储能系统优化设计，如格力钛储能系统引用新风系统，利用环境温度来实现散热，减少空调使用。

④ 采用高压设计方案，减小电流，降低线路损耗和发热量。

4）提高系统使用寿命

主要有以下设计要点：

① 选用长循环寿命的储能电池。

② 制定合理的筛选标准，从源头控制电池一致性。

③ 设计合理的温控系统，确保电池处于最佳工作环境，同时控制电池系统温差，提高温度一致性。

④ 从电池模块到电池簇再到电池系统，实行"一包一优化，一簇一管理"，功率系统模块化设计，在电池的每个集成环节都进行优化控制，提高电池系统一致性。

⑤ 采用高效均衡方式，提高均衡效率，如采用大电流、多路均衡方式。

5）降低系统全生命周期成本

主要有以下设计要点：

① 根据客户需求，在满足要求的前提下，简化系统设计，降低系统集成成本。

② 采用无过道设计等方式，提高系统能量密度，均摊设备成本。

③ 采用合理的充放电保护策略，智能化监控平台和预警机制，高效的运行维护体系，最大限度延长系统使用寿命，从而降低系统全生命周期成本。

3.1.3.3 储能系统容量配置

（1）储能电池种类

从建筑电气化趋势和储能技术成熟度来看，建筑储能更适宜采用电化学储能，常见电化学储能形式见表 3-2。可能应用于建筑的电化学储能主要有锂离子电池、铅酸电池、锌溴液流电池、镍镉电池、钠离子电池等。其中铅酸电池在过去几十年中应用广泛，但由于其放电深度受到限制且存在环境污染等问题，锂离子电池得益于近些年的技术发展和成本降低，钠离子电池材料具备显著成本优势，更具发展潜力。建筑场景使用的储能电池如图 3-11 所示。

常见电化学储能形式   表 3-2

储能技术	分类	优点	缺点
电化学储能	锂离子电池	能量效率高、使用寿命长、充放电倍率高	成本略高
	铅酸／铅碳电池	应用最早、技术最成熟、成本低廉	能量密度低、循环寿命略低
	全钒液流电池	能量效率高、使用寿命长、电化学极化小	投资成本高、占地面积大

锂离子电池

铅酸 / 铅碳电池

液流电池

镍镉电池

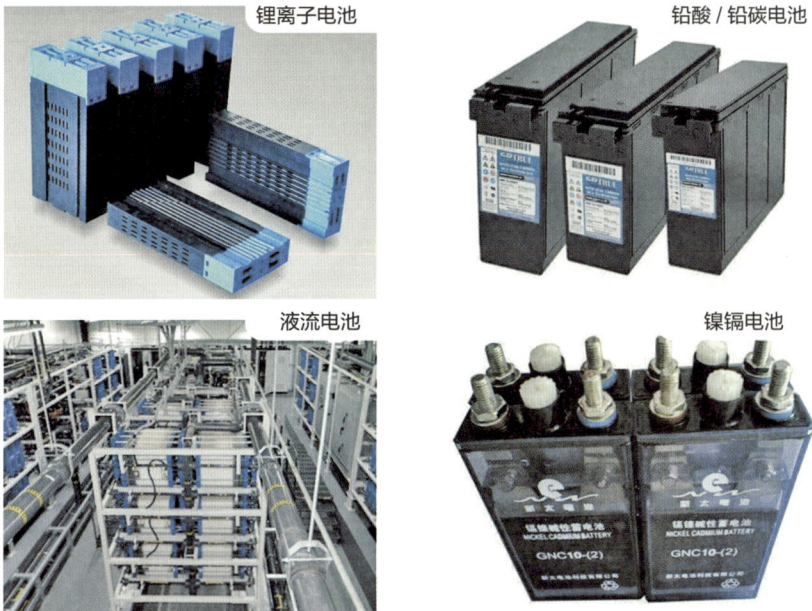

图 3-11 建筑场景使用的储能电池

电池储能可以将电网和分布式光伏的富余电能储存并在必要时释放，有效解决可再生电力供给和建筑用电需求在时间上的不匹配问题。同时，蓄电池还具有响应速度快、效率高及对安装维护的要求低等优势，因此受到建筑用户的欢迎。从电池产业的终端需求看，蓄电池作为备用电源和移动电源的应用较多，用于削峰填谷的储能电池在城市电网中有应用，而专门应用于建筑削峰填谷的储能电池还比较少。建筑场景对储能电池在布置和消防方面有特殊要求，与其他用户的储能技术不尽相同，因此建筑储能电池技术还处于初级发展阶段。

根据不同储能应用需求，储能电池可分为功率型电池和能量型电池。功率型电池是以小于或等于 1 小时率（1P）额定功率工作的电池，适用在需要短时快充快放如实现需求侧快速响应的场合，主要以钛酸锂电池（LTO）为代表。能量型电池是以大于 1 小时率（1P）额定功率工作的电池，主要以磷酸铁锂电池（LFP）为代表，磷酸铁锂原材料储量丰富，因此成本较低，同时也具有良好的安全和循环性能，广泛应用于能量型储能。"光储直柔"建筑在没有参与电网侧调峰调频辅助服务的要求时，一般可选用能量型电池，如果有该要求，则可以选择功率型电池或者二者混合型电池组合。

（2）储能系统容量配置

储能容量选择首先是用于维持"光储直柔"建筑电气系统的稳定运行；另一方面是提高"光储直柔"建筑的经济性，如结合电价政策，通过电能时间平移实现削峰填谷或参与电网需求侧响应来降低用能成本，也可兼作重要负荷的备用电源。

"光储直柔"建筑电气系统一般都是引接市政电源。现阶段我国电力供应仍以火电为主，电网稳定性较高。在不单独配置储能的情况下，"光储直柔"建筑直流微网系统的稳定性主要通过市政电网来维持。但是，在"双碳"战略背景下，我国电力系统也在朝着高比例新能源为主体的新型电力系统发展，随着大规模风电、光电为代表的新能源接入市政电网，电力系统也会呈现风、光发电系统随机性大、惯性差的特性，传统调频机调频特性难以匹配，需要设置储能装置来匹配。根据国务院发布的《2030 年前碳达峰行动方案》到 2025 年，新型储能装机容量达到 3000 万 kW 以上。这部分储能，除了在电网侧集中安装，根据各地政策，也可能会要求逐步在用户侧安装。所以，新建筑配电系统需要考虑预留储能的接口和储能的安装空间。

容量 Q 和功率 P 是电化学储能配置的两个重要参数，也就是电池的能量特性与功率特性。能量特性主要是指应用中充分发挥储能系统的容量特征，如分布式电源发电量利用有剩余的情况下尽量用储能将新能源所发电量存储；在电价低谷时储能充电，电价高段时储能放电，且这个过程尽量用足储能可利用率。功率特性主要是指应用中利用储能系统短时功率输出特征，如削减负荷短时峰值功率，降低对直流配电系统的要求（储能与大功率直流充电桩的配合）；根据发电源或负荷工况控制储能充放电，发电源、负荷和储能整体对外表现为恒功率源。储能系统容量和功率的配置，受接入点直流配电系统容量、本地分布式电源接入、负载特性、储能配置目的与运行策略等方面的约束：

1）接入点直流配电系统容量：主要考虑市电的接入容量和后期配电系统扩容等因素。

2）本地分布式电源接入和储能配置目的：储能配置的目的之一是消纳高渗透率的分布式可再生能源发电。

3）负载特性：根据负荷侧负荷特性及要求确定功率型、能量型的功率／容量。比如解决电动汽车充电造成建筑供配电设计难问题（短时峰值功率很高，但长时平均功率很低）。

因此，建筑储能系统的功率和容量选择应根据储能系统在直流配电系统中配置目的、建设地电源和负荷数据（当前数据和预测数据）、储能系统特性（寿命、充放电倍率、充放电区间）、建筑用能柔性以及经济性等综合考虑。

建筑储能系统的配置原则如下：

1）用于提高光伏等分布式电源发电自用率、移峰填谷，以及增强用能系统柔性等的能量型储能系统，可以根据新能源发电量与负荷用电量的时间偏差、建设地分时电价用电量的偏差等考虑配置。

2）用于削减峰值负荷、系统恒功率用电等的功率型储能系统，可以根据分布式电源和负荷短时峰值功率和耗电量、接入点直流配电系统容量、分布式电源和负荷功率波动考虑配置。

3）用于重要设备的供电保障的应急供电储能系统，可根据要保障的重要负荷数据和供电时间考虑配置。

建筑储能系统需根据直流配电系统拓扑结构、电压等级及保护装置、用电设备和分布式电源分布情况，合理设计储能单元的功率；储能配置应按照接入直流系统情况分电压等级、分配电支路设计；配置目的不同、电压等级不同或所处配电支路不同的储能系统宜相对独立，储能系统所承担功能弱耦合，储能系统间可通过联动实现备用辅助功能。

另外，考虑到运行安全等因素，接入直流配电系统配电母线的储能系统（布置于楼宇配电室）功率原则上不超过总配电功率的 50%，容量按照容量功率比为 2 设计。以未来大厦直流建筑示范工程为例，接入直流配电系统每条配电支路所接入储能系统的功率和容量限制如表 3-3 所示。

用户侧储能功率和容量上限		表 3-3
配电支路电压等级	DC750V	DC375V
功率上限	200kW	100kW
容量上限	400kWh	200kWh

3.1.3.4 储能系统的安装形式

储能系统安装形式主要为预制舱和站房式两种，对应的是户内与户外布置两种方式。目前采用较多的是预制舱方案，如图 3-12 所示，预制舱式储能系统常见的有落地式安装和叠层式安装两种形式。站房式储能系统应用相对较少，具有代表性的有深圳宝清、晋江储能站等，如图 3-13 所示，站房式储能系统有柜式安装和机架式安装两种形式。预制舱式安装和站房式安装各有优势，两种形式对比如表 3-4 所示。

（a） （b）

图 3-12 预制舱式储能系统
（a）落地式安装；（b）叠层式安装

（a） （b）

图 3-13 站房式储能系统
（a）柜式安装；（b）机架式安装

预制舱式和站房式储能系统优缺点 表 3-4

安装形式	优点	缺点
预制舱式	• 储能系统进行整体运输和安装，安装运输方便。 • 现场施工周期短，项目周期可控。 • 标准化产品，设计生产周期短	• 需要单独的放置场地，空间利用率较低。 • 集装箱设计需要考虑防腐、防紫外线、隔热等，设备成本较高
站房式	• 安装灵活，可根据室内布局灵活设计，无需专门的安装场地。 • 空间灵活，运行维护方便。 • 无集装箱，设备成本相对较低	• 储能系统需要现场安装，运输和安装复杂，现场施工量大。 • 储能系统需要根据现场情况设计，增加了设计的难度。 • 建筑物内安装，消防与安全设计要求更高

3.1.4 直流配电系统设计

3.1.4.1 设计原则

低压直流系统的设计原则是分层变换、适应波动。

建筑低压直流配电系统，除了直流配电系统自身的优势，其发展契机得益于供给侧与需求侧的发展变化为其创造的便利条件。一方面，太阳能光伏、风力发电等输出为直流电，直流配电系统可以更好地发挥利用可再生能源发电的优势；另一方面，建筑机电设备中越来越多的高效设备直流化或利用直流驱动（如直流电器 LED 照明、直流驱动的 EC 风机、直流调速离心冷水机组等高效产品）。传统交流配电网络中需将交流电转换为直流电来满足高效机电设备的需求，而直流配电系统可以省去交—直变换环节，系统更简单，与用电设备的高效发展需求更匹配。

直流配电系统的电压等级、安全保护、设计选型及相应的软硬件产品等是构建直流配电系统的重要基础，一直以来对直流系统中电压等级选取等问题尚未在建筑用电领域形成统一规定，仅对电压等级、确定原则等进行了探讨。目前，《民用建筑直流配电设计标准》T/CABEE 030—2022 已正式颁布实施，为建筑低压直流系统的设计、运行等提供了重要基础。该标准建议电压等级不多于 3 级，并推荐采用 DC750V、DC375V 和 DC48V，可根据设备接入功率需求选取适宜的电压等级。在明确电压等级、系统中各类负荷负载组成的基础上，"光储直柔"系统中的各类负载、光伏、储能等通过有效的 DC/DC 变换器接入建筑直流配电系统，并最终通过直流母线与外部交流电网之间的 AC/DC 变换器连接，根据各类负载电器、用能/供能/蓄能设备所需的电压等级来实现分层分类变换，满足各自需求，如图 3-14 所示。

允许直流母线电压在一定范围内变化是"光储直柔"配电系统的重要特征，例如《民用建筑直流配电设计标准》T/CABEE 030—2022 中指出：当直流母线电压处于 90%～105% 额定电压范围时，设备应能按其技术指标和功能正常工作；直流母线电压超出 90%～105% 额定电压范围，且仍处在 80%～107% 额定电压范围时，设备可降频运行，不应出现损坏。这一特征既可在实现系统柔性用能、有效响应调节功率变化时作为有效的控制手段，也对直流配电系统中部件及元器件需要有效应对、保证正常工作提出了基本要求。直流电器设备需要适应这种直流母线电压的变化，并在电压变化时保证正常工作，甚至能够响应电压波动变化特征并调节自身用电功率，为系统实现柔性调节作出贡献。

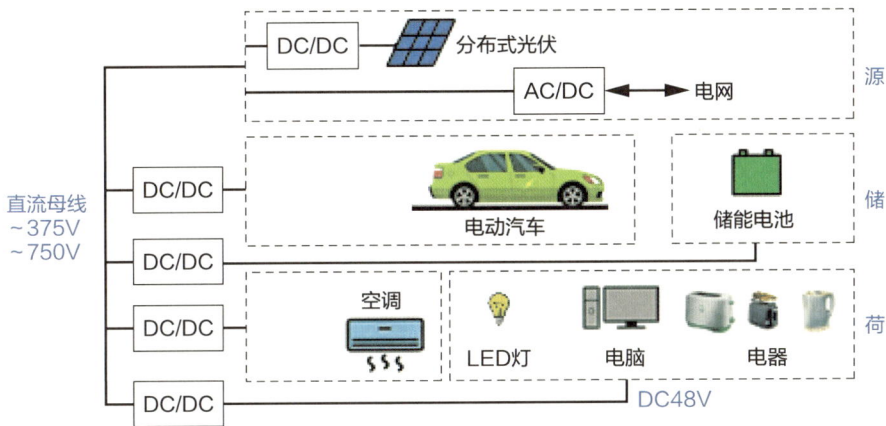

图 3-14 建筑低压直流配电系统示意图

（图片来源：清华大学 刘晓华）

各类直流电器设备、直流配电设备等均需适应上述母线电压变化特征，并在此基础上寻求实现高效运行、满足系统调节需求的应对措施和控制策略。目前比较成熟的直流电器除了 LED 照明、便携式电子设备外，冰箱、洗衣机、空调等需要旋转电动机的电器正逐步采用效率更高、调节性能更好的无刷直流电动机或永磁同步电动机，大型冷水机组的直流化也取得了一定突破。未来仍需要针对各类建筑内的机电设备开发适应"光储直柔"系统需求的直流化产品，例如内部本身使用直流电的计算机、电视、手机等电子设备，也需要在其适配器等环节作出相应调整来适应直流配电系统，从而构建出完整的建筑直流电器生态。

同时，建筑内各类直流配电设备如 DC/DC 变换器、AC/DC 变换器，以及各类保护设备如直流断路器、剩余电流检测设备、绝缘监测设备、保护装置等，也需要构建与"光储直柔"建筑相配套的产品体系。其中，各类电力电子变换器可实现不同电压的转换或交直流转换，是"光储直柔"系统中不同层级、不同类型设备电器间实现连接必不可少的设备。当前已有一些单独开发的变换器元器件，但多是针对特定系统、特定设备独立开发的，产品的标准化、通用化程度尚待提高。从所实现的功能来看，各类变换器均是实现直—直变换或交—直变换，功能特点区分度高，完全有可能实现底层硬件的有效分类（如传输的功率等级、隔离型 / 非隔离型、单向变换 / 双向变换等），再通过内部策略（如光伏调节策略、蓄电池策略、电器策略等）或软件层面的区别就能将不同类型的变换器功能进行有效区分，这就有可能实现"底层硬件标准化＋上层软件多元化"的发展路径，构建出更加完善、适宜大规模推广应用的通用变换器体系。

3.1.4.2 设计方法与要点

（1）设计方法

根据建筑设计要求、建筑中光伏、储能和用电设备特点确定直流配电系统的规模和配置是低压直流配电系统设计的主要目标。

具体来说，需要根据光伏、储能和用电设备的特性，设计光伏、储能和用电设备在直流系统中的接入点，确定系统内部采用几个电压等级，以及系统接线和接地形式。系统拓扑设计应尽量减少变换次数，实现系统的高效、经济、可靠和安全运行。

（2）设计要点

建筑低压直流系统设计，需要注意从配电系统的以下几个方面，综合考虑低压配电系统的配置。

1）电压等级选择；

2）接线形式选择；

3）接地形式选择；

4）负荷计算；

5）电流计算及保护；

6）设备选型；

7）线缆选择；

8）电能质量治理。

3.1.4.3　电压等级选择

低压直流特指 1500V 以下的直流电压，确定合理的建筑低压直流电压是直流系统发展的迫切工作之一。目前《中低压直流配电电压导则》GB/T 35727—2017、《标准电压》GB/T 156—2017 均给出直流电配电电压及相应传输能量的推荐值或范围，但国内外尚未有建筑低压直流配电电压等级标准提出。

针对低压直流电压等级的讨论主要集中在不同电压等级对用电安全、负载需求、既有交流产品设备兼容性、输配效率等方面的影响。根据 2017 年 IEC 针对直流负载电压的调研可知，目前应用的案例多数集中在 48V 以下、350～450V、600～900V 三个电压范围，对应占比约为 31%、27% 和 23%，如图 3-15 所示。从我国已建成的几个示范项目看，目前采用的电压等级也多集中在这三个电压范围内。

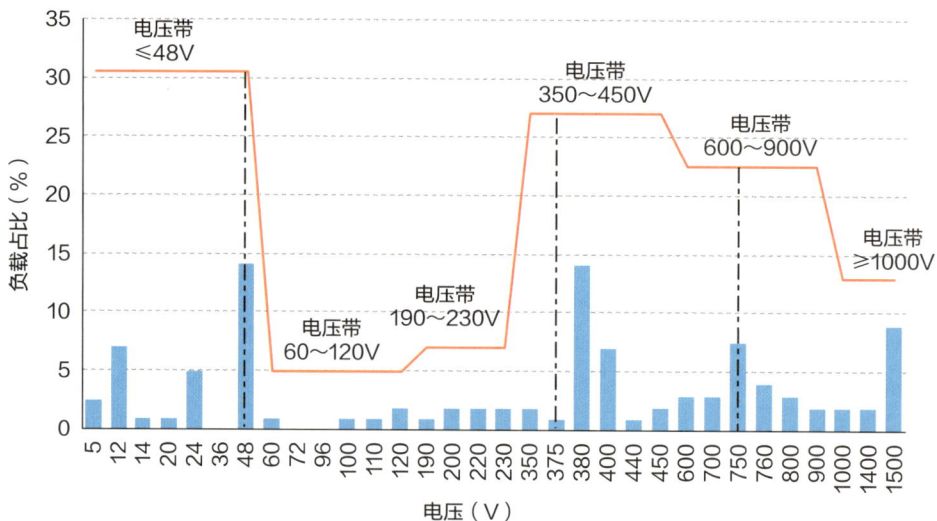

图 3-15　IEC 调研的直流负载电压分布情况

　　从建筑配电角度看，电压等级不宜过多，比较理想的是在近用户侧采用特低安全电压，从根本上提高用电的安全性，有利于直流供电技术的推广，在建筑配电侧采用与目前三相交流 380V 供电能力相当的电压等级，同时尽可能的兼顾交流用电设备。

　　目前国内外达成共识较多的是 DC48V 和 DC375V 组合。在近用户侧采用 DC48V 特低电压，在保证用电安全的同时，可覆盖一定空间内部的办公设备、照明、IT 设备等，满足日常办公需求。在建筑配电侧采用 DC375V，其供电能力与目前我国建筑采用的三相交流 380V 供电能力相当，同时，对于电器的大部分通用电源适配器，其在 AC 输入端上都有一个功率因数校正器（PFC），其内部将产生 380～400V 范围内的 DC 电压作为中间电路电压。原则上，这些设备也可以直接在 DC375V 电压下运行，并且后端电路的设计可以通用。考虑到供电能力相当，电源适配器直流输出对应的关系，推荐在建筑中采用 DC375V 作为额定电压。这样不仅能够满足目前建筑供电要求，同时还可降低既有交流设备改造成本。大功率电器，如空调机组，供电可采用 DC750V（三线直流系统时可接在 ±375V），降低电流并减少配电功率损耗。

　　值得注意的是，DC375V 是标称电压，在实际运行中电压可以在一定范围内波动，这个电压波动范围一般可在＋5%～−20%。

3.1.4.4　接线和接地形式选择

（1）接线形式

　　直流侧系统电源中性点引出中性极时称为双极直流系统，不引出中性极时称为单极直流系统，如图 3-16 所示。

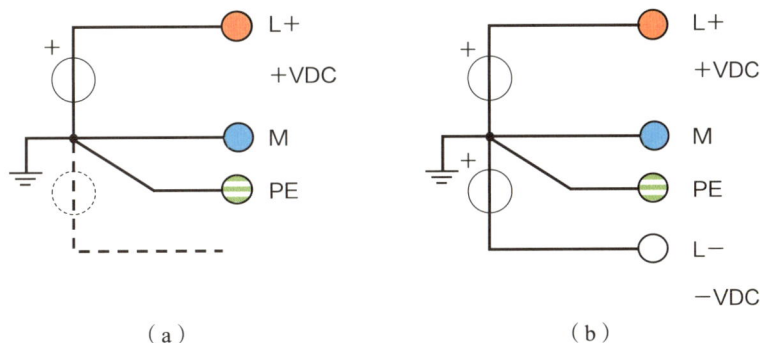

图 3-16　接线形式示意图
（a）单极直流系统；（b）双极直流系统

　　单极系统包括正极（＋）和负极（−），只能为用电设备提供一种电压。

　　双极系统，包括正极（＋）、负极（−）和中性极（M），可以提供两种电压。

　　单极母线架构结构简单、控制方便，在交直流换流器成本造价方面也比双极母线换流器低。单极母线提供单一电压等级，对于不同电压等级负荷的需求，要采用分层母线形式，增加了变换器数量和配电层级。双极母线能够提供两种电压选择，采用真双极母线的系统能够正负两极独立运行，为用户负载接入提供了更大的灵活性和可靠性。当然双极母线在负荷平衡、系统控制以及运维上难度会显著增加。

　　综上，建筑直流配电系统可根据系统供电规模、用电负载、分布式电源接入容量等情况，平衡供电可靠性和成本造价，灵活选择单极或双极母线形式。

（2）接地形式

根据国家标准《低压电气装置 第1部分：基本原则、一般特性评估和定义》GB 16895.1—2008和国际标准 *Low-voltage electrical installations - Part 1: Fundamental principles, assessment of general characteristics, definitions* IEC60364-1的规定：直流配电系统有TN、TT和IT三种典型接地方式。

实际设计中，需要顾及供电可靠性、设备情况、过电压保护、人身安全、故障保护和电磁兼容性等多种因素来综合考虑接地故障保护要求，以确定选用何种接地形式。从系统架构看，建筑低压直流配电系统接地可采用IT或TN方式。如采用直流IT系统，需要采用绝缘电阻检测专用装置；如采用直流TN系统，在直流剩余电流保护器产品还不成熟的情况下，可以尽量选择低接地电阻的TN系统，接地故障时用断路器来自动切断电源。考虑到目前变换器短路故障耐受度差，也可以采用可变接地形式的方式，直流侧也可以选择正常工作时采用IT系统，在系统一点接地后，转化为高电阻接地的TN系统，再采用直流剩余电流保护装置通过断路器来自动切断电源。

3.1.4.5　系统负荷计算

负荷计算是进行供配电系统电源容量设计与运行策略优化的基础。由于接入了本地可再生能源和储能等分布式电源，直流配电系统中能量的流动不只是从电网到负荷单向流动，而是在市政电网、分布式电源和负载之间流动，建筑与电网的关系也从单向供电转换成了双向互动，因此更强调逐时负荷与分布式可再生电源发电曲线的匹配。《民用建筑直流配电设计标准》T/CABEE 030—2022第3.0.2条中明确要求"直流电气设计应以实现电力交互为目标，做到建筑分布式光伏、建筑分布式储能、城市电网和负荷之间的动态平衡"，对直流配电系统的设计，该标准第4.2.3条要求计算用户逐时负荷和建筑分布式光伏逐时出力，以便实现各类电源和负荷的合理容量配置。

3.1.4.6　直流配电系统保护

（1）电击防护

根据《电流对人和家畜的效应 第1部分：通用部分》GB/T 13870.1—2022，直流系统预期接触电压不大于120V，直流心室颤动与电流方向有关，向上电流更加危险，人体纵向向下的引起心房颤动的电流值是向上的2倍，因此，采用直流系统不配出负极的方式时对人身安全性更高，预期接触电压可由120V提升到190V。

直流电气系统的电击防护包括基本保护、故障保护和特殊情况下采用的附加保护。除了DC48V系统采用安全特低压防护可以不考虑基本防护外，其余系统均应采用基本保护和故障保护兼有的保护措施。

对于建筑物中常用的DC750V、DC375V等高电压等级，《低压电气装置 第4-41部分：安全防护 电击防护》GB/T 16895.21—2020（IEC 60364-4-41.2017）对接地故障保护时自动切断电流时间作了规定，并给出直流系统接地故障保护原则和自动切断电源时间要求。

以TN系统为例，给出其保护条件如式（3-3）所示，考虑到直流IT系统在第一次接地故障将会转化成TN系统，其自动接地故障保护自动切断电流的时间可以按TN系统的要求考虑。

$$Z_s \cdot I_a \leqslant U_0 \qquad (3-3)$$

式中　Z_s——故障回路阻抗（Ω）；

　　　I_a——在表 3-5 给出的给定时间内可以自动切断电源的电流（A）。

表 3-5 定义的时间要求末端回路额定电流不超过以下值：

1）带一个或多于一个的插座回路时不大于 63A；

2）给固定连接电流设备配电的回路不大于 32A。

最长切断电源时间表　　　　　　　　　表 3-5

系统	$50V < U_0 \leqslant 120V$ S		$120V < U_0 \leqslant 230V$ S		$230V < U_0 \leqslant 400V$ S		$U_0 > 400V$ S	
	交流	直流	交流	直流	交流	直流	交流	直流
TN	0.8	a	0.4	1	0.2	0.4	0.1	0.1

注：U_0 指额定 AC 或 DC 相对地电压；

　　a 表示非人体电击防护原因切断电源需求。

（2）过流保护

1）短路电流计算

常见场景的短路电流计算简化方法如下：

① 变流器稳态短路电流

变流器稳态短路电流可根据下式计算：

$$I_{sc} = \frac{3}{\pi} \cdot I_{Gsc} \qquad (3-4)$$

式中　I_{sc}——变流器稳态短路电流（A）；

　　　I_{Gsc}——变压器出口短路故障电流（A）。

其二次出口侧短路电流计算如下式：

$$I_n = \frac{S_n}{\sqrt{3} \times U_{20}} \qquad (3-5)$$

$$I_{Gsc} = \frac{C_{max} \times I_n \times 100}{u_k} \qquad (3-6)$$

式中　S_n——变压器额定功率（kVA）；

　　　U_{20}——变压器二次侧线电压（V），交流 380V/220V 低压系统为 400V；

　　　I_n——额定电流（A）；

　　　u_k——变压器的短路电压百分比（%）；

　　　C_{max}——电压系数，为 1.05。

② 蓄电池短路电流

储能蓄电池短路电流计算如下式：

$$I_{kb} = 0.95 \times E_b / (N \times R_i) \qquad (3-7)$$

式中　I_{kb}——蓄电池短路故障电流（A）；

N——电池串联节数（节）；

R_i——电池内阻 R_i（Ω）；

E_b——最大放电电压（V）。

③ 光伏系统短路电流

在系统 DC/DC 换流器的输出侧发生短路时，短路电流一般都会被限制在额定电流的 1.5 倍以内。

2）过流保护

① 过电流保护

电流计算：计算时需注意直流系统是没有功率因数的。

② 过载保护

直流系统的过载保护同交流系统，对 IEC60364-4-43 定义的导体与保护设备之间配合的原则如下：

保护该导体的断路器脱扣电流应满足下式：

$$I_b \leqslant I_n \leqslant I_z \text{ 且 } I_2 \leqslant 1.45 I_z \tag{3-8}$$

式中　I_b——线路计算负载电流（A）；

I_n——熔断器熔体额定电流或者断路器额定电流（A）；

I_z——导体允许持续载流量（A）；

I_2——保护电器可靠动作电流（A）。

③ 短路保护

IEC 60364-4-43 里面导体的短路保护原则同样适用于直流系统，也是要求保护设备的允通能量（$I^2 t$）小于电缆的允通能量（$k^2 S^2$），即满足下式：

$$I^2 t \leqslant k^2 S^2 \tag{3-9}$$

式中　S——实绝缘导体的线芯截面积（mm^2）；

I——短路电流有效值（A）；

t——在达到允许最高持续工作温度导体中短路电流持续的时间（s）；

k——不同绝缘材料的计算系数，该值和导体温度系数、电阻率、导体材料热容量及最初和最终温度相关。

（3）电压保护

电压是直流电气系统最重要的电能质量指标，系统应针对过压和欠压等电压异常设置保护功能。

当直流母线处于 70%～80% 额定电压范围，且持续时间不超过 10s 时，直流电气系统应保持运行。当直流母线处于 20%～70% 额定电压范围，且持续时间不超过 10ms 时，直流电气系统应保持运行，不应执行欠压保护，提高供电可靠性，为确保系统设备正常运行，一般建议的电压波动范围为 + 5%～-20%。

采用 IT 接地方式的 DC750V 和 DC375V 直流系统应具备绝缘监测功能。绝缘监测对 IT 接地系统用电安全防护至关重要。绝缘监测功能可以由 IMD 完成，由于直流电器系统工作模式多样，系统结构和设备工况可能发生变化，为杜绝监测漏洞，建议直流母线配置独立的 IMD。

当外部交流电压传入直流电气系统时，直流电气系统应能识别并报警。

直流系统必须采用直流专用型电涌保护器。

3.1.4.7　直流配电设备选型

直流配电系统的主要设备包括交直流电源（外部交流电网与直流配电网之间，用于电压变换和控制的装置）、储能装置和光伏发电装置、直流断路器、剩余电流检测和保护装置等。直流配电系统广泛使用各种类型的变换器，包括交直流电源中的 AC/DC 变换器、储能装置和光伏发电装置中的 DC/DC 变换器，以及变频空调中的 DC/AC 变换器等，变换器基于电力电子原理，采用功率半导体器件对电压 / 电流进行变换和控制。直流配电系统主要配电设备技术情况详见表 3-6。

直流配电设备技术情况　　　　　　　　　　　表 3-6

设备名称	基本功能	当前产品技术特点
AC/DC 整流变换器	实现建筑内部直流配网与外部交流电网的交直变换、电压变换和电流隔离	高功率密度设计，节省用户空间，降低系统成本，更适用于建筑应用场景；通过智能数控技术，提升稳定、可靠性；可根据上位机命令实现对直流母线的能量补偿；具有输入过压 / 欠压保护、输出过流 / 短路保护、内置二极管失效隔离、过热保护等故障保护功能
光伏升 / 降压变换器	实现光伏电源接入不同电压等级的直流配电系统	高功率密度设计，节省用户空间，降低系统成本，更适用于建筑应用场景；基于新的 MPPT 功能，针对太阳能电池板发电特性，模块内部自动调节跟踪前端光伏电池板最大功率，实时实现光伏板最大功率输出电能；基于智能数控技术，实现输出稳压、稳流和电压下垂调节功能
储能双向变换器	实现直流配电系统直流母线和储能单元的双向连接	内嵌充放电控制逻辑，可在离网状态自动安全运行；通过智能数控技术，高低压侧都具备稳压、稳流功能，可直接连接电池组和直流母线；具有完善的自我保护功能，如过压、过流、过温、过载保护等
直流断路器	直流隔离开关、微型断路器等	直流塑壳断路器产品中适用电压等级最高达 1000V，额定电流最大达 800A，极数最多的有 4P，额定绝缘电压达 1200V，额定冲击耐受电压达 8kV，额定极限短路分段电流达 90kA；部分产品还具备过载长延时、短路瞬时保护功能，并融合智能化监测的功能，可监测直流漏电、回路电流、断路器状态以及负载带电提示等
能源路由器	实现用户端各类直流电器（设备）的接入	宽范围电压输入，可兼容原有交流电网，稳定电压输出，满足交流电网、储能、光伏和各类常见直流负荷的接入需求；具有遥控、遥测、计量功能；具有直流母线故障保护和电池保护；可运行多种协调控制策略
协调控制器	采集设备运行状态，提高低压直流配电网运行的经济性和稳定性	具有采集直流配网特征数据的通信接口；基于最新带 DSP 浮点运算功能的 ARM 处理器和嵌入式操作系统；具有分布式计算功能；模块化设计，配备自检诊断和网络通信功能
直流母线测控保护装置	监测定位直流母线的故障直流，并进行隔断保护动作	可监测某段母线发生短路故障，并跳开本故障母线的断路器，而不影响其他母线供电
直流插座 / 排插	接入终端直流设备	当前的插座和排插产品均采用直流 48V 输入，基于 PD3.0、QC3.0 等协议设计标准接口（如 Type-C、USB-A 等），同时配备转换接头，从而提供多种接口形式及不同电压等级，实现桌面端常用直流电器设备的便捷接入

（1）断路器选型

断路器及继电器（统称开关电器）是建筑配电系统控制与保护的基本组成。根据供配电需求，这些设备不仅能够控制所有电压等级线路中的通断，还可在电路出现故障时（如短路造成的过流）第一时间采取相应的保护措施，保障配电系统与用户的安全。对开关而言，直流开关和交流开关从功能和原理上看并无差别，结构上基本相似。两者的区别在于灭弧能力上，尤其对于阻性负载。但是随着技术发展，目前已经有解决方案和产品，可以针对不同负载特性，采取合理的灭弧措施。对于断路器和继电器目前也有解决方案和产品，特别是已有适用于各种电压等级的直流漏电保护产品。

在三线直流系统中可能发生的故障有：① 正负极间短路；② 正极或负极与中性极短路；③ 正极或负极接地故障。需要根据不同的电网类型来选择断路器接线方式，断路器不同的接线方式将影响分断能力，如表 3-7 所示。

断路器分断能力与接线方式关系表　　　　　　表 3-7

DC 系统网络类型及故障类型	接线方式例如电压等级 $U_e \leqslant 750V$	断路器极数额定分断能力以直流 ABC 为例型号 E2N PR122	接线方式例如电压等级 $U_e \leqslant 750V$	断路器极数额定分断能力以直流 ABC 为例型号 E2N PR122
不接地		3 极 $I_{cu} = 25kA$		4 极 $I_{cu} = 40kA$
负极接地		3 极 $I_{cu} = 25kA$ 故障类型 a&b		4 极 $I_{cu} = 40kA$ 故障类型 a&b
中间极接地				4 极 $I_{cu} = 40kA$ 故障类型 a&b&c

注：本表由 ABB 提供。

断路器的额定工作电压选择必须满足直流系统电压保护的要求，即 U_e（与串联的级数有关）$\geqslant U_n$。

断路器的过流脱扣器整定电流需要根据负载的工作电流来确定，脱扣器整定电流应满足过载保护条件。

低压直流系统采用的接地形式不同，受故障影响断路器的故障串联极数会不一样，所以在正极与地短路、正负极间短路及负极与地短路时要求的断路器的额定极限短路分断能力也不一样。

在大电流场合，可通过极间并联来获得响应的整定值。极间并联时需考虑瞬时磁脱扣值的降容系数。

热磁式脱扣器可以用于直流系统，当采用交流电磁式脱扣器保护直流系统，必须进行校正。直流系统必须采用专用直流电子式脱扣器，交流电子式脱扣器无法采样直流电流，所以不能够用于直流系统保护。

采用热磁断路器进行过载保护，其过载保护动作特性曲线直流系统和交流系统相同。

采用交流热磁断路器进行短路保护时需要注意：断路器磁脱扣整定值必须设置低，因为直流系统短路时没有短路峰值，产生不了足够的电动力让断路器完成脱扣动作，因此必须采用低整定倍数的交流热磁脱扣器。如果交流热磁脱扣器直接用于直流系统，其瞬动保护值必须由制造商提供校正系数。

（2）变换器

变换器是实现电能变换的电气装置，是将电网以及分布式电源（太阳能光伏、储能电池）接入建筑配电系统必不可少的设备。直流变换器可实现不同电压、电流值的转换（DC/DC 变换器），或交流与直流之间的转换（AC/DC 变换器），或同时具备电压、电流转换与交流、直流转换的功能。在直流建筑中，变换器可根据电源的不同分为交直流变换器、储能变换器、光伏变换器三种。根据变换器的工作原理可分为隔离型、非隔离型。隔离型变换器具有更好的安全性，宽电压表现更好，但是效率低且成本高；非隔离型变换器技术目前也很成熟，可满足大部分直流应用场景需求，线路相对简单，因此降低了成本。根据输入、输出电流方向可分为单向、双向变换器。随着技术的推陈出新，变换器使用的半导体材料也在同步发展，包括绝缘栅双极型晶体管（IGBT）、碳化硅（SiC）以及目前进入市场化应用的氮化镓（GaN）。

（3）能量路由器

除电源接入必需的变换器之外，直流建筑的配电系统还可包括能量路由器。能量路由器的拓扑结构有多种形式，目前主要的拓扑结构有共交流母线、共直流母线、电力电子高频隔离变压器、多绕组变压器四种。共直流母线段的能量路由器其共直流母线段以直流配电系统为依托，将源、储、荷通过 AC/DC 或 DC/DC 变换器接入公共直流母线，再通过 DC/AC 或者 DC/DC 变换器接入电网或为负荷供电，共直流母线是目前最简单可靠、成本合适、故障风险低的拓扑结构。

如图 3-17 所示，直流建筑配电系统可采用总线型和星型拓扑结构。前者将用电设备直接接入配电总线；后者采用能量路由器为指定空间进行供电，该空间内部的设备接入对应路由器。星型配电系统与总线形成了分离，可为特定空间内总功率不高的电器进行供电，配置灵活，可满足更加个性化的需求，因此适用于独立住宅或模块化建筑。为保障用电安全可靠，能源路由器还应集成能耗监控、能量控制、故障诊断、保护隔离等功能。

图 3-17　直流建筑的两种典型配电系统拓扑结构
（a）总线型配电系统；（b）星型配电系统

3.1.4.8　直流配电系统电缆选型

（1）直流系统电缆与交流系统电缆的差异

直流系统电缆的电能损耗主要是导体直流电阻损耗、绝缘损耗，相同结构的电缆在低压直流系统时直流电阻会比交流系统下的交流电阻小一些，因而相同结构的直流电缆具有较高的载流和过流能力。

电场在施加于绝缘时，相同电压情况下，直流电场比交流电场小，由于电场结构的不同，通电时交流系统电缆电场在导体表面附近，直流电缆的最大电场主要在绝缘表层以内，所以直流情况下电缆更具安全性。

（2）直流系统电缆选型

电缆选型可以参考《电力工程电缆设计标准》GB 50217—2018、《低压电气装置 第 5 部分：电气设备的选择和安装　通用规则》GB/T 16895.18 和《民用建筑电气设计标准》GB 51348—2019。

民用建筑直流系统可能存在多个电压等级，电缆敷设时不能完全杜绝不同电压等级的电缆发生接触，为提高电击防护性能，电缆耐压要求统一按系统最高电压等级设计。对于三线 IT 系统，在一极出现接地故障的情况下，另一极对地电位最高可升至极间电压水平，在选型时，电压应统一按正负两极间电压考虑。

3.1.4.9　直流配电系统电能质量治理

直流电气系统电能质量现象包括电压偏差、电压暂升和暂降、电压过高和电压中断以及电压和电流纹波等。《民用建筑直流配电设计标准》T/CABEE 030—2022 明确提出了直流配电系统电能质量的要求：①直流配电系统稳态电压应在 85%~105% 额定电压范围内；②直流配电系统暂态电压变动应在 80%~107% 额定电压范围内，且持续时间不应超过 10s；③直流电气系统暂态电压变动应在 80%~107% 额定电压范围内，且持续时间不应超过 10s；④在额定电压和 20%~100% 额定功率条件下，直流电气系统中电压纹波的峰值系数和有效值系数应分别小于 1.5% 和 1.0%。

3.1.5　柔性控制系统设计

3.1.5.1　设计原则

建筑柔性控制系统设计原则是灵活调节、稳定运行。

建筑"光储直柔"系统中，光伏发电和建筑用电负荷均具有强不确定性和随机性，如何调动光伏、储能、柔性用电负荷等不同灵活性资源来解决高比例分布式光伏消纳和光伏发电与建筑用电负荷时空错配问题，以促进光伏发电自消纳，保障电网运行的安全性、可靠性和稳定性，实现建筑与电网之前柔性互动，只靠简单的控制策略是做不到的。因此，柔性控制系统是"光储直柔"的核心和关键。

柔性理念及如何实现柔性用能是当前国内外研究的热点，国际能源署 IEA EBC Annex 67 项目（2014—2020 年）对建筑柔性进行了初步探索：建筑柔性是指在满足正常使用的条件下，通过各类技术使建筑对外界能源的需求量具有弹性，以应对大量可再生能源供给带来的不确定性。柔性用能是"光储直柔"系统的最终目标，期望将建筑从原来电力系统内的刚性用电负载变为灵活的柔性负载。要实现建筑柔性用能，一方面需要将建筑融入整个电网或电力系统中，进一步理解电网侧需要建筑用能实现什么样的效果；另一方面则是在建筑内部能够对电网要求的柔性用能进行有效响应，通过调度建筑内部的系统、设备等满足电网侧的调节需求，如图 3-18 所示。

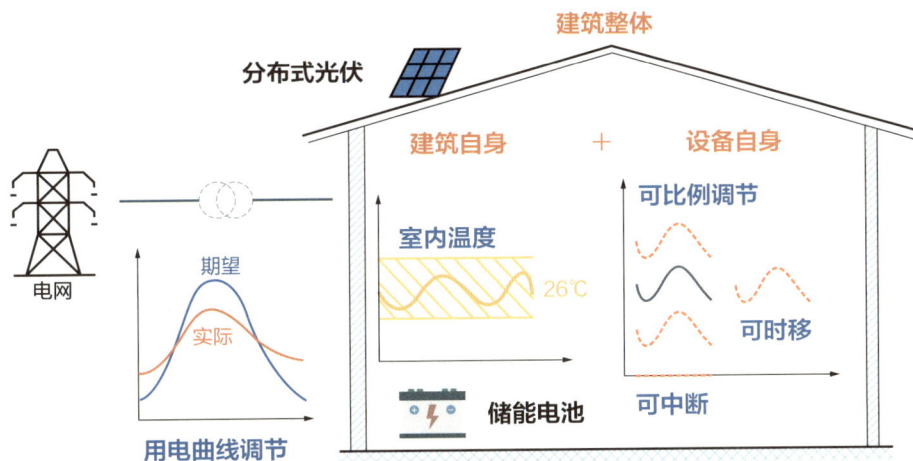

图 3-18　建筑柔性用电及实现与电网友好互动示意图

（图片来源：清华大学　刘晓华）

3.1.5.2　柔性控制系统架构

柔性控制系统平台如图 3-19 所示，系统基于云边端架构，采用物联网、云边端协同、大数据、AI 智能分析技术，系统接受绝缘监测系统、电气火灾系统等信号，可以对设备进行状态读取、电能调配及运行管理；支持变换器等"源网荷储"设备对接，实现能源设备的即插即用；系统支持与光伏发电、储能、充电桩、智慧配电、多联机等子系统对接；支持对系统设备进行设备状态评估和健康管理、系统故障预测与诊断等。系统提供智慧配电系统和电网需求侧响应接口，可以与智慧配电系统实现联动，实现建筑各类终端统一运维和运营管理。

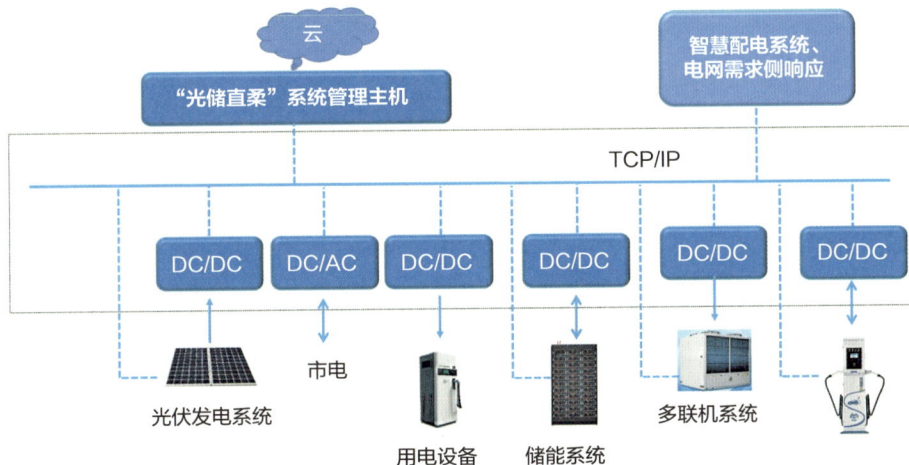

图 3-19　"光储直柔"建筑电气系统柔性控制系统平台框架图

系统平台分为现场层、网络层、平台层和应用层。功能框架如图 3-20 所示。

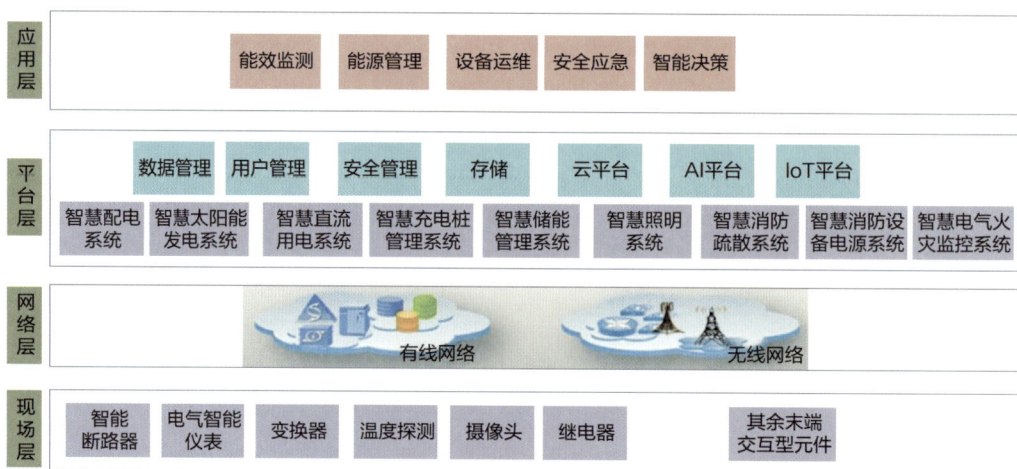

图 3-20 智慧用能系统功能框架图

现场层主要是接入系统的各类电气设备及智能感知设备，如智能变压器、智能断路器、智能变换器、智能仪表、充电桩、温湿度探测器、摄像头等。现场层完成数据采集和动作执行功能。数据采集功能由智能感知设备来完成，采集的数据包括保护遥测、保护遥信、动作信息、温度、视频画面等；智能设备接收上层的操作指令并执行，完成遥控操作、倒闸操作、自动控制等功能。

网络层实现现场层与平台层的通信，完成数据的上传和下达功能，是进行信息交换、传递的数据链路。网络层包括互联网、有线通信网和无线通信网等。网络层作为纽带，连接着设备层和平台层，除了将设备层的信息无障碍、高可靠性、高安全性地上传至平台层外，还负责将应用层的执行命令通过平台层下发到设备层，实现信息的传输。

平台层承载于智慧建筑综合业务云平台上，利用中台技术、大数据技术、物联网技术、人工智能技术、BIM 技术等进行构建，并对上层提供支撑。云管理平台采用扁平化部署模式，硬件资源由云平台统一部署规划提供。为各类应用提供网络与存储所需的不同技术环境的管理，同时为各类应用提供系统测试、应用发布、应用运行、系统维护所需的技术环境。

系统通过智慧建筑云平台技术实现软件与硬件解耦，同时利用中台技术实现后台数据库软件与前台应用软件的解耦。中台技术融合提炼智慧配电、智慧太阳能发电、智慧储能、智慧直流用电、智慧充电桩管理、智慧照明等子系统通用技术需求，打破子系统的数据及应用壁垒，提供各子系统的通用数据管理、存储管理、云管理、AI 和 IoT 平台等，实现设备和平台的云边协同管理。

应用层实现软件平台间各应用模块的信息协同、共享、互通功能，实现全方位的远程识别、监视、控制、互动，为用户提供具体的应用服务。应用层按功能划分为基本应用功能和高级应用功能。基本应用功能包括运行监视、控制等；高级应用功能包括智能监测、能源管理、智能运维、智能决策等。

应用层是系统的大脑，是决定系统功能优劣的核心内容。柔性控制平台将灵活高效的调度光伏、储能、用电设备等内部资源来解决光伏自消纳、光伏发电曲线与用电曲线不一致、降低昂贵电储能容量、维持系统内部稳定运行、减少系统对电网冲击和实现电网调度指令的柔性响应等问题，实现系统的柔调节控制，维持系统的稳定运行。

3.1.5.3　柔性控制系统运行模式

建筑直流配电系统的运行模式包括离网运行与并网运行，并随时可能在这两种模式间进行切换。运行控制应明确规定这种切换的时间、电压波动等技术要求。保证系统稳定、安全运行。

（1）离网运行模式

离网运行，是指在外部交流电网故障或断开的情况下，直流配电系统依靠内部的分布式电源和储能，维持直流母线稳定并进行连续供电。高比例分布式电源和储能接入，是直流配电技术在民用建筑领域一个非常重要的应用，为此，直流配电系统应具备独立于外部交流电网的离网运行的能力。

从并网运行切换为离网运行，有计划离网和非计划离网两种模式。

计划离网情况下的切换过程，从得到计划离网指令开始，包括准备、变换器切换和电压调节三个阶段，如图 3-21 所示。准备阶段，根据预定策略和当前状态，完成非重要用电设备切除和功率调度准备等工作；随后，交直流电源与系统内部的分布式电源和储能设备进行功率调节，前者功率逐渐减小，系统功率转而以分布式电源和储能设备为主承担；当交直流电源从交流电网中断开后，系统完全由分布式电源和储能设备供电，切换过程可能引起系统电压波动，最后经过电压调节，系统电压重新恢复正常。从系统得到指令开始，到完成并离网切换，电压恢复正常，整个过程最长时间为 10s，切换过程中暂态电压偏差应控制在 ±0.05p.u. 以内。

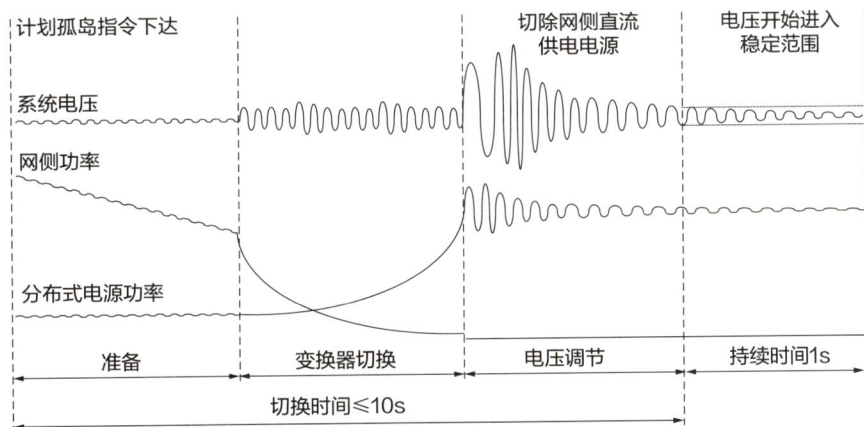

图 3-21　计划离网典型过程

非计划离网与计划离网最大的差异，在于没有单独的准备时间，交直流电源直接从交流电网中断开，系统直接进入离网状态，非重要用电设备的切除和功率调整，更多依靠设备自主完成，如图 3-22 所示。一般而言，非计划离网产生的暂态电压偏差要大于计划离网，在系统功率和交直流电源功率占比较大的情况下，非计划离网会带来较大的功率缺额，直流母线电压快速大幅跌落，跌落深度取决于用电设备切除和发电功率补充的速度。通过采取一些合理的措施，包括改善变换器响应调节速度、非重要用电设备利用欠压保护及时切除、分布式电源和储能设备快速提供功率补充等，可以有效减小非计划离网期间电压下降的幅度。

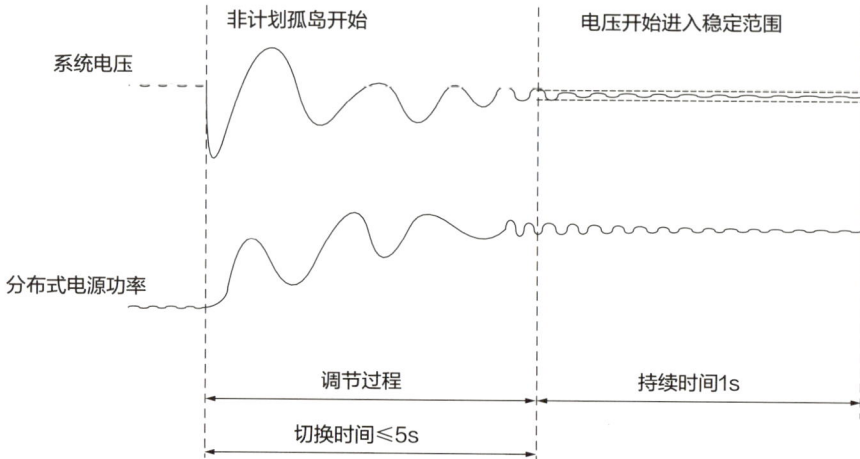

图 3-22　非计划离网典型过程

在系统进入非计划离网状态的过程中，如果系统电压在较长时间内都无法恢复到正常的稳定状态，可能会对一些设备的工作产生较大影响，严重时甚至可能造成设备损坏。这种情况一般意味着系统存在较大的功率缺额，或是某些设备出现异常，为避免问题扩大，可以先停止系统运行，完成必要的检查后，根据各环节状态和要求，利用内部储能进行黑启动，也可以等待交流电网恢复供电。非计划离网的切换时间不大于 5s，如果 5s 后仍未实现离网稳定运行，系统宜先停止运行，然后根据情况决定是否进行黑启动。

（2）并网运行模式

从离网运行向并网运行切换的过程中，同样需要经过准备、变换器切换和电压调节三个阶段。在准备阶段，除了负载的投切，可能还需要对系统电压进行必要的调整；当交直流电源接入交流电网后，按照上层调度系统确定的目标，与直流配电系统内部分布式电源和储能设备共同完成控制策略的切换，当交直流电源、系统功率分配和直流母线电压达到设定状态，标志着切换过程结束。从离网运行向并网运行切换过程时间应＜5s。

1）运行暂态性能

在恢复并网运行、黑启动、短路故障恢复等直流母线电压建立过程中，规定电压上升速率不超过 1V/ms。在额定功率范围内，由于系统功率变化引起的电压偏差可分为下列两种情况（P_n 代表系统额定功率）：

第一种情况，功率小幅缓慢变化，正常情况下，变换器的调节性能可以确保直流母线电压基本不受影响。以 20%P_n/s 的速率增加或减小功率，电压偏差的变化不大于 ±0.01p.u.。

第二种情况，功率较大幅度快速变化，暂态电压偏差增大，调节时间也可能会更长。功率在 100ms 内从 20%P_n 上升到 80%P_n，或从 80%P_n 降低到 20%P_n，暂态电压偏差不大于 0.05p.u.，电压恢复时间小于 500ms。

2）短路故障穿越

电路的冲击电流一般是因短路故障造成的故障电流。变换器耐受过电压和过电流等异常条件的能力较差，同时又具备电压电流的快速控制能力，从变换器的角度，采取敏锐快速的保护策略，可以有效避免变换器损坏，保护设备安全；但从系统的角度，变换器的这种策略，却可能使得系统对一些偶发性轻微故障过于敏感，供电可靠性因此降低，而变换器的快速保护动作，也会让故障特征迅速消失，不利于故障定位和选线切除。

电源类设备在系统稳定控制和可靠保护中发挥着更大的作用，采取故障穿越策略，一方面可以增强系统应对故障的鲁棒性，而增加保护动作延迟时间，可以更方便地与其他保护设备进行级差配合，提高系统保护的准确性；另一方面，在故障状态下，设备不再是简单地保证自身安全，还可以主动为降低故障影响或故障恢复提供支持，这些都有助于提高系统供电连续性和可靠性。这方面，短路故障穿越技术的研究和应用基础较好。

系统发生短路故障后，在图 3-23 所示红色线条以上的区域，变换器保持与直流母线连接，同时采取限流控制措施维持对系统的供电，待短路故障切除后，控制直流母线电压恢复。

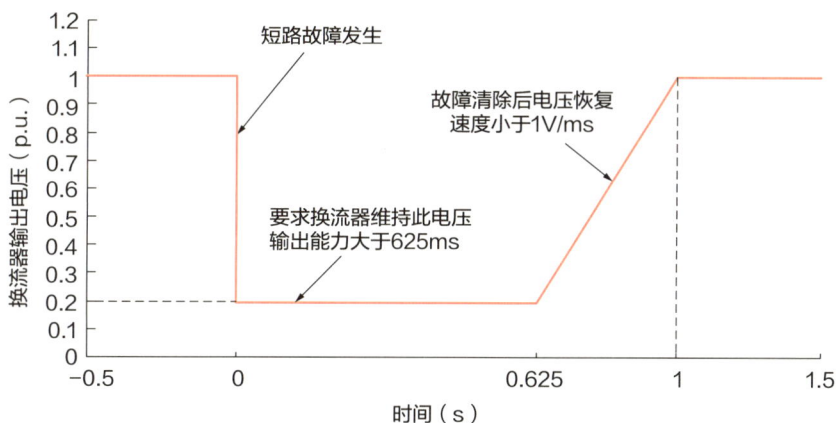

图 3-23　电源类设备短路故障穿越过程

3.1.5.4　柔性控制系统控制方式

（1）电压下垂控制

为了维持直流系统稳定，一般采用电压下垂控制方式。维持电能质量的本质是维持系统内的功率平衡，而直流母线电压是反映系统功率平衡的唯一指标，使其保持在一定范围，能够为楼宇直流配网的稳定运行提供有力的保障。一般来说，交流电系统的电能控制包括电压、频率以及相位的控制，过程复杂且控制难度增加。相比之下直流电系统的电能控制只涉及电压控制，很大程度降低了控制难度以及成本，同时该特性意味着系统运行中直流电压可在很大的范围内波动。如图 3-24（a）所示，直流母线电压设置为375V，该额定电压可以在 360～400V 区间波动，且末端用电设备不受影响。电压继续上升到 410V，或下降到 330V 是滞环区，直流电器在该缓冲区域依然可以工作。而超过了这两个上限才会触发欠压、过压保护。由此可见，直流配电控制可基于宽工作电压带的特性，利用电压与功率的特性来调控配电系统能量。图 3-24（b）所示为典型双向

DC/DC 变换器的下垂控制曲线，其输出功率随着母线电压发生变化。当母线电压低于 U_L 时，变换器以 P_{max} 对母线发电；母线电压高于 U_L 且低于 U_{BES} 时，变换器发电功率 P_{ref} 随着电压升高而下降；当母线电压高于 U_{BES} 且低于 U_H 时，变换器转为充电且功率升高；母线电压高于 U_H 后充电功率达到 $-P_{max}$ 且不再变化。

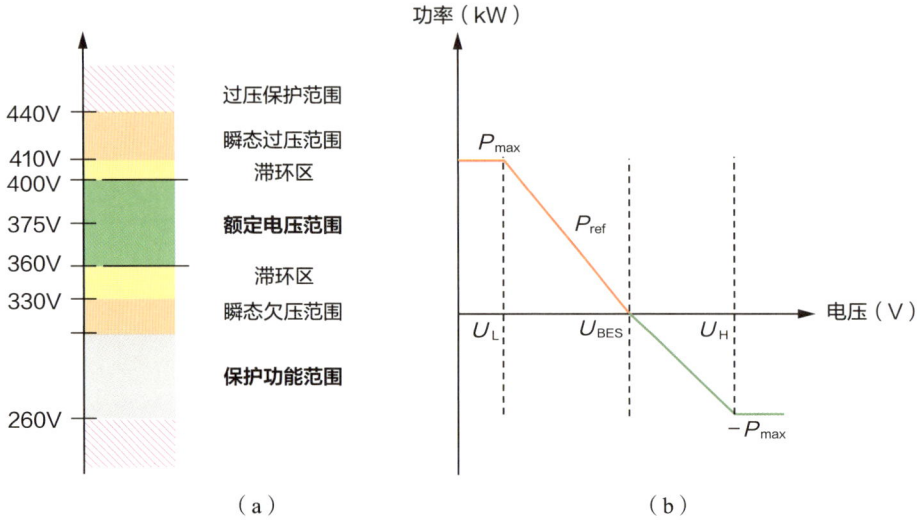

图 3-24　直流配电系统的控制原理

（a）电压带控制示意图；（b）直流电压下垂控制示意图

以某光储直柔示范建筑为例，所采用的系统控制逻辑如图 3-25 所示，展示了不同母线电压下电网、储能、光伏三者电源的输出功率关系。当母线电压在 415V 以下时，光伏开始发电，发电功率随着电压下降而升高，在 390V 时达到最大输出，此时储能以恒功率进行充电。当母线电压在 390～375V 时，储能充电功率开始随着电压下降而减少，直到 380V 功率为 0，然后转为放电并在 375V 上升到最大值。当电压下降到 375V 以下时，电网开始输出功率并在电压为 315V 时达到最大输出。根据以上策略，可以通过调节母线电压及变换器工作电压决定电源的出力先后顺序，实现不同能量控制与管理策略。

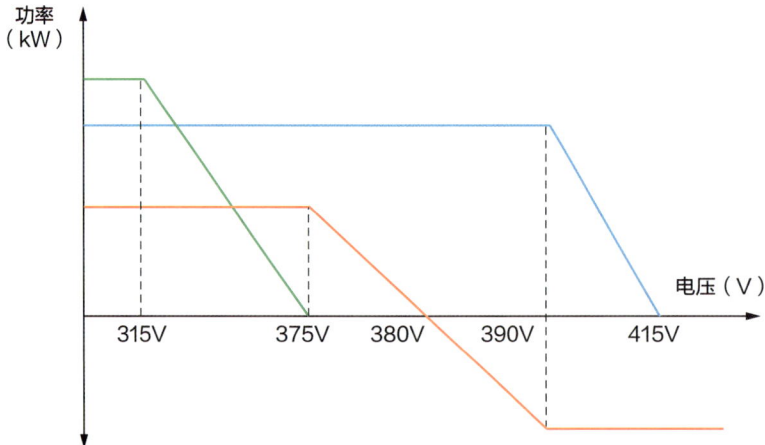

图 3-25　直流建筑电源的电压下垂控制

（2）光伏发电功率控制

光伏发电系统功率控制一般采用"最大功率点跟踪"（MPPT，Maximum Power Point Tracking）的控制模式。在 MPPT 控制模式下，控制器通过调节光伏变换器中电力电子器件的工作状态，使系统光伏发电组件发电功率实时输出达到最大，实现系统光伏发电总量最大化的目标，MPPT 控制器是光伏发电系统必要的组成部分之一。如图 3-26 所示，光伏组件的输出电压和电流遵循 I-V 曲线（绿色）、P-V 曲线（红色）。如果希望逆变器输出的功率最大，就需要直流电压运行在红点所在的最大点，这个点就是最大功率点。假如最大功率点是 500V，500V 时功率是 200W。此时，运行在 480V 时的功率约为 190W，530V 时约为 185W。MPPT 策略就是指挥控制器在 500V 的功率点进行最大功率输出，如果跟踪不到 500V，就损失了光伏发电量。

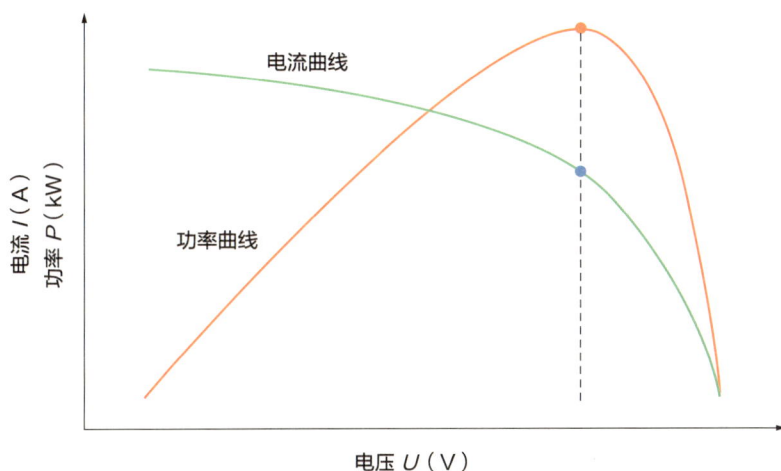

图 3-26　太阳能光伏板输出功率与电压曲线示意图

同时光伏的 P-V 曲线会随着光照强度、温度和遮挡的不同而变化，因此最大功率点也随之变化。例如，早上最大功率点电压是 530V，中午是 500V，下午又上升为 520V。所以 MPPT 控制器需要不断地寻找并跟踪这个最大功率点，才能保证全天的电池板能量都能最大化地输出，从而最大化利用太阳能资源。

基于目前的电力电子技术，应用在光伏组件阵列的 MPPT 控制一般是通过 DC/DC 变换电路来完成的。MPPT 控制器首先检测主回路直流电压及输出电流，计算出太阳能阵列的输出功率，并实现对最大功率点的追踪。扰动电阻 R 和金属氧化物半导体场效应管（MOSFET）串联在一起，在输出电压基本稳定的条件下，通过改变 MOSFET 的占空比来改变通过电阻的平均电流，因此产生了电流的扰动。同时，光伏电池的输出电流电压亦将随之变化，通过测量扰动前后光伏电池输出功率和电压的变化，决定下一周期的扰动方向，当扰动方向正确时太阳能光能板输出功率增加，下一周期继续朝同一方向扰动，反之，朝反方向扰动，如此，反复进行扰动与观察来使太阳能光电板输出达最大功率点。

3.2   系统运行与控制

3.2.1   系统运行与控制原则

从电力系统发展趋势来看，我国未来将建成以风电、光电为主体、其他能源为有效补充或调节手段的低碳电力系统，这一目标的实现需要"源""储""网""荷"多方位的协调配合。风电、光电的发电特点是波动大，电网供给侧的特征变化使得其需要可供调节、应对波动的有效手段。若负载侧能够适应未来电力供给变化的特点，则可有效降低对电网侧储能、调蓄能力等的要求，这也是建筑可主动作为、争取成为未来低碳电力系统中柔性负载的重要意义。对于电网来说，建筑柔性用能为其提供了一个可供调节、利用的灵活负载。

通常单个建筑的规模体量较小，难以与电网的大规模电力调度、系统调节直接联系。因而在实际中往往需要将多个建筑集合，作为一种负荷聚集体来参与电网调度，才有可能实现有效的调节，这就使得负荷聚集体及其与电网之间的互动模式变得十分重要。在未来建筑与电网互动时，电网可将调度响应指令下发给负荷聚集体，由负荷聚集体负责根据电网的调度指令进行负荷响应，并将负荷响应指标分解后下发给所聚集的建筑，各建筑再经由这种调度指标来各自响应。负荷聚集体可由多类不同功能、不同体量的建筑等组成，并可根据建筑的功能和柔性调节能力在电力调度中优化其响应指标，这样才有可能使得建筑成为电网中真正有用的灵活负载，由多座建筑聚合才能使建筑具有电网调度中虚拟电厂的功能。

"光储直柔"系统的经济收益很大程度上需要依靠与电网的友好互动过程来获得，通过建筑自身用能的调节实现负荷侧的响应，能够为电网的调节作出一定贡献，并从对电网调节的贡献中获得经济收益。这一收益的达成尚需要在电网调度调节层面进一步认识到建筑可作为其柔性负载、建筑集合而成的负荷聚集体具有实现响应调度指令的能力，也还需要进一步的政策鼓励等支持。目前一些省市如江苏、浙江、上海、广东等已经出台了需求侧响应的补偿政策，如广东省指出：用户侧储能、电动汽车、充电桩等具备负荷调节能力的资源可参与电力需求响应，且响应能力不低于1MW；需求响应时长不低于1h；削峰响应补偿价格为0～4500元/（MW·h），填谷响应价格为0～120元/（MW·h）。

对于"光储直柔"建筑自身来说，要实现与电网友好互动、柔性用能，需要根据电网或负荷聚集体给出的指令（用电功率 P^*）进行自我调节。如何有效响应电网的调度指令仍需要合理的系统运行策略和控制方法，这一策略或方法是发挥建筑调度能力、实现柔性调节的关键。从前述建筑中可利用的储能调节手段可以看出，系统中包含不同类型的负载，不同负载可调度的能力范围有所差别，在柔性调度要求下，如何有效响应、系统内各类负载如何调度都是需要明确回答的问题。"光储直柔"系统以变化的直流母线电压作为重要的控制信号，通过母线电压的变化来发现整个系统处于多电或少电状态，而系统中的负载、储能等可基于此电压信号进行响应，响应的层级需根据调节目标、负载重要性、建筑能源系统结构等作出判断。这也与传统经由集中管理系统统一控制调节的模式有显著区别，有助于降低系统复杂度、更好地实现自主控制调节。

在我国经济发达城市建筑的电力负荷峰谷差已经达到最大负荷的 60% 以上，其中空调高峰负荷占比达到 30% 以上，部分城市甚至超过了 40%，夏季空调用电负荷的快速增长已经成为用电高峰时段电网负荷特性恶化和电力短缺的主要原因。2020 年 7 月纽约曼哈顿突发大停电和 2021 年 3 月美国德州大停电，这些高比例新能源电力系统地区在极端天气和用电高峰重合造成的电网崩溃事故表明，需要更加稳定、灵活的技术来支撑系统转型。对大规模可调负荷、分布式电源、储能等灵活性资源实现聚合管理，使其具备参与电网调控能力的虚拟电厂技术可以用来解决这个问题。

虚拟电厂通过先进的控制计量、通信等技术，聚合分布式新能源、储能系统、可控负荷、电动汽车等海量异质灵活性资源，并通过更高层面的软件构架实现资源的协调优化运行。虚拟电厂可视作一个特殊电厂参与电力市场和电网运行的电源协调管理系统。虚拟电厂已在上海市黄浦区商业楼宇中试点应用，调度容量超过区域总负荷的 15%。2021 年 6 月，广州市工信局印发的《广州市虚拟电厂实施细则》提出，将虚拟电厂作为全社会用电管理的重要手段，以"激励响应优先，有序用电保底"的原则，引导用户参与电网运行调节，提高电网供电可靠性和运行效率。其他省市虚拟电厂的政策文件也在陆续出台。

未来新型电力系统的发展和电力市场化改革的深入推进可能会调动起建筑设备柔性调节的积极性，一方面用户参与电力市场交易的门槛会越来越低，参与的建筑用户会越来越多；另一方面电网辅助服务市场、电力容量市场逐步开放，低碳建筑中的新能源发电、储能、充电桩和柔性可控负荷将会部分或者全部参与到虚拟电厂中来，甚至低碳建筑可能以虚拟电厂的角色参与电力系统的辅助服务，建筑设备柔性调节的收益形式更加多样。低碳建筑的电气系统和用能系统需要从能源流和信息流角度，考虑与虚拟电厂的对接或者如何扮演虚拟电厂角色，合理进行系统规划，配置光伏系统和储能系统，确定可控负荷的范围和控制方式，对电能量市场价格波动进行预测，决策可控负荷的用电行为和新能源发电与储能充放电行为等。系统目标是实现系统初期投资、系统运行电能损耗、系统运行成本等多种优化目标下的建筑"光储直柔"系统的光伏、储能、市电、柔性负载之间的系统规划和协同优化运行，在满足"光储直柔"建筑正常运行和环境舒适度以及用户良好体验的前提下，实现建筑"光储直柔"系统与电网的良好互动，对接来自电网侧的削峰填谷、辅助调峰调频等多维度和多时间尺度的指令的要求。

3.2.2　系统响应潜力估计

3.2.2.1　系统响应潜力来源

系统可拆分为发电系统、储能装置和建筑用电负荷三大部分。在系统进行电网调度指令响应前，需要对这几部分资源的响应潜力进行分析估计，确定系统对电网调度指令的响应潜力。

发电系统在建筑中主要是光伏发电系统。

储能装置主要有蓄冷、蓄冰池、分布式电储能装置和电动汽车及其充电桩等，其中，分布式电储能装置和电动汽车及其充电桩是柔性可控的。

建筑用电负荷按照使用特性分为不可控负荷和柔性用电负荷：不可控负荷也称为基础负荷，系统不能改变其用电方式和用电时间，主要包括消防设备、应急照明等维持建筑、生产和生活正常运行必需的用电设备，不可控负荷不参与建筑用电柔性调节；柔性用电负荷按照柔性特征又分为可中断负荷、可迁移负荷和可比例调节负荷。

（1）可中断负荷

可中断负荷是指在用电过程中，可根据需求随时切断电源而停止运行的负荷，如自带电池的笔记本、手机、平板电脑以及紧急情况下的不重要负荷等。

（2）可迁移负荷

可迁移负荷是指在用电过程中，可根据需求调整运行时间的负荷，如空调、有预约功能的洗衣机、洗碗机、热水器等。

（3）可比例调节负荷

可比例调节负荷是指在用电过程中，可根据需求削减或提升运行功率的负荷，如空调、照明等。

3.2.2.2　响应潜力估计模型

（1）光伏发电系统响应潜力估计

光伏发电系统一般按 MPPT 方式运行，响应潜力上主要体现在系统在接受电网填谷响应时，降低光伏向系统输出的发电量，也就是"弃光"。当光伏发电系统理论发电量远大于建筑用电量、光伏发电量无法完全本地自消纳、需要余电上网时，可根据负电价情况，适当限制光伏发电量，其响应潜力详见式（3-10）。

$$P_{PV, i, down} = P'_{PV, i} \times k_{PV, i} \tag{3-10}$$

式中　　$P_{PV, i, down}$——i 时刻光伏系统响应功率潜力估计值（kW）；

　　　　$P'_{PV, i}$——i 时刻光伏系统对应时段的理论发电功率估计值（kW）；

　　　　$k_{PV, i}$——i 时刻下调比例系数。

（2）电池储能及电动汽车响应潜力估计

对于储能电池和电动车蓄电池等储能装置，其有充电和放电两种工作状态。当电池储电量介于最小值和最大值之间时，电池可以充电或放电；当 S_i 值等于电池最大储电量时，表示电池已充满，停止充电；当 S_i 值小于或等于电池的最小储电量时，停止放电。具体如式（3-11）～式（3-13）所示，式（3-11）表示储能电池或电动车蓄电池的工作状态，式（3-12）表示电池的充电功率，式（3-13）表示电池的放电功率。

$$\omega_{bat, i} = \begin{cases} 0, & S_i \leqslant S_{min} \\ 1, & S_{min} < S_i \leqslant S_{max} \\ 0, & S_i = S_{max} \end{cases} \tag{3-11}$$

$$P_{bat, i, in} = P_{bat, in} \times \omega_{bat, i} \times d_{bat, i, in} \tag{3-12}$$

$$P_{bat, i, out} = P_{bat, out} \times \omega_{bat, i} \times d_{bat, i, out} \tag{3-13}$$

式中　　$\omega_{bat, i}$——电池工作状态；

S_i——i 时刻电池的储电量（kWh）；

S_{max}——电池的额定储电量（kWh）；

S_{min}——设定的电池最小储电量（kWh）；

$P_{bat, in}$——电池的额定充电功率（kW）；

$P_{bat, out}$——电池的额定放电功率（kW）；

$P_{bat, i, in}$——i 时刻电池的充电功率（kW）；

$P_{bat, i, out}$——i 时刻电池的放电功率（kW）；

$d_{bat, i, in}$——i 时刻电池的充电效率；

$d_{bat, i, out}$——i 时刻电池的放电效率。

电动汽车可以被认为是储能系统和可控负荷的综合体，其调节形式可根据负荷情况灵活选择。电动汽车可以根据用户使用习惯进行有计划充电，可以在 DR 信号发出后根据情况进行反向送电、停止充电或低功率充电等调节动作，充电尽可能安排在用电低谷时段完成。

（3）柔性用电负荷响应潜力估计

柔性用电负荷下调功率时的响应潜力计算见式（3-14）：

$$P_{r, i, down} = P_{cut, i, down} + P_{mo, i, down} + P'_{so, i} \times k_{so, i, dowm} \tag{3-14}$$

式中 $P_{r, i, down}$——i 时刻柔性用电负荷可减少的运行功率估计值（kW）；

$P_{cut, i, down}$——i 时刻可退出运行的可中断负荷运行功率估计值（kW）；

$P_{cut, i, down}$——i 时刻可退出运行迁移负荷运行功率估计值（kW）

$P_{mo, i, down}$——i 时刻可比例调节负荷设备功率值（kW）；

$k_{so, i, dowm}$——i 时刻可比例调节负荷下调系数。

柔性用电负荷上调功率时的响应潜力计算见式（3-15）：

$$P_{r, i, up} = P_{cut, i, up} + P_{mo, i, up} + P'_{so, i} \times k_{so, i, up} \tag{3-15}$$

式中 $P_{r, i, up}$——i 时刻柔性用电负荷可增加的运行功率估计值（kW）；

$P_{cut, i, up}$——i 时刻可加入运行的可中断负荷运行功率估计值（kW）；

$P_{mo, i, up}$——i 时刻可加入运行的可迁移负荷运行功率估计值（kW）

$P'_{so, i}$——i 时刻可比例调节负荷设备功率值（kW）；

$k_{so, i, up}$——i 时刻可比例调节负荷上调系数。

3.2.2.3 系统响应潜力汇总

系统遵循电能平衡原则，用电设备功率与光伏发电功率、储能装置放电功率和市政电网向建筑供电功率之和相等。

综合用户用电习惯和环境状态信息，采用 AI、大数据技术，从优先级、用户舒适度、响应速度以及功率相似度等角度出发，对系统发电潜力、储能潜力、用电负荷曲线等做不同时间尺度的估计，可以得出系统不同维度和不同时间尺度下的响应潜力估计结果，使得系统能够较好的跟随电网调度不同维度和不同时间尺度的调度指令。

当系统接收削峰响应时，电网给出的系统从电网取电功率小于建筑预计的从电网取电功率，需要系统减少从电网取电的功率，此时，需要减小柔性用电负荷用电功率并把储能调整到放电模式，削峰时的系统响应潜力估计即系统可减少从电网取电的功率可表达为式（3-16），当系统接收填谷响应时，电网给出的系统从电网取电功率大于建筑预计的从电网取电功率，需要系统增加从电网取电的功率，此时，需要加大柔性用电负荷用电功率、调低光伏发电量并把储能调整到充电模式，填谷时的系统响应潜力估计即系统可增加从电网取电的功率可表达为式（3-17），这里，忽略光伏发电的随机性和柔性用电设备的实时功率的不确定时变性。

削峰时的系统响应潜力估计可表达为式（3-16）：

$$P_{r, i, \text{down}} = P_{\text{batt}, i, \text{out}} + P_{c, i, \text{down}} \tag{3-16}$$

式中 $P_{r, i, \text{down}}$——i 时刻系统削峰响应估计功率（kW）。

填谷时的系统响应潜力估计可表达为式（3-17）：

$$P_{r, i, \text{up}} = P_{PV, i, \text{down}} + P_{\text{bat}, i, \text{in}} + P_{c, i, \text{up}} \tag{3-17}$$

式中 $P_{r, i, \text{up}}$——i 时刻系统填谷响应估计功率（kW）。

3.2.3　系统运行与控制

3.2.3.1　系统决策

在系统运行阶段，接收电网侧调度指令，分析系统响应指令的潜力，决策系统在参与电网削峰填谷、辅助调峰调频服务上，多时间尺度的指令的响应的深度和时间长度。

主要是从优先级、舒适度和功率相似度方面综合考虑资源的调度。

（1）优先度

给系统内可调节资源调节先后顺序排名，越重要的资源优先级越低，可根据建筑功能和用户使用特性来对设备优先级作设定，优先级高的重要负荷可先考虑参与调度。

（2）舒适度

对于空调负荷，考虑室内温度和设定温度的差异。室内温度越低，温差越小，舒适度越高，越优先考虑参与调度；反之，室内温度越高，舒适度越低，越不考虑参与。

对于固定运行时长型负荷，以洗衣机为例，其舒适度指数有且仅有满意与不满意两类，当设定时间大于当前时间段剩余时间，则表明拥有舒适度为 1，优先考虑参与调度；反之，该值越小，舒适度为 0，没有舒适裕度，不考虑参与调度。

（3）功率相似度

对参与调度的用电设备，其可调节的功率越接近所需削减的功率时，该设备的功率相似度指数越小，对此进行调节则越能实现电能的平抑，达到用户用电成本最小，因此对应设备优先参与调度。

3.2.3.2　系统协同控制

"光储直柔"建筑从单体发展到园区时，系统内部的光伏、储能、用电设备等性质迥异的资源众多，这时可把园区带轻量化分布式边缘算法的资源视作多智能体，建立与之契合的多智能体代理系统，采用协同控制算法来解决系统众多资源的协同控制调度问题。

博弈论是多智能体代理系统分布式优化的一种有效设计方法。势博弈是非合作博弈的一种特殊形式，其主要思想是通过构造恰当的势函数，实现个体利益与整体利益的一致化，为分布式架构的实现提供了一条有效途径，可通过分布式个体的自主优化过程，使系统整体收敛至最优运行点。

这里给出一种基于势博弈的"光储直柔"建筑系统协同控制智能算法。

势博弈是一类特殊的非完全信息动态博弈，在博弈过程中，每个局中人可以按照先后顺序更新策略。以降低园区用能成本、提高舒适度和光伏利用率为目标，储能局中人优先接收其他局中人的策略；同时在策略空间内寻找最优策略并更新，之后光伏发电局中人为满足需求侧的负荷需求，同样接收其他局中人最新策略并更新自身出力策略；市电局中人作为市电电源，用于应对光伏出力不足的情况，所以将其更新顺序排在最后。反复执行上述更新顺序，直到同时满足纳什均衡和功率平衡条件，策略更新过程结束。优化流程具体如下[6, 7]：

（1）输入数据：输入电网调度指令；输入用电设备的运行特性；输入未来一天微电网的光伏发电预测数据，储能侧确定柔性负荷调度计划；输入条件风险价值模型中的置信水平、场景集等参数。

（2）储能、光伏发电和市电局中人根据约束集确定策略空间。由储能局中人开启博弈过程。

（3）储能局中人与其他局中人通信，接收其他局中人的出力策略，据此确定功率缺额，更新自身策略。

（4）光伏发电局中人执行和步骤（3）相同行为。

（5）市电局中人执行和步骤（3）相同行为。

（6）所有局中人更新策略完毕后，计算各局中人最大收益的变化率是否都满足精度条件，若满足，则转至步骤（7），否则转到步骤（3）。

（7）判断功率缺额是否满足收敛条件，若满足，则停止策略更新，输出各个局中人的最终策略，否则增大惩罚因子，并转至步骤（3）。

3.2.3.3　系统与电网的互动策略

灵活高效的能量管理是"光储直柔"建筑的一大明显优势。通过预测、监测、控制，直流配电系统可以实现负荷—分布式电源的协同响应，实现柔性用电。从能量管理角度来看，"光储直柔"建筑利用建筑负荷主动控制以及电池储能的充放策略改变建筑负荷曲线，从而实现削峰填谷、光伏最大化利用、恒功率运行的能量管理目标，如图 3-27 所示。

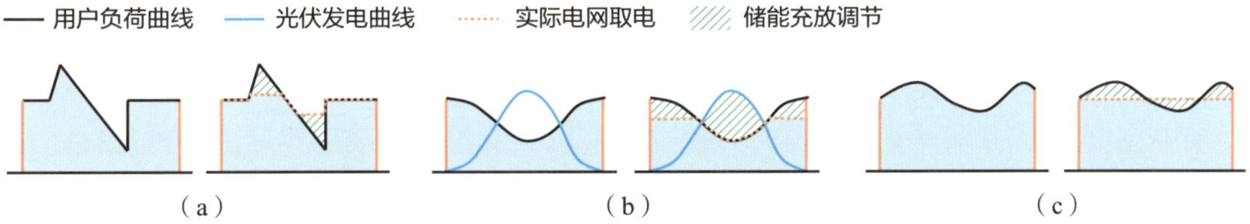

图 3-27　系统能源管理的三种主要模式
（a）削峰填谷；（b）光伏最大化利用；（c）恒功率运行

（1）削峰填谷

如果电网采用了分时电价，"光储直柔"系统可起到"削峰填谷"的作用，优化其电力需求曲线（即一天内的用电功率 P^*）来最小化电费成本。"光储直柔"系统也可作为虚拟电厂的重要组成部分，根据电力调度系统发送的指令（用电功率 P^*）来实现实时控制。例如未来当 1 座 $10000m^2$ 的办公楼周围停留有 100 辆电动汽车时，即使不考虑建筑光伏和其他柔性负载，该建筑也可通过 V2G/V2B 技术为电网提供 0~2MW 的电力调节能力。

（2）光伏最大化利用

"光储直柔"建筑的设备容量设计应充分考虑系统能源管理目标而确定。对于削峰填谷目标来说，储能容量应根据预计削峰量匹配。而光伏最大化利用则是要求储能容量根据光伏发电与建筑用电差值选择。

（3）恒功率运行

恒功率目标要求包括充电桩在内的储能装置有足够的容量进行充放，用电设备有足够的柔性可调潜力，从而实现建筑以恒功率取电。

3.3　系统评价与测试

3.3.1　技术评价指标现状

3.3.1.1　建筑分布式光伏评价

建筑光伏是"光储直柔"中应用最为广泛和成熟的技术，相关技术标准和评价标准中对建筑光伏的利用都给出了明确和详细的评价指标和评价方法。2021 年住房和城乡建设部批准强制性工程建设规范《建筑节能与可再生能源利用通用规范》GB 55015—2021 自 2022 年 4 月 1 日起实施。作为全文强制性规范，规定了太阳能光伏系统的基本性能要求，包括光伏组件设计使用寿命和发电效率衰减率。住房和城乡建设部 2013 年 5 月颁布实施了《可再生能源建筑应用工程评价标准》GB/T 50801—2013，其中太阳能光伏发电系统提出了光电转换效率和替代量的测试要求，并且从项目整体的角度提出了费效比的经济性评价指标。2021 年 1 月 1 日中国工程建设标准化协会颁布实施了《近零能耗建筑检测评价标准》T/CECS 740—2020，其中对太阳能光伏发电系统检测分为短期测试和长期监测两种方式，应测试系统的发电量和光电转换效率。《绿色建筑评价标准》GB/T 50378—2019、《既有建筑绿色改造评价标准》GB/T 51141—2015 等标准中在可再生能源利用评价方面均采用了可再生能源提供电量比例为评价指标，见表 3-8。

既有标准中建筑光伏相关评价指标　　表 3-8

既有评价标准	评价指标
《建筑节能与可再生能源利用通用规范》GB 55015—2021	（1）使用寿命 （2）衰减率
《近零能耗建筑检测评价标准》T/CECS 740—2020	（1）常规能源替代量 （2）光电转换效率
《可再生能源建筑应用工程评价标准》GB/T 50801—2013	（1）光电转换效率 （2）费效比 （3）替代量、减排量
《绿色建筑评价标准》GB/T 50378—2019 《既有建筑绿色改造评价标准》GB/T 51141—2015	可再生能源电量比例

综上，既有标准对于建筑光伏系统的评价主要针对光伏性能的组件，包括发电效率和发电效率衰减率两个方面，在建筑层面主要从光伏发电量占建筑总能耗的比例来评价光伏系统的应用水平，评价指标包括可再生能源替代率或替代量。在建筑光伏系统规模化发展的情况下，建筑分布式光伏的作用不是可有可无的附属，而是新型电力系统中重要的组成部分。国务院颁布的《2030 年前碳达峰行动方案》中明确指出"到 2025 年，城镇建筑可再生能源替代率达到 8%"。因此，在分布式光伏规模化发展的条件下，光伏与建筑、光伏与电网的关系更需要关注。目前在光伏与建筑之间的关系方面，主要的评价指标包括建筑屋顶的利用率、光伏自用率和光伏自给率三个指标。《2030 年前碳达峰行动方案》中还明确指出"到 2025 年，新建公共机构建筑、新建厂房屋顶光伏覆盖率力争达到 50%"。研究领域从光伏发电量本地消纳的角度，提出了光伏自用率和自给率的评价指标，突出光伏发电曲线与建筑用能曲线的匹配程度（图 3-28）。

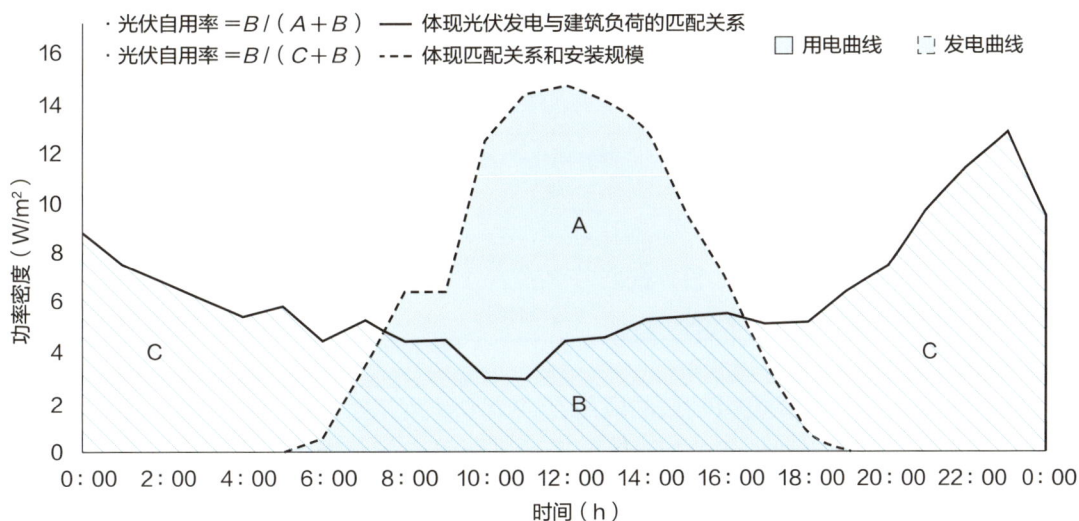

图 3-28　光伏发电自用率和自给率示意图

3.3.1.2　建筑分布式储能评价

电化学储能在建筑中应用广泛，建筑内部广泛采用的应急电源或不间断电源都是电化学储能。电化学储能通常作为备用电源，用于保障重点负荷的连续供电。而"光储直柔"技术中的储能不仅要起到备用电源的作用，更要起到保证供需平衡、消纳光伏余电的作用，需要在运行过程中根据系统的控制目标进行连续的充放电。但目前电化学储能在建筑领域的应用尚处于起步阶段，对电池的连续充放电特性、安全性评估和建筑消防、散热等配套要求尚没有明确的要求。因此，现阶段电化学储能电池的建筑应用主要借鉴电力领域相关储能电站的规范和技术要求。

《电力系统电化学储能系统通用技术条件》GB/T 36558—2018 对额定功率不小于 100kW、储能时间不少于 15min 的储能系统和储能设备具有技术要求，其中在储能系统层面分别对锂离子电池、铅碳电池和液流电池储能系统的能量转换效率进行了要求，分别不应低于 92%、86% 和 65%；在系统控制能力方面对系统控制功能、充放电响应时间（不大于 2s）、调节时间（不大于 3s）、充放电转换时间（不大于 3s）进行了要求；在与电网并网要求方面，对储能系统低 / 高电压故障穿越能力、直流分量（不超过额定值 0.5%）等进行了要求。

《电化学储能电站运行指标及评价》GB/T 36549—2018 规定了电化学储能电站运行指标的内容和统计方法以及运行效果评价的原则和要求，从电化学储能电站的充放电能力、电站能效、设备运行状态等方面进行综合评价，见表 3-9。

储能电站运行指标   表 3-9

序号	准则层	指标层	单位	权重（%）
1	充放电能力	最大实际充放电功率	kWh	15
2		最大实际放电量	kWh	15
3	效率	综合效率	%	20
4		站损率	%	5
5		站用电率	%	5
6	设备运行状态	调度响应成功率	%	10
7		等效利用系数	—	15
8		非计划停运系数	%	5
9		年运行时间	h	10

综上，电化学储能在电力领域的应用已经非常成熟，处于规模化应用的阶段。在电力领域的电化学储能电池的相关标准也已经非常完善，能够为建筑领域应用电化学储能提供扎实的基础和参考。但同时也要看到，建筑领域采用电化学储能与电力领域具有不同的使用边界条件。建筑领域采用的电化学储能一般容量较小，多在 500kWh 以下，过于繁杂的管理措施、监控系统配置将导致电化学储能系统单位电量的建设成本过高；并且由于在人员活动环境内使用，建筑分布式储能对于安全性有更高的要求，加之建筑领域的用户多为非专业用户，对于运行维护的简便快捷也有更高的要求。因此，建筑分布

式储能的评价指标需要特别侧重于系统的安全性和便捷性的评价。

3.3.1.3 直流配电系统评价

建筑直流配电系统包括电源、配电及传输、用电设备和监控系统等。前述光伏和储能系统已经涵盖了分布式电源的主要形式，本节主要针对配电传输和用电设备两个方面进行介绍。在直流配电方面由于目前尚在起步阶段，相关设计、评价标准还比较欠缺，目前城乡建设领域已经颁布实施的直流配电标准包括中国工程建设协会标准《直流照明系统技术规程》T/CECS 705—2020、中国公路学会《公路照明直流供电系统设计指南》T/CHTS 10011—2019 和中国建筑节能协会《民用建筑直流配电设计标准》T/CABEE 030—2022。其中《民用建筑直流配电设计标准》T/CABEE 030—2022 对直流配电系统系统性能指标提出了明确的要求，主要包括直流系统的电能质量和暂态系统性能。在系统的电能质量方面提出的评价指标包括稳态电压偏差、电压暂升和暂降、电压过高和电压中断，以及电压和电流纹波等。这些性能指标都是区别于交流系统特有的性能指标，对系统运行的稳定性、多变流器协调控制、用电安全保护配合以及用电设备选择都有重要的作用。其次，特别突出了直流系统暂态特性指标，包括系统暂态电压范围和持续时间。这些暂态性能要求是变换器和直流配电设备能够通过系统电压协调运行的基础，其中包括了启动和运行模式切换过程中母线电压调节速率、电压暂态变化范围、调节时间长度。

3.3.1.4 建筑用能柔性评价标准

《需求响应效果监测与综合效益评价导则》《电力需求侧管理项目效果评估导则》针对需求响应这种电力辅助服务种类提出了监测和效果评价指标，并将指标分为了绝对指标和相对指标两种。绝对指标主要限定了负荷削减量（基线负荷减去实际负荷）；相对指标采用了认缴性能指标（SPI）和峰荷性能指标（PPI），其中 SPI 指用户在需求响应时段平均负荷削减量与其负荷削减目标值之比，PPI 指需求响应时段平均削减量与用户最大峰荷需求之比，用于表征响应技术的潜力。同时，本标准中还对需求响应带来的节能效益、环境效益和用户的补偿收益规定了计算方法。

《电力需求侧资源分类与特性分析技术导则》DL/T 2161—2020 中对负荷特性的分类提出了基于调节目标和功能的两种分类，并且在需求侧可调节资源的特性方面，从调节过程和调节效果两个方面对可调资源进行了定量的刻画。可调节资源按照调节实现的目标分为可节约电量资源和可调节电力资源。可节约电量资源主要指能够实现总耗电量降低的资源，例如民用建筑领域的高效照明和空调系统；可调节电力资源指可通过改变固有用电模式来实现负荷削减或转移，以满足电力需求侧与供给侧功率平衡的资源，进一步按照调节的实际效果和应用约束可分为可转移负荷、可调控负荷和可中断负荷三类。

最值得一提的是，本标准中对可调节资源的调节特性作了详细的分类，为电网与建筑可调节资源的科学对接和合理调度提供了基础。在可调节负荷特性方面，本标准定义了过程指标和效果指标两类：过程指标主要用于建筑和电网的交互过程控制和建筑内部各种可调节资源的聚合，其中包括准备时间、持续时间、调节次数和反弹特性等，这些指标适用于对电力需求资源参与调节的及时性、稳定性和积极性的特性分析；对于效果指标，本标准中定义了节约电量、调整电力、认缴性能、调整率等四个方面，适用于电力需求侧资源调节有效性和效益的分析，同时也是建筑内部资源调节策略的控制目标。

针对空调调节资源，《非生产性空调负荷柔性调控技术导则》DL/T 1765—2017 中对不同类型的空调提出了三级调控分类，分别对应不同的空调系统控制对象，但未对不同的调控方案的可调节能力提出指标性要求。

《电化学储能电站运行指标及评价》GB/T 36549—2018 中对储能系统功率控制能力进行了要求，主要为控制系统响应时间（不超过 10s）和控制偏差（绝对值不超过给定值的 5%），储能系统控制能力测试可参考图 3-29 进行。

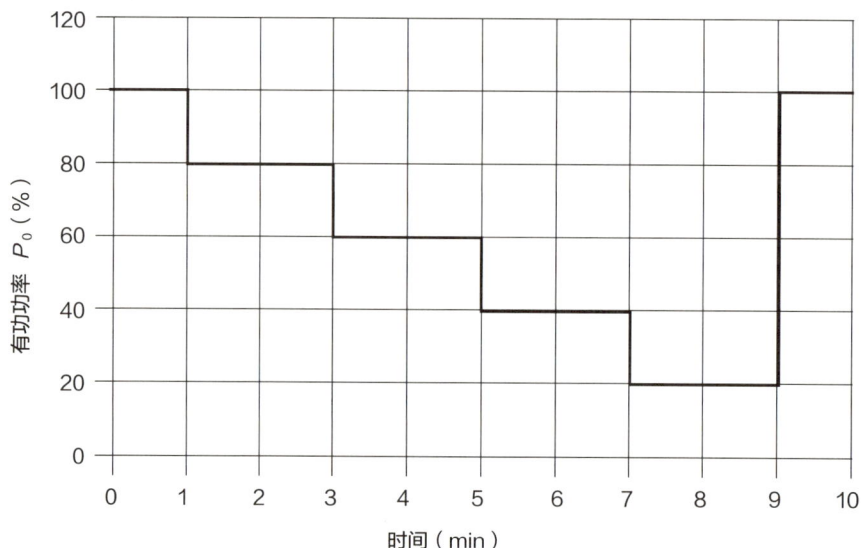

图 3-29　储能系统控制能力测试曲线

3.3.2　评价指标体系构建

本评价指标体系侧重于"光储直柔"系统的柔性评价，重点区分不同系统的柔性性能差异。"光储直柔"系统中直流配电是链接光伏、储能和用电设备的桥梁，柔性是系统运行的效果。"光储直柔"的四个维度并非并列的关系，而是措施和效果的关系。

建筑"光储直柔"评价体系以单栋建筑或建筑群为评价对象，也可对建筑的部分区域或与其连接的充电桩系统进行评价，当建筑中部分区域应用"光储直柔"系统，也可采用本评价体系进行评价。

3.3.3　评价方法与流程

建筑"光储直柔"系统评价流程包括预评价和运行评价两阶段。建筑"光储直柔"系统工程施工图设计完成后，可进行预评价，以计算或模拟数据为基础；运行评价在工程竣工并投入使用一年后进行，以实际测试数据为基础。

（1）预评价依据

① 项目立项、审批文件；

② 项目施工图设计文件及审查报告；

③ 负荷计算书、光伏和储能容量等模拟计算文件；

④ 主要设备选型依据；

⑤ 运行控制策略说明。

（2）运行评估依据

① 项目立项、审批文件；

② 项目竣工图及竣工验收文件；

③ 主要材料、设备质量证明文件及测试报告；

④ 运行数据，包括年总能耗值、年光伏发电量以及春夏秋冬不同季节典型工作日和非工作日的 24h 逐时负荷曲线。

3.3.4 评价指标分析

3.3.4.1 技术性能评价

技术性能评价主要从光伏发电系统、储能系统、低压直流配电系统和柔性运行控制系统这几个方面作出要求，主要包括以下几点：

（1）建筑光储直柔系统中的光伏组件、储能电池、直流交流变换器和电气装置等关键部件应有质检合格证书，性能参数应符合国家现行有关标准和设计要求，并提供测试报告。

（2）建筑"光储直柔"系统的拓扑、容量配置、用电保护配置、负载类型、控制系统和主要部件的类型和技术参数应符合设计要求。

（3）建筑中光伏组件安装面积原则上应不小于建筑屋顶可安装面积的 50%。屋顶可安装面积指屋顶总面积扣除设备或构筑物占用面积和受到阴影遮挡面积后的屋顶面积，同建筑屋顶形式可利用面积如图 3-30 所示。光伏组件安装面积包括屋顶光伏面积和立面光伏面积。对于采用立面光伏的项目，其安装面积可按照各朝向的年发电量折算到屋顶安装面积。

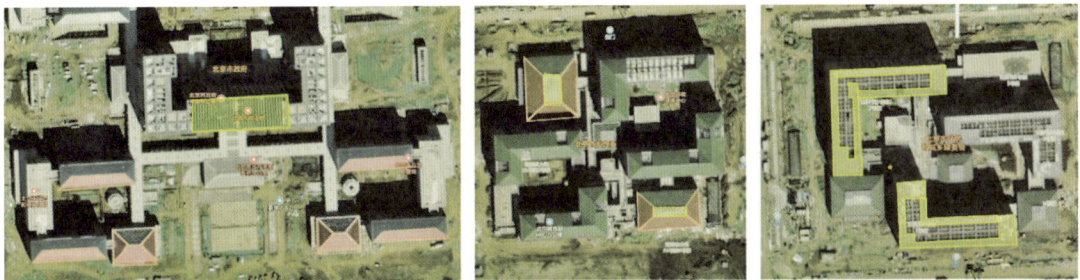

☐ 平屋顶架空　☐ 坡屋顶（四坡，仿庑殿顶）　☐ 斜屋面与平屋顶结合（仿盝顶）　☐ 平屋顶非设备安装区域

图 3-30　不同建筑屋顶形式可利用面积示意图

（4）建筑"光储直柔"系统中光伏发电应优先本地消纳，其光伏发电自用率应满足下列规定：

1）当光伏全年发电量占建筑全年用电量比例小于等于30%时，光伏发电自用率应达到100%；

2）当光伏全年发电量占建筑全年用电量比例在30%～100%时，光伏发电自用率应达到80%以上；

3）当光伏全年发电量占建筑全年用电量比例大于100%时，光伏发电自用率应达到80%以上或在本变压器台区内全部消纳。

由于光伏波动性会对电网造成影响，鼓励光伏尽可能本地消纳不上网。对于部分容积率较小、光伏安装面积大的建筑，光伏发电量有可能大于建筑用电量，因此在建筑红线内依靠建筑自身储能进行全部消纳的经济性差。在此情况下，可选择与同一台区变压器下的相邻建筑协同消纳光伏发电，避免光伏发电返送到上一级变压器。

（5）建筑"光储直柔"系统应配置储能设备。储能设备包括：各类型的电化学储能电池；充放电功率可调节的智能电动汽车充电桩和换电设施；电驱动的冰蓄冷或水蓄冷／蓄热系统。

（6）电动汽车充电桩是"光储直柔系统"中柔性调节能力的重要来源。充电桩的柔性调节功能包括了有序充电管理和双向充放电两种。充电桩有序充电管理即根据直流系统中供需平衡的条件，调节充电桩充电功率，改变充电功率曲线，避免无需充电对直流配电系统造成的冲击。双向充放电功能是在有序充电管理的基础上，允许电动汽车向直流配电系统反向放电，即将电动汽车中的电化学储能电池作为建筑储能的一部分进行充放电调度。建筑"光储直柔"系统可配置直流充电桩，其功能宜满足下列规定：

1）直流充电桩宜具备有序充电管理功能；

2）直流充电桩宜具备双向充放电功能。

（7）建筑"光储直柔"系统应遵循"直流发电直流用电"的设计原则，尽可能减小直流到交流的逆变损失。建筑"光储直柔"系统中直流用电设备总额定功率占直流供电能力的比例不应小于50%。

（8）电能质量是保障系统稳定运行与用户安全用电的基本要求。建筑"光储直柔"系统供电电能质量评价指标和要求应符合下列规定：

1）系统稳态电压应在85%～105%标称电压范围内；

2）在负荷大幅快速波动情况下，系统暂态电压变动不应大于5%标称电压；

3）在正常运行条件下，直流电气系统中电压纹波峰峰值系数和有效值系数应分别小于1.5%和1.0%。

（9）建筑"光储直柔"系统的运行控制系统应具备下列功能：

1）调节建筑储能、分布式光伏和用电设备的运行状态和功率；

2）根据直流系统电压自动切换运行模式。

3.3.4.2　柔性潜力评价

建筑"光储直柔"系统柔性效果评价应包括单次调节能力评价和全天24h连续调节能力评价。

实现柔性用电是建筑"光储直柔"系统的最主要目标。柔性用电能力评价主要侧重于评价其自身用电功率曲线与外部需求曲线之间的匹配程度，既包括根据电网用电指令来进行实时功率调节，也包括需求响应时短时间调节自身用电功率，还包括根据实时电价、电力动态碳排放因子变化等主动进行柔性用电调节的能力等。

目前全国各地普遍开展的需求响应机制研究，主要是针对单次调节能力的要求，即在特定的时刻，按照与需求响应管理机构的约定，一次性降低或提高运行功率并保持一定时间的能力。调节的时间长度一般为 15min 至 1h 范围内，期间调节指令保持不变，用户可采取多种响应方式，整体来说控制难度不大。而连续调节主要针对全天 24h 的持续调节，不仅调节时间长，调节指令也相应动态变化，控制难度更大。未来基于虚拟电厂参与电力现货交易，提供实时调频服务、跟踪实时动态电价或碳排放因子等都依赖于全天连续调节能力。

（1）单次调节能力评价

建筑"光储直柔"系统的单次调节能力评价应包含最大调节容量比例、向上调节和向下调节的调节电量比例，并应符合下列规定：

1）最大调节容量比例 $\delta_{\max}$ 应按下列公式计算：

$$\Delta P = \max\left\{\left|P(t) - P_0(t)\right|\right\} \tag{3-18}$$

$$\delta_{\max} = \Delta P / P_0(t) \tag{3-19}$$

式中　ΔP——"光储直柔"系统最大调节容量（kW）；

$P(t)$——"光储直柔"系统在 t 时刻的实际功率（kW）；

$P_0(t)$——同一时刻不调节时的基线功率（kW）。

2）调节电量比例（γ_{up} 和 γ_{down}）应按下列公式计算：

$$Q_{\mathrm{up}} = \int_t^{t+T} \left[P(t) - P_0(t)\right] \mathrm{d}t \tag{3-20}$$

$$Q_{\mathrm{down}} = \int_t^{t+T} \left[P_0(t) - P(t)\right] \mathrm{d}t \tag{3-21}$$

$$\gamma_{\mathrm{up}} = Q_{\mathrm{up}} / \int_t^{t+T} P_0(t)\,\mathrm{d}t \tag{3-22}$$

$$\gamma_{\mathrm{down}} = Q_{\mathrm{down}} / \int_t^{t+T} P_0(t)\,\mathrm{d}t \tag{3-23}$$

式中　Q_{up} 和 Q_{down}——分别为向上调节和向下调节电量（kWh）；

$P(t)$——建筑"光储直柔"系统在 t 时刻的实际功率（kW）；

$P_0(t)$——同一时刻不调节时的基线功率（kW）；

T——按最大调节容量 ΔP 调节时，"光储直柔"系统可以保持的最大可持续的时长（h）。

建筑"光储直柔"系统可实现自身用电功率的调节，其调节能力体现在可向上调节或向下调节的功率，如图 3-31 所示。以基线功率 P_0 为基础，在保障原有基本功能需求的情况下，建筑"光储直柔"系统可以向上调节或向下调节自身用电功率，并可保证一定的调节时长（例如持续进行功率调节 1h、2h）。电力辅助服务市场或者辅助服务管理实时细则中明确向上或向下调节能力应不低于门槛值，邀约型调节能力突出的核心能力在于建筑楼宇可以提前安排设备运行策略，通过手动或者自动方式满足邀约时段的功率控制目标。

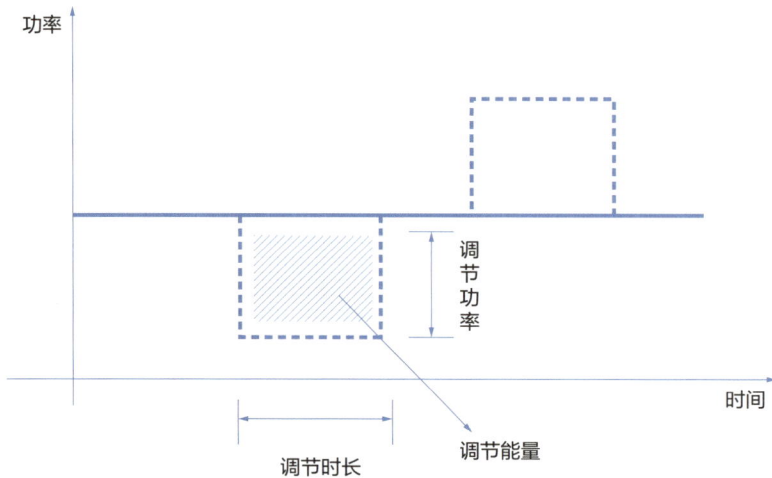

图 3-31　单次调节能力示意图

（2）连续调节能力评价

建筑"光储直柔"系统连续调节能力评价指标包括相对于全天 24h 计划目标功率曲线的功率偏差指标和电量偏差指标，并应符合下列规定：

1）在调节期间，各时刻（15min 时间窗口）平均功率偏差指标（α_P）应按下式计算：

$$\alpha_P = \max\left(\left|\frac{P(t)-P^*(t)}{P^*(t)}\right|\right) \tag{3-24}$$

式中　$P(t)$——光储直柔系统在 t 时刻的平均功率（kW）；

　　　$P^*(t)$——t 时刻的调节指令的目标功率（kW）。

2）在调节响应期间，整个调节过程调节电量偏差（α_Q）应按下式计算：

$$\alpha_Q = \frac{\int_t^{t+T}|P(t)-P^*(t)|\,dt}{\int_t^{t+T}P^*(t)\,dt} \tag{3-25}$$

式中　T——全天 24h 为调节周期。

建筑"光储直柔"系统根据电网给出的功率调节指令进行自身用电功率调节。连续调节能力如图 3-32 所示，该过程中电网侧对建筑提出逐时功率调节需求（例如调节时长 24h，功率响应颗粒度为每 15min），建筑通过调节自身用电功率曲线来尽量满足电网指令要求。该响应过程中，功率偏差率、电量偏差率反映了建筑"光储直柔"系统实际用电指标与指令用电目标之间的差异：偏差率越小，表明该建筑用电曲线越能随电网指令目标曲线进行柔性调节的能力越大；反之，表明其随电网指令用电曲线的调节能力越小。电力辅助服务市场或者辅助服务管理实施细则中明确调节偏差量需进行考核，该指标反映了调节过程中是否按照调节要求进行持续且方向一致的调节。

响应精度指建筑"光储直柔"系统实际运行功率与其控制要求之间的差值占调节目标功率的比例。建筑"光储直柔"系统根据调节指令进行功率响应，目标指令功率与实际运行功率间的差异表征了响应精度。

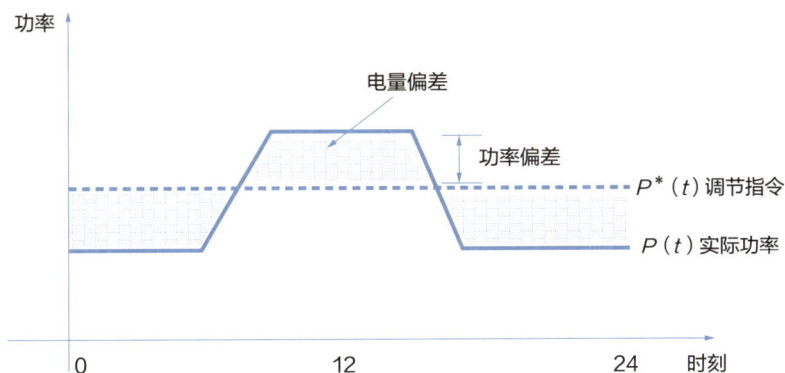

图 3-32 连续调节能力示意图

（3）连续调节能力评价

建筑"光储直柔"系统柔性过程评价指标应包括响应时间、响应速度和持续调节时间。评价指标的选择参照了《南方区域电力辅助服务管理实施细则》中对可调节负荷相关性能要求。这些指标一方面对应电网调度需求，另一方面也是建筑自身聚合不同柔性资源的特性指标。柔性调节过程指标如图 3-33 所示。

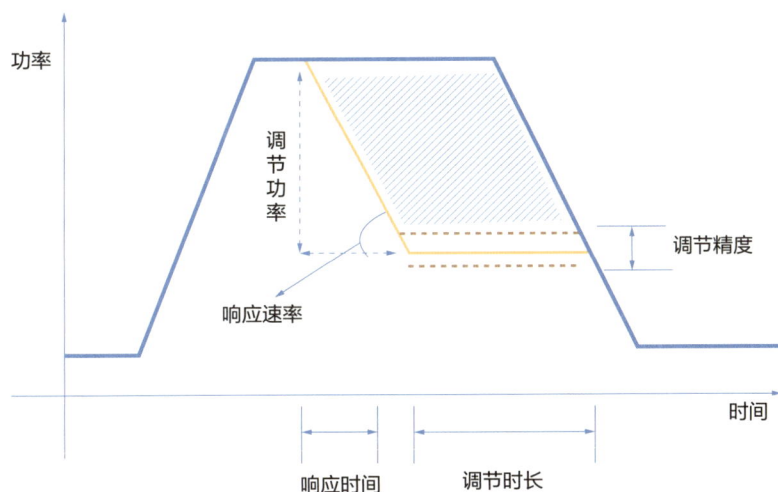

图 3-33 柔性调节过程指标示意图

注：蓝色实线为基准负荷，黄色实线为运行负荷，红色虚线为运行负荷波动范围

1）建筑"光储直柔"系统响应时间（T_1）按式（3-26）计算，响应时间指建筑"光储直柔"系统自接收调节指令起，直到功率变化量首次达到目标控制功率 90% 的时间。接收调节指令后，建筑"光储直柔"系统将根据自身用电功率和目标用电功率之间的差异来进行功率调节，将自身用电功率趋向于目标功率。根据建筑"光储直柔"系统的用电设备、用电调节策略来确定合适的调节方式，将用电功率达到 90% 目标功率时的时间作为其响应时间。

$$T_1 = T_{[0.9 \times (P^* - P)]} - T_{(P)} \tag{3-26}$$

式中　$T_{(P)}$——"光储直柔"系统接收到调节指令的时刻；

$T_{[0.9\times(P^*-P)]}$——"光储直柔"系统运行功率首次达到调节指令目标值 90% 的时刻。

2）建筑"光储直柔"系统响应速率（V）应按式（3-27）计算，响应速率指建筑"光储直柔"系统指响应调节指令进行功率调节的速率。响应时间和响应速度反映了建筑进行功率调节的快慢。接收调节指令后，可根据建筑自身用电特征、建筑配电系统运行调节策略来进行指令响应，完成功率调节。功率响应变化时间应在指令变化周期内，例如当电网根据每 15min 发出功率响应指令时，功率响应在此周期内完成。

$$V = \frac{90\% \times |P(t) - P^*(t)|}{T_1} \quad (3-27)$$

3）建筑"光储直柔"系统持续调节时间（T_2）应按式（3-28）计算，持续调节时间是系统运行功率达到目标控制功率，且功率偏差始终控制在容许范围以内时间长度。根据不同削峰填谷需求，持续调节时间要求在 15min 以上，单次响应的持续时间一般在 1～2h。

$$T_2 = T_{(a_p > a)} - T_{[0.9\times(P^*-P)]} \quad (3-28)$$

式中：$T_{(a_p > a)}$——"光储直柔"系统运行功率偏差首次超容许范围的时刻；

a——调节过程中容许的最大功率偏差值。

本章参考文献

[1] 刘晓华，张涛，刘效辰，等."光储直柔"建筑新型能源系统发展现状与研究展望 [J]. 暖通空调，2022，52（8）：1-9，82.

[2] 莫理莉，陈志忠，王静，等."光储直柔"建筑电气设计探究 [J]. 智能建筑电气技术，2022，16（3）：1-8.

[3] 刘俊峰，罗燕，侯媛媛，等. 考虑广义储能的微电网主动能量管理优化算法研究 [J/OL]. 电网技术.［2023-01-02］.

[4] 刘俊峰，王晓生，卢俊波，等. 基于多主体博弈和强化学习的多微网系统协同优化研究 [J]. 电网技术，2022，46（7）：2722-2732.

[5] 李雨桐，郝斌，童亦斌，等.《民用建筑直流配电设计标准》解读 [J]. 建筑电气，2022，41（7）：25-32.

[6] 马钊，孙媛媛，赵志刚. 低压直流供用电关键技术 [J]. 供用电，2022，39（8）：1-2.

[7] 中国建筑节能协会电气分会，中国城市发展规划设计咨询有限公司. 双碳节能建筑电气应用导则 [M]. 北京：机械工业出版社，2022.

[8] 曾君，胡家健，徐铭康，等. 储能汇聚参与辅助调频服务的协同优化算法 [J]. 控制理论与应用，2021，38（7）：1051-1060.

[9] 曹邵文，周国庆，蔡琦琳，等. 太阳能电池综述：材料、政策驱动机制及应用前景 [J]. 复合材料学报，2022，39（5）：1847-1858.

第4章
探索与实践

　　第4章在对国内"光储直柔"建筑工程案例情况调研的基础上，筛选城市和农村、居住建筑和公共建筑、建筑单体和园区等不同应用场景的典型案例，分析了"光储直柔"系统应用的气候区域、建筑类型、建筑规模等分布特征和建筑光伏、储能、直流配电和直流用电场景等技术特征，并从光伏、储能、市政电网和直流负荷四者的能量平衡和容量配比关系的角度探讨了建筑与电网的关系，提出了建筑"光储直柔"系统适宜应用场景，直流配电系统的拓扑结构及电压等级选择原则，光伏、储能、交直变换器、直流负荷四者的容量配置原则，指出了城市和农村建筑"光储直柔"系统发展的差异化路径，为建筑"光储直柔"系统的设计与推广应用提供一些有益参考。重点介绍了16个典型"光储直柔"建筑案例的工程概况、建设目标、建设内容、技术方案、实施效果及特点，并介绍项目建设单位及设计人员分享项目实施和运行过程中的经验体会，为"光储直柔"建筑的建设和发展提供实践经验参考。

4.1 "光储直柔"项目特征

本次调研共收集了已建成、在建的"光储直柔"建筑示范项目27个，对其中已建成的16个典型示范项目开展现场调研考察，并分析其建筑分布特征和技术应用特征。

4.1.1 建筑分布特征

（1）项目位置分布

表4-1是调研的"光储直柔"建筑案例基本信息，图4-1是项目所属气候区域分布情况。由表4-1和图4-1可知：从太阳能资源分布来看，位于太阳能资源很丰富地区的建筑占23.5%，太阳能资源丰富地区的建筑占76.5%；从气候区域分布来看，严寒寒冷地区的建筑占47%，夏热冬冷地区的建筑占29.5%，夏热冬暖地区的建筑占23.5%。可见，建筑"光储直柔"适用于我国大部分地区，尤其是太阳能资源很丰富的严寒寒冷地区和太阳能资源丰富的夏热冬冷地区（除四川盆地）及夏热冬暖地区。

（2）建筑类型分布

图4-2是"光储直柔"建筑类型分布。由图4-2可知，从建设类型来看，新建"光储直柔"建筑占47%，既有建筑直流化改造的"光储直柔"建筑占53%；从建筑功能来看，办公建筑数量最多，占52.9%，其次是农村住宅建筑，占23.5%；再次是产业园区（厂房＋办公），占11.8%，校园建筑和商场建筑各占5.9%。可见，建筑"光储直柔"系统正在逐步从新建建筑扩展到既有建筑、从城市办公建筑推广至商业建筑、校园、产业园区及农村住宅建筑。

光储直柔建筑案例基本信息　　　　　　　　　　　　　　表 4-1

建筑编号	项目地点	所属气候区域	太阳能资源分区	建设类型	建筑面积（m²）
办公建筑 1	广东深圳	夏热冬暖	丰富	新建	6259
办公建筑 2	北京	严寒寒冷	丰富	改建	3000
办公建筑 3	江苏南京	夏热冬冷	丰富	改建	2000
校园办公 4	上海	夏热冬冷	丰富	改建	5000
办公建筑 5	上海	夏热冬冷	丰富	改建	1287
办公建筑 6	广东珠海	夏热冬暖	丰富	新建	560
办公建筑 7	广东东莞	夏热冬暖	丰富	改建	1853
办公建筑 8	广东深圳	夏热冬暖	丰富	改建	271300
办公建筑 9	宁夏固原	严寒寒冷	很丰富	改建	196
商业建筑	北京	严寒寒冷	丰富	新建	2142
产业园 1（厂房＋办公）	浙江杭州	夏热冬冷	丰富	新建	796592
产业园 2（厂房＋办公）	山西芮城	严寒寒冷	丰富	改建	7200

续表

建筑编号	项目地点	所属气候区域	太阳能资源分区	建设类型	建筑面积（m²）
农村住宅 1	河北张家口	严寒寒冷	很丰富	新建	160
农村住宅 2	河北张家口	严寒寒冷	很丰富	新建	123
农村住宅 3	河北张家口	严寒寒冷	很丰富	新建	142
农村住宅 4	山西芮城	严寒寒冷	丰富	改建	7000

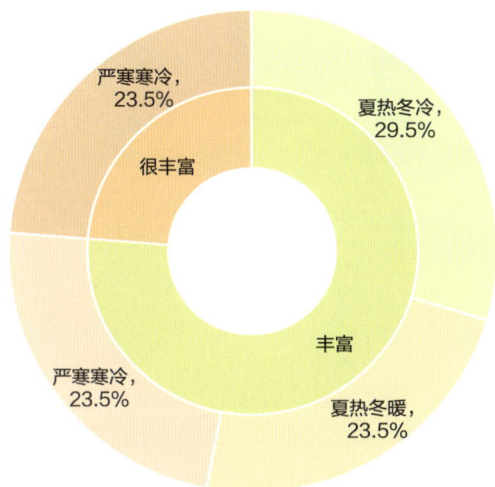

图 4-1　项目气候区域分布

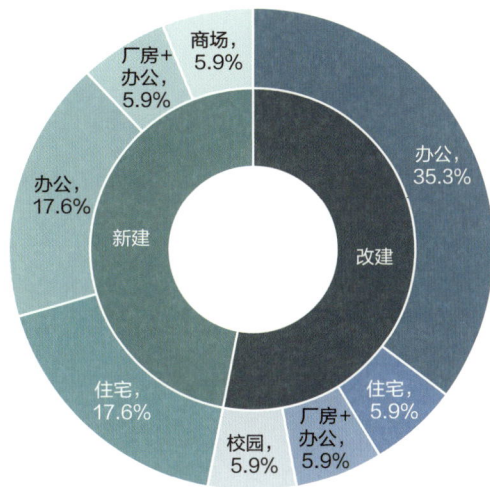

图 4-2　光储直柔建筑类型分布

（3）项目规模分布

图 4-3 是"光储直柔"建筑项目的建筑面积分布情况。建筑面积 ≤ 500m² 的建筑数量占 23.5%；建筑面积在 500～3000m² 的占 35.3%；建筑面积在 3000～5000m² 的占 11.8%；建筑面积在 5000～10000m² 的占 17.6%；建筑面积 > 10000m² 的占 11.8%。可见，虽然目前"光储直柔"建筑项目以中小型示范建筑为主，但已有部分产业园区、大型商业综合体建筑开始应用"光储直柔"系统，建筑规模达几十万平方米数量级，说明"光储直柔"建筑应用规模正在从中小型单体建筑向校园、产业园区规模化应用发展。

（4）直流负载类型

图 4-4 为建筑直流用电设备类型分布图。调研的"光储直柔"建筑案例中，88% 的建筑采用了直流空调、直流照明；71% 的建筑采用了直流监测展示设备（大功率展示屏、服务器等）及其他小功率直流设备（直流办公设备、冰箱、饮水机、电风扇、无线充电器等）；65% 的建筑采用了其他大功率直流设备（微波炉、电磁炉、烧水壶等）；59% 的建筑采用了直流充电桩；12% 的建筑采用了直流生产线设备（主要是工业园区厂房建筑）。可见，建筑中的照明、空调、IT 类办公设备及监测展示设备、家用电器及充电桩可以率先直流化，主要是由于这些用电设备的内部结构本身是直流驱动的或者变频器是直流驱动的，具备直流化的良好基础条件。

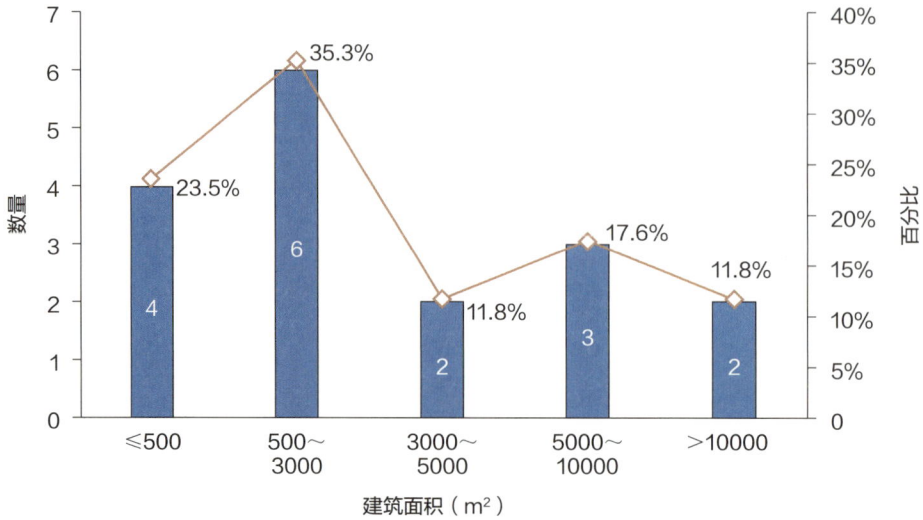

图 4-3　"光储直柔"案例建筑面积分布

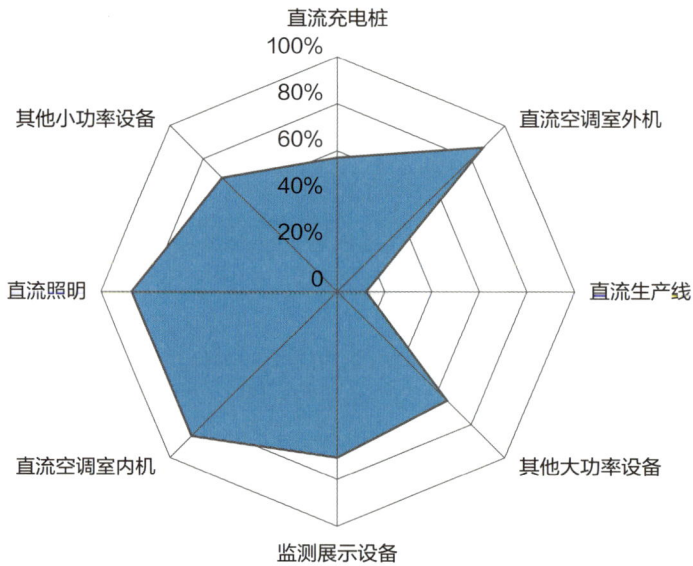

图 4-4　建筑直流用电设备类型分布

综上所述：从太阳能资源利用角度来看，"光储直柔"系统对我国大部分区域都适用，尤其是太阳能资源很丰富的北方严寒寒冷地区和太阳能资源丰富的夏热冬冷（除四川盆地）及夏热冬暖地区。从建筑类型和建筑规模来看，建筑"光储直柔"系统正在逐步从新建建筑扩展到既有建筑，从城市办公建筑推广至商业建筑、校园、产业园区及农村住宅建筑，从中小型的单体建筑向校园、产业园区规模化应用发展。从负载直流化的成熟度来看，建筑中的照明、空调、IT 类办公设备及监测展示设备、家用电器及充电桩可以率先直流化。

4.1.2　技术特征分析

（1）光伏技术应用特征

调研的建筑全部采用了太阳能光伏技术，并采用与市政电网并网连接方式。图 4-5 为光伏技术应用特征。

从光伏组件安装位置来看：平面安装（建筑屋顶或地面停车棚）的比例为 100%，同时在建筑屋顶和立面（玻璃幕墙或外墙）安装的仅 12%。主要是由于屋面接收到的太阳辐射量大、光伏发电量大，且屋面光伏组件成本较低，投资收益高。

从光伏系统形式来看：71% 的建筑采用 BAPV（光伏附着在建筑上）的形式，53% 的建筑采用了 BIPV（光伏建筑一体化）形式。主要是由于 BAPV 形式光伏组件及安装成本较低，但随着光伏技术的发展进步，光伏组件的效率逐步提高且成本逐渐下降，BIPV（光伏建筑一体化）将成为未来发展趋势。

从光伏组件类型来看：82% 的建筑采用了单晶硅双面组件，18% 的建筑采用了多晶硅组件，12% 的建筑采用了碲化镉薄膜组件。主要是由于单晶硅双面组件效率较高，单位组件面积发电量较大；薄膜组件主要是为了兼顾建筑屋顶或立面玻璃采光及色彩的需要，单位组件面积发电量较低。

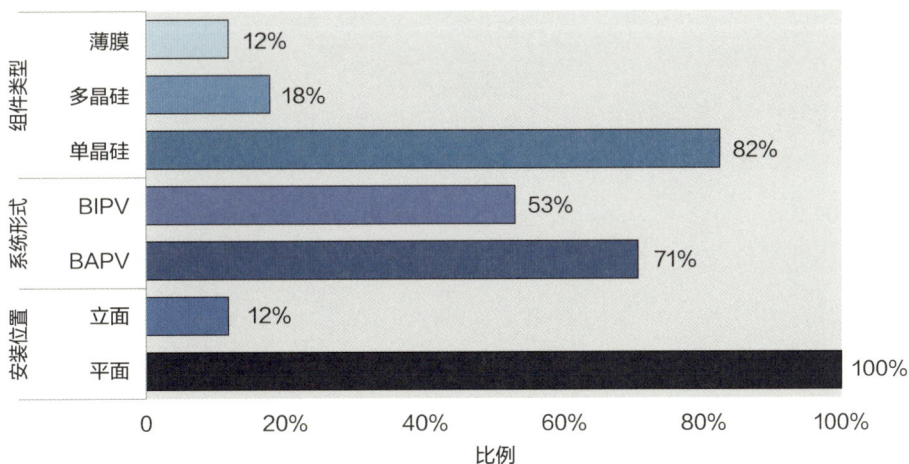

图 4-5　光伏技术应用特征

（2）储能技术应用特征

图 4-6 是储能系统应用类型分布图。调研的建筑案例中有 88.2% 的建筑采用了电池储能系统，5.9% 的建筑采用了冰蓄冷系统，5.9% 的建筑未采用储能系统。在采用电池储能的建筑中，52.9% 的建筑采用磷酸铁锂电池，23.5% 的建筑采用钛酸锂电池，5.9% 的建筑采用铅酸电池，5.9% 的建筑采用铅碳电池和钛酸锂电池。可见，电化学储能已成为建筑储能的主要形式，磷酸铁锂、钛酸锂等锂离子电池是建筑中应用较广泛的电化学储能类型。

图 4-7 是不同类型储能电池的额定容量、功率及放电小时率。从图 4-7 可知：磷酸铁锂电池的额定容量在 20～717kWh 之间，额定功率在 8～400kW 之间，额定充放电小时率

在 0.5～5h；钛酸锂电池的额定容量在 6.6～1600kWh 之间，额定功率在 3.3～560kW 之间，额定充放电小时率在 0.1～3h；铅碳电池的 20 小时率额定容量为 140kWh，最大放电功率为 120kW，充放电小时率在 1～20h；铅酸电池的 10 小时率额定容量为 150kWh，最大放电功率为 120kW，充放电小时率在 4～10h。因此，储能系统设计时宜根据不同的储能系统配置目的，综合考虑储能电池的技术性能及经济性合理选择电池类型，对于消纳光伏、削峰填谷等能量型储能系统，宜选择能量密度高、放电时间较长的电池；对于参与调峰调频电力辅助服务等的功率型储能系统，宜选择功率密度大、放电时间较短的电池。

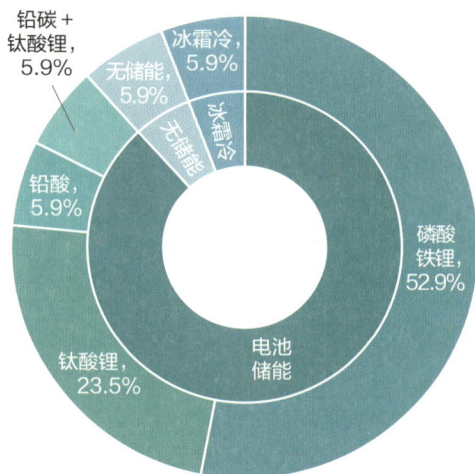

图 4-6　储能系统应用类型分布

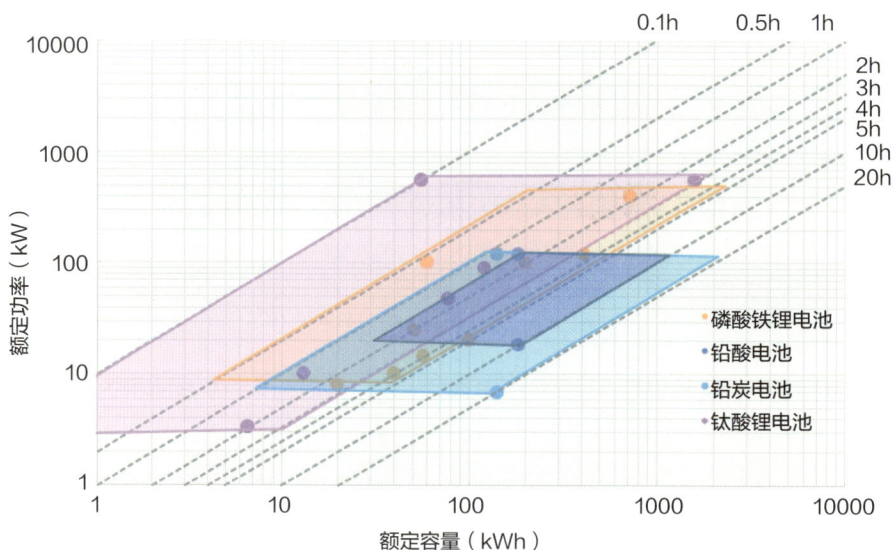

图 4-7　不同类型储能电池的额定容量、额定功率及平均放电时间

（3）直流配电系统技术特征

图 4-8 展示了建筑直流配电系统拓扑结构与电压分布，表 4-2 为建筑直流配电系统主要技术参数详情。从图 4-8 和表 4-2 可知：

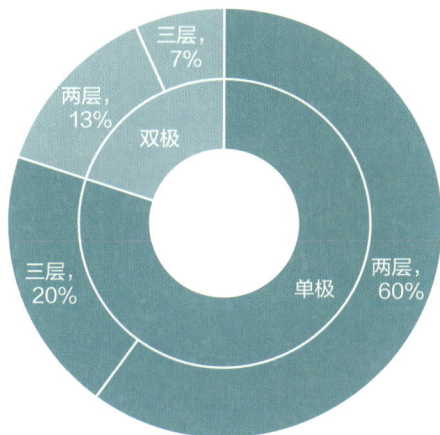

（a）

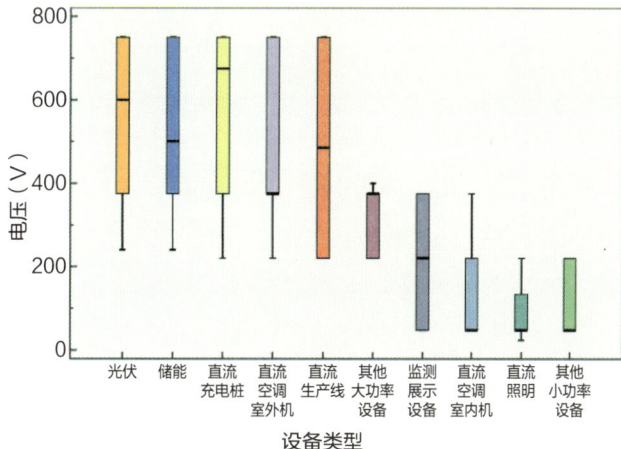

（b）

图 4-8　建筑直流配电系统拓扑结构与电压分布

（a）拓扑结构和电压层级；（b）不同直流设备额定电压

建筑低压直流配电系统主要技术参数　　　　　　　　　　表 4-2

建筑编号	接线形式	电压层级	电压等级	分布式电源及直流负载
办公建筑 1	双极	两级	±DC375V/DC48V	DC750V：充电桩、空调室外机 DC375V：光伏、储能、展示屏及中等功率设备 DC48V：空调室内机、照明、小功率设备
办公建筑 2	单极	两级	DC375V/DC48V	DC375V：光伏、储能、充电桩、空调室外机、展示屏 DC48V：空调室内机、照明、小功率设备
办公建筑 3	单极	两级	DC600V/DC220V	DC600V：光伏、储能、充电桩、空调室外机 DC220V：展示屏、空调室内机、照明、中等功率设备、小功率设备
办公建筑 4	单极	两级	DC375V/DC48V	DC375V：光伏、储能、空调室外机 DC48V：空调室内机、照明、小功率设备
办公建筑 5	单极	三级	DC750V/DC375V/DC48V	DC750V：光伏、储能、充电桩 DC375V：空调室外机 DC48V：空调室内机、照明
办公建筑 6	双极	两级	±DC200V/±DC24V	DC400V：分体式空调、户用储能、中等功率设备 DC48V：照明、小功率设备
办公建筑 7	单极	两级	DC750V/DC220V	DC750V：光伏、储能、空调室外机 DC220V：展示屏、空调室内机、照明、中等功率设备、小功率设备
商业建筑	单极	三级	DC750V/DC375V/DC48V	DC750V：光伏、储能、空调室外机、充电桩 DC375V：展示屏 DC48V：空调室内机、照明、小功率设备

建筑编号	接线形式	电压层级	电压等级	分布式电源及直流负载
产业园 1	双极	三级	±DC375V/ ±DC200V/ ±DC24V	DC750V：光伏、储能、空调室外机、充电桩、直流生产线设备 DC400V：中等功率设备 DC48V：展示屏、空调室内机、小功率设备 DC24V：照明
产业园 2	单极	两级	DC750V/ DC220V	DC750V：光伏、储能、空调室外机、充电桩 DC220V：直流生产线设备、展示屏、空调室内机、照明、中等功率设备、小功率设备
农村住宅 1	单极	两级	DC220V/ DC48V	DC220V：光伏、储能、充电桩、空调室外机、展示屏、空调室内机、中等功率设备 DC48V：照明、小功率设备
农村住宅 2	单极	两级	DC375V/ DC48V	DC375V：光伏、储能、空调室外机、中等功率设备 DC48V：展示屏、空调室内机、照明、小功率设备
农村住宅 3	单极	两级	DC375V/ DC48V	DC375V：光伏、储能、空调室外机 DC48V：展示屏、空调室内机、照明
农村住宅 4	单极	两级	DC750V/ DC220V	DC750V：光伏、储能 DC220V：分体式空调、充电桩、照明、中等功率设备、小功率设备

1）建筑直流配电系统拓扑结构以单极系统为主（占 80%），个别建筑采用了双极系统用于实验探索研究。

2）建筑直流配电系统的电压层级以两个电压层级为主（73%），不超过三个电压层级，且电压主要集中在三个区间段，即：第一个层级在 375～750V，主要为光伏、电池储能、直流充电桩、直流空调室外机及直流生产线设备等大功率设备供电；第二个层级在 220～375V，主要为其他大功率直流设备（主要指微波炉、电磁炉、烧水壶等）、直流监测展示设备（大功率展示屏、服务器等）；第三个层级在 48～220V，主要为直流空调室内机、直流照明及其他小功率设备（直流办公设备、冰箱、饮水机、电风扇、无线充电器等）供电。

可见，直流配电系统的拓扑结构、电压层级和电压等级的选择与系统接入的直流设备的类型、额定功率及电压范围存在较大的相关性。当建筑直流用电设备的类型较少、额定功率及电压范围差异不大时，宜选择单级拓扑结构；反之，当建筑直流用电设备的类型较多、额定功率及电压范围差异较大时，可选择双极拓扑结构或根据实际情况增加电压层级。总体原则是：① 用尽可能少的电压等级满足尽可能多的用电设备需求；② 大功率用电设备尽可能选择工作电压范围的较大值，降低电流，减小线缆截面积和线路损耗；③ 人员活动区域的小功率设备，尽可能选择工作电压范围的较小值，避免电击事故可能带来的人身伤害。

4.1.3 "光储直柔"建筑发展路径讨论

图 4-9 是建筑光伏本地消纳率（光伏年发电量中供建筑本地消纳的电量／光伏年发电量）、光伏自给率（光伏年发电量中供建筑本地消纳的电量／建筑年用电量）分布图。从图 4-9 可知：

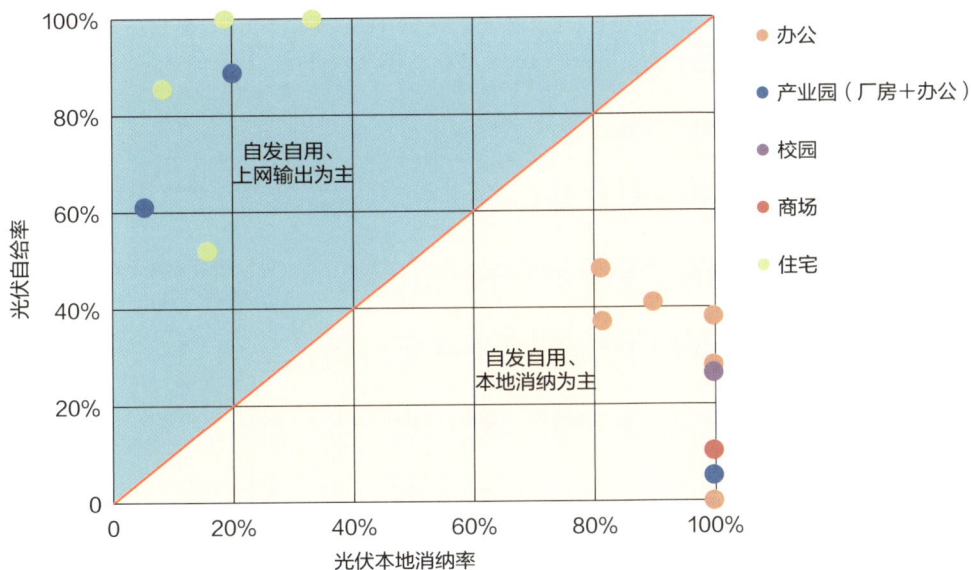

图 4-9　建筑光伏本地消纳率、光伏自给率分布

① 城市办公、商场建筑的用电负荷需求大，建筑屋顶空间资源有限，光伏年发电量通常小于建筑年用电量，光伏发电采用自发自用、本地消纳方式，"光储直柔"系统设计时需重点关注"储"和"柔"，充分利用建筑分布式储能、电动汽车及柔性负荷等灵活性资源，跟随电网需求主动调节建筑负荷，降低市政电网用电负荷峰谷差，在保障电网供电安全性、可靠性和稳定性的同时，提高建筑光伏本地消纳比例。

② 农村建筑由于用电负荷需求较小，且有大量的建筑屋顶及庭院空间铺设太阳能光伏板，建筑光伏年发电量通常大于建筑年用电量，光伏发电采用自发自用、余电上网方式。"光储直柔"系统设计时需重点关注建筑光伏本地消纳和上网输出问题，针对光伏本地消纳问题，可通过推动农村用能电气化，发展光伏＋电动汽车、农用电机具等"光伏＋"系统，促进本地光伏消纳，助力实现零碳建筑，针对余电上网输出问题，可通过建设村级直流配电网和蓄电蓄热设施，实现不同台区之间的电力优化调度，优化匹配不同用户的发电资源与用电需求，将多余的光伏电力在电网需要的时候集中上网，不仅有助于提高电网的可靠性及提高电网中绿色电力的比例，还能使用户获得一定的电力需求响应经济激励。

③ 产业园区工业厂房及办公建筑，由于存在 24h 运转的生产线负荷，单纯采用光伏系统无法满足建筑用电负荷需求，完全采用储能来平抑供需差异的经济性较差，通常需要从电网取电，但光伏发电量是否上网取决于光伏发电量与建筑用电量的大小。对于

中小型厂房建筑，由于有大量的建筑屋顶空间铺设光伏板，光伏年发电量远大于建筑年用电量，光伏发电采用自发自用、余电上网的消纳方式；大型工业厂房园区由于用电负荷需求大，光伏年发电量远小于建筑年用电量，光伏发电采用自发自用、本地消纳方式。

图 4-10 是建筑与电网交互入口 AC/DC、光伏 DC/DC、储能 DC/DC、直流负载的容量配比关系。从图 4-10 可知：

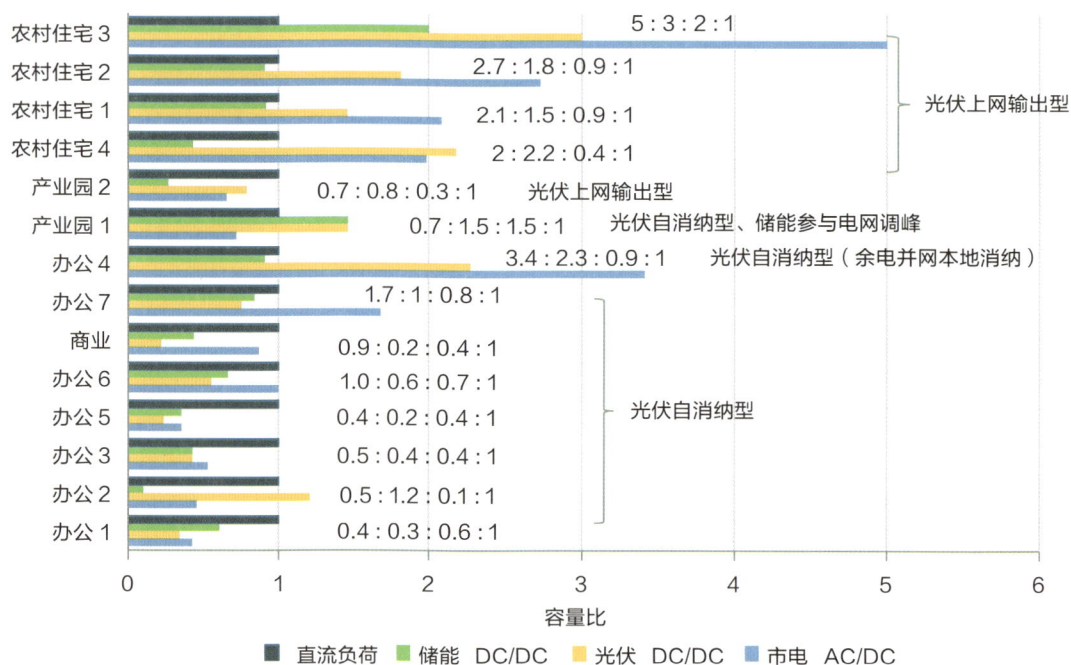

图 4-10　电网、光伏、储能、直流负载容量配比关系

① 城市办公、商业建筑中光伏发电采用自发自用、本地消纳方式，配置储能系统的目的主要是解决日内建筑用电负荷需求与电力供应不平衡的问题，具有的目标包括促进建筑光伏本地消纳、电力负荷削峰填谷经济运行或参与电网柔性调节。因此，对于城市办公、商业建筑的储能 DC/DC 容量配置，需要根据不同的储能配置目的和优化目标，在进行建筑用电负荷与光伏发电功率逐时预测的基础上，进行典型日光伏发电、用电负荷、市政电网及储能充 / 放电功率四者的能量平衡分析，按照日平衡原则来配置储能容量。建筑与电网交互入口 AC/DC 变换器容量需根据典型日从电网取电功率（从电网取电功率 = 建筑用电负荷功率 − 光伏发电功率 − 储能放电功率）来配置，在合理配置储能容量的情况下，可以适当降低 AC/DC 变换器容量，本次调研的办公和商业建筑案例的 AC/DC 变换器容量比直流用电设备功率降低 0～65%，平均降低了 39%。

② 农村住宅建筑光伏发电采用自发自用、上网输出为主的方式，储能配置的目的也是为了解决日内供需不平衡问题，促进建筑光伏本地消纳，减少大量光伏发电上网对电网的影响。因此，储能 DC/DC 容量也需要根据典型日光伏发电、用电负荷、市政电网及储能充 / 放电功率四者的能量平衡分析，按照日平衡原则来配置。由于农村住宅建

筑光伏发电以上网输出为主，建筑与电网交互入口的 AC/DC 变换器容量需要根据典型日光伏发电上网功率（光伏发电上网功率＝光伏发电功率－建筑负荷功率－储能充电功率）来配置。

③ 产业园区建筑需要综合考虑园区可用于安装光伏的空间资源和用电负荷特性，分析典型日光伏发电功率与建筑用电负荷的关系，合理确定光伏消纳方式。储能 DC/DC 容量根据典型日光伏发电、用电负荷、市政电网及储能充 / 放电功率四者的能量平衡关系来配置。AC/DC 变换器容量与建筑光伏发电量、建筑用电负荷的关系及建筑光伏消纳方式有关，当园区光伏发电量远大于建筑用电量时，光伏发电以上网输出为主，AC/DC 变换器容量需要根据上网的光伏功率来配置；当园区光伏发电量远小于建筑用电量，光伏发电采用自发自用、本地消纳方式时，AC/DC 变换器容量需根据典型日从电网取电功率来配置，在合理配置储能容量的情况下，可以适当降低建筑 AC/DC 变换器容量。

4.1.4 总结

通过对调研的"光储直柔"建筑案例数据进行分析，得出以下结论：

（1）"光储直柔"系统的适宜应用场景

从太阳能资源利用角度来看，"光储直柔"适用于我国大部分地区，尤其是太阳能资源很丰富的北方严寒寒冷地区和太阳能资源丰富的夏热冬冷（除四川盆地）和夏热冬暖地区。从建筑类型和建筑规模来看，建筑"光储直柔"系统正在逐步从新建建筑扩展到既有建筑，从城市办公建筑推广至商业建筑、校园、产业园区及农村住宅建筑，从中小型的单体建筑向校园、产业园区规模化应用发展。从负载直流化的成熟度来看，建筑中的照明、空调、IT 类办公设备及监测展示设备、家用电器及充电桩可以率先直流化。

（2）光伏技术应用特征

调研的建筑均采用了太阳能光伏技术，并采用与市政电网并网连接方式，光伏系统形式以 BAPV（光伏附着在建筑上）形式为主，主要是由于 BAPV 形式光伏组件及安装成本较低，但随着光伏技术的发展进步，光伏组件的效率逐步提高且成本逐渐下降，BIPV（光伏建筑一体化）将成为未来发展趋势。光伏组件安装方式以平面安装（建筑屋顶或地面停车棚）为主，且多采用高效单晶硅双面组件，主要是由于水平面上接收到的太阳辐射量大，单晶硅双面组件效率高，单位面积发电量较大，且单晶硅组件成本较低，投资收益高。

（3）储能技术应用特征

调研的"光储直柔"建筑储能系统以电池储能为主，电池类型以磷酸铁锂电池为主，其次为钛酸锂电池，最后是铅酸电池和铅碳电池，说明电化学储能已成为建筑储能的主要形式。储能系统设计时宜根据储能系统设计目的和应用场景不同，综合考虑储能电池的技术性能及经济性合理选择电池类型，对于消纳光伏、削峰填谷等能量型储能系统，宜选择能量密度高、放电时间较长的电池，对于参与调峰调频电力辅助服务等功率型储能系统，宜选择功率密度大、放电时间较短的电池。

（4）直流配电系统技术特征

调研的建筑直流配电系统拓扑结构以单极系统为主，电压层级以两层为主，不超过三个层级。直流配电系统的拓扑结构、电压层级和电压等级的选择，与系统接入的直流电源（光伏、储能）和直流用电设备的类型、额定功率、工作电压范围存在较大的相关性。当建筑直流用电设备的类型较少、额定功率及电压范围差异不大时，宜选择单级拓扑结构，反之，可根据项目实际情况选择双极拓扑结构或根据实际情况增加电压层级。总体原则：① 用尽可能少的电压等级满足尽可能多的用电设备需求；② 大功率用电设备尽可能选择工作电压范围的较大值，降低电流，减小线缆截面积和线路损耗；③ 人员活动区域的小功率设备，尽可能选择工作电压范围的较小值，避免电击事故可能带来的人身伤害。

（5）"光储直柔"系统容量配置

建筑中储能系统配置的目的主要是解决日内建筑用电负荷需求与电力供应不平衡的问题，主要的优化目标通常有节能减排（提高光伏本地消纳比例）、经济性（基于分时电价削峰填谷运行）、电网友好性（减小建筑光伏发电上网对电网的影响，参与电力需求响应及辅助服务提高供电可靠性等）。储能系统设计时，需综合考虑不同的优化目标，在进行建筑用电负荷、光伏发电功率逐时预测的基础上，选取典型日进行光伏发电、用电负荷、市政电网及储能充／放电功率四者的能量平衡分析，按照日平衡原则来配置储能容量。建筑与电网交互入口 AC/DC 变换器容量与建筑光伏发电量、建筑用电负荷的关系及建筑光伏消纳方式有关，对于光伏发电采用自发自用、本地消纳方式的城市建筑，AC/DC 变换器容量需根据典型日从电网取电功率来配置，对于光伏发电采用自发自用、上网输出为主方式的农村建筑，AC/DC 变换器容量需根据典型日光伏发电上网功率来配置。

（6）建筑"光储直柔"系统发展路径

由于城市和农村建筑的用电负荷需求和可再生能源资源条件的差异，决定了其"光储直柔"系统设计时的关注点应有所不同。城市建筑用电负荷需求量大，建筑屋顶空间资源有限，建筑光伏年发电量通常小于建筑年用电量，光伏发电宜采用自发自用、本地消纳方式。城市建筑"光储直柔"系统设计时需重点关注"储"和"柔"，充分利用建筑分布式储能、电动汽车及柔性负荷等灵活性资源，实现"荷随源动"，在保障电网供电安全性、可靠性和稳定性的同时，提高建筑光伏本地消纳比例，并通过参与电力市场交易获得额外经济收益。农村建筑用电负荷需求量较小，建筑屋顶及庭院为光伏敷设提供了充足的空间，光伏年发电量通常大于建筑年用电量，光伏发电宜采用自发自用、余电上网方式。农村建筑"光储直柔"系统设计时需重点关注建筑光伏本地消纳和上网输出问题，一方面可通过推动农村用能电气化，发展光伏＋电动汽车、光伏＋农用电机具等"光伏＋"系统，促进本地光伏消纳，助力实现零碳建筑；另一方面可通过建设村级直流配电网和蓄电蓄热设施，进行不同台区之间的电力优化调度和不同用户的发电资源与用电需求的优化匹配，将多余的光伏电力在电网需要的时候集中上网，提高电网可靠性和绿色电力比例，同时使用户获得一定的电力需求响应经济收益。

4.2　城市建筑"光储直柔"工程案例

4.2.1　深圳建科院未来大厦

建设单位：深圳市建筑科学研究院股份有限公司
设计单位：深圳市建筑科学研究院股份有限公司
运营单位：深圳市建筑科学研究院股份有限公司
项目地点：广东省深圳市
建筑面积：6259m²
示范面积：6259m²
项目实景图见图 4-11。

图 4-11　项目实景图

4.2.1.1　项目总览

（1）项目概况

深圳未来大厦位于广东省深圳市龙岗区深圳国际低碳城内，建筑高度 37.7m，地上 8 层，地下 2 层，建筑面积 6259m²，是集办公、会议、展示、实验室于一体的研发办公建筑。项目于 2016 年备案立项，2017 年完成施工图设计和审查，于 2018 年启动工程建设，2019 年底完工并投入试运行，2020 年 8 月光伏系统接入后建筑"光储直柔"系统正式投入运行。

（2）建设目标

项目整体定位于绿色三星级建筑和夏热冬暖地区净零能耗建筑（net zero energy

building）。针对建筑绿色、零碳发展要求和功能空间灵活多变的使用需求，本项目采用了钢结构、模块化空间等技术提高空间使用率和建设效率；采用了适应气候变化的自然通风、自然采光、遮阳与隔热等被动式节能技术和适应负荷需求变化的光伏直驱变频多联式空调、高效 LED 照明等主动式节能技术降低建筑终端能耗；采用了集建筑光伏发电、储能、直流配电、柔性用电于一体的"光储直柔"系统，充分利用"光储直柔"建筑的负荷柔性调节潜力进行建筑电力友好交互，在促进建筑光伏本地消纳的同时，进一步降低市政电力负荷峰谷差，助力实现零碳建筑和零碳电力系统。

本项目以工程实践探索夏热冬暖地区净零能耗建筑和零碳建筑实施技术路径，为研究夏热冬暖地区办公场景下"光储直柔"系统的设计方法、安全保护技术、运行控制技术、关键设备性能及柔性潜力评价提供工程化应用研究平台，为推动建筑"光储直柔"技术走出实验室和工程化应用奠定基础。

（3）建设内容

本项目"光储直柔"系统建设内容包括：建筑光伏系统、储能系统、直流配电系统、直流用电设备及柔性控制系统，各项技术的应用空间布局及规模见图 4-12。

光：建筑光伏系统
· BIPV光伏形式
· 高效单晶硅组件
· 光伏容量146kWp

储：电池储能系统
· 铅碳电池＋钛酸锂电池
· 储能容量
　217kWh/288kW
· 能量调节＋需求响应

柔：双向直流充电桩
· 直流充电桩11×20kW
· 支持双向有序充放电
· 多种交互运行模式

直：建筑直流配电系统
· ±375V双极直流母线
· 48V低压直流安全供电
· 建筑AC/DC容量200kW

柔：建筑直流用电设备
· 直流空调159kW
· 直流照明34.4kW
· 直流办公设备94.4kW

柔：建筑柔性控制系统
· 基于母线电压的自适应控制
· "光储直柔"系统监控平台
· 建筑虚拟电厂平台

图 4-12　技术应用空间布局及规模

4.2.1.2　项目技术方案

（1）系统架构

深圳未来大厦建筑"光储直柔"系统设计遵循简单、灵活的原则，力求通过最简洁的架构达到分布式能源灵活接入、灵活调度和安全供电的目的，系统架构见图 4-13。

项目直流配电系统采用了 ±375V 和 48V 的两种电压等级，兼顾高效性和安全性的需求。系统架构采用正负双极直流母线形式，实现了建筑内一个配电等级提供两种电压等级的灵活配电方式，相应的电压等级在高压侧采用极间电压 DC750V，中压采用 ±DC375V。光伏、储能、充电桩、空调机组等大功率设备接入 DC750V 母线，±DC375V 母线负责建筑内电力传输，楼层内采用＋DC375V 或 −DC375V 单极供电，建筑室内办公区域采用 DC48V 供电。

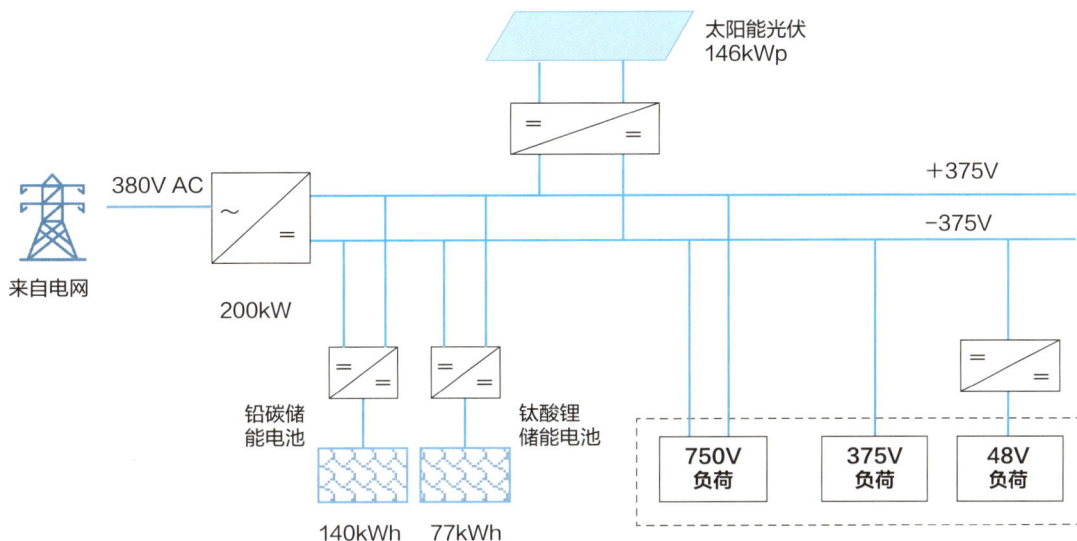

图 4-13 未来大厦直流配电系统方案示意图

在保护接地技术方面，未来大厦直流配电系统采用 IT 高阻接地形式，能够从本质上将人员的活动环境从电流环路中剥离出来，即使人员无保护接触单极也不会形成电流回路。为了防护可能出现的第二个故障点接地引发的接地问题，系统采用了成熟的直流母线绝缘监测系统（Insulation Monitoring Device，IMD），配合支路的剩余电流检测（Residual Current Detect，RCD），能够实现绝缘下降故障的报警和定位，有效提高了直流配电系统安全性。

（2）建筑光伏系统

建筑光伏系统采用 BIPV 形式，光伏组件采用钢结构支架安装在屋顶花园上空，兼具屋顶花园活动空间遮阳功能。光伏组件采用高效单晶硅组件，总安装面积 1000m²，总装机容量 146kWp。光伏阵列分为 8 个组串，分别通过光伏 DC/DC 接入 DC750V 直流母线，光伏 DC/DC 具备最大功率点跟踪（MPPT）和限功率运行功能。

（3）储能系统

项目储能系统由铅碳电池组和钛酸锂电池组构成，储能系统总容量为 217kWh/288kW，其中：铅碳电池组由六组 26 节电压 12V、容量 75Ah 的电池串联组成，储能容量为 140kWh/240kW；钛酸锂电池组由两组 24 节电压 23V、容量 70Ah 的电池串 / 并联组成，储能容量为 77kWh/48kW。太阳能光伏与储能系统实景图见图 4-14。

（4）直流用电设备

项目直流用电设备涵盖了除电梯、消防水泵等之外的用电设备，包括建筑空调、室内照明、办公插座、安防设备、应急照明、监测展示设备及充电桩。直流用电设备总功率为 507.8kW，其中直流空调功率为 159kW，直流照明功率为 34.4kW，直流办公插座及其他设备功率为 94.4kW，直流充电桩功率为 220kW（11 台 20kW 的双向充电桩）。如果按照常规商业办公楼的配电设计标准，该建筑至少配置 630kVA 的变压器容量，本项目通过采用"光储直柔"系统，建筑入口 AC/DC 变换器容量仅需配置 200kW 即可

（a）　　　　　　　　　　　　　　　　　　　　（b）

图 4-14　太阳能光伏与储能系统

（a）太阳能光伏阵列；（b）电池储能系统

满足需求，比传统交流配电系统变压器容量降低了 68%，有效降低了建筑对市政电源配电容量的需求。

　　各用电设备根据其额定功率及使用安全性要求采用不同的电压等级供电，对于多联机空调、充电桩等大功率用电设备，采用 DC750V 电压供电，提高效率的同时减少输配电损失；对于热水壶、电冰箱、服务器等功率在 1～5kW 之间的用电设备，采用 DC375V 电压供电；对于建筑室内用电安全要求高、人员活动频繁区域的办公插座、室内照明、空调室内机等采用 DC48V 特低电压供电，保障了直流配电系统的安全性。

　　建筑室内直流用电场景见图 4-15，双向直流充电桩应用场景见图 4-16。

图 4-15　建筑室内直流用电场景

图 4-16　双向直流充电桩应用场景

（5）建筑柔性控制系统

直流配电系统与交流配电系统相比，不需要控制电压、频率、相位等参数，仅通过控制电压一个参数就可以实现光伏、储能及市政等多个电源之间的协调控制，控制过程更简单高效。本项目采用了基于直流母线电压的自适应柔性控制策略，利用直流母线电压允许大范围波动的特性，建立起直流母线电压与建筑设备功率之间的联动关系，例如空调设备可以在电压较低时降功率运行，建筑储能电池和电动汽车在电压较高时开始充电，就可以通过调节直流母线电压来调节建筑的总功率，而不需要对所有设备进行实时在线控制。图 4-17 展示了建筑光伏、储能、市政电源功率输出随电压的变化关系。

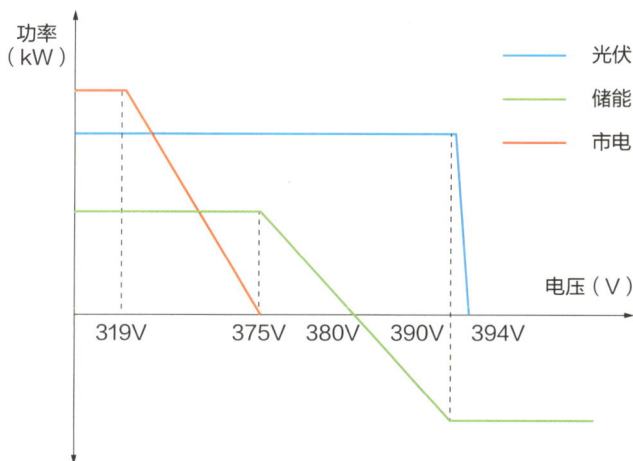

图 4-17　建筑光伏、储能、市政电源输出功率随电压的变化关系示意图

4.2.1.3　项目实施效果与特点

（1）项目实施效果

本项目自 2020 年 8 月光伏系统接入后，整个系统已经稳定运行了两年多时间。系统运行后，项目研究团队开展了"光储直柔"系统功能、电能质量、安全保护、系统能量损耗及需求响应柔性调节潜力等多方面的测试和实验。从测试结果来看，系统运行稳定、调控灵活，终端用电方便智能，基本实现了预期的设计目标，验证了"光储直柔"系统在民用建筑中应用的可行性和优势，期间也发现了系统可以继续完善和改进的方面。

1）净零能耗建筑技术应用效果

本项目是中美清洁能源联合研究中心建筑节能合作项目的净零能耗建筑示范项目。建筑采用了以目标为导向的性能化设计方法，通过自然通风、自然采光、建筑遮阳、绿化隔热等被动式节能技术降低建筑能源需求，光伏直驱变频多联式空调、高效 LED 照明、基于人行为的智能控制系统等主动式节能技术进一步降低建筑能源消耗，采用"光储直柔"系统，通过建筑自身光伏发电抵消建筑能源消耗，并利用储能技术和建筑负荷柔性调节技术调节建筑用能负荷峰谷，实现与建筑友好互动，以工程实践探索夏热冬暖地区净零能耗公共建筑实施的可行性。

通过采用上述被动式和主动式建筑节能技术，建筑总用电量为 31.02 万 kWh，单位建筑面积年总用电量为 49.6kWh/（m²·a），比按照《公共建筑节能设计标准》GB 50189—2015 设计的基准建筑的单位建筑面积年总用电量（85.3kWh/（m²·a））降低了 42%。同时，本项目充分利用场地内建筑屋顶布置太阳能光伏系统，年发电量 8.71 万 kWh，考虑光伏抵消后单位建筑面积年用电量为 35.7 kWh/（m²·a），建筑节能率为 58%（图 4-18）。通过合理配置储能系统和建筑用能负荷柔性调节，大幅度降低常规能源峰值负荷，可以进一步降低建筑能源消耗，实现净零能耗建筑目标。

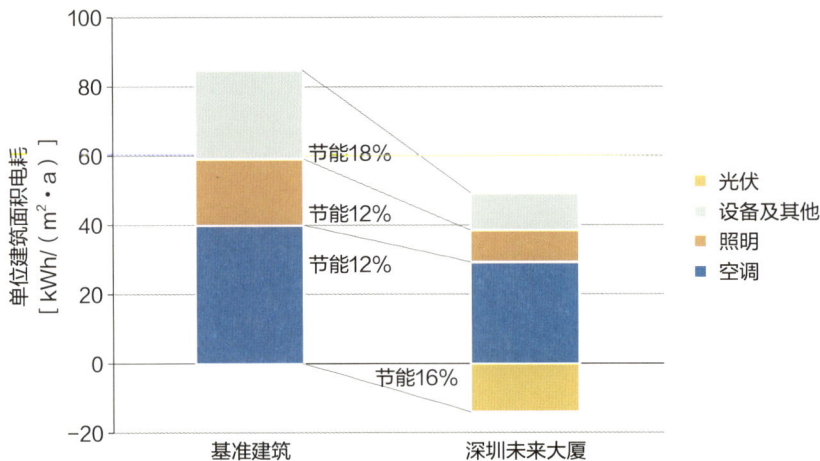

图 4-18　建筑节能率分析

2）"光储直柔"系统应用效果

从能源需求角度来看，本项目能源需求包括建筑用电量、储能充电量和充电桩充电量三部分，如图 4-19（a）所示。项目总用电需求量为 31.92 万 kWh，其中：建筑用电量为 31.02 万 kWh，占总用电需求的 97.2%；储能充电量为 0.84 万 kWh，占总用电需求的 2.6%；充电桩充电量为 0.05 万 kWh，占总用电需求的 0.2%。

从能源供应角度来看，本项目能源供应来源包括光伏发电量、电网供电量和储能放电量，如图 4-19（b）所示。项目总能源供应量为 31.92 万 kWh，其中：光伏实际发电量为 8.71 万 kWh，占能源总供应量的 27.2%；电网供电量为 22.63 万 kWh，占能源总供应量的 70.8%；储能放电量为 0.63 万 kWh，占能源总供应量的 2.0%。

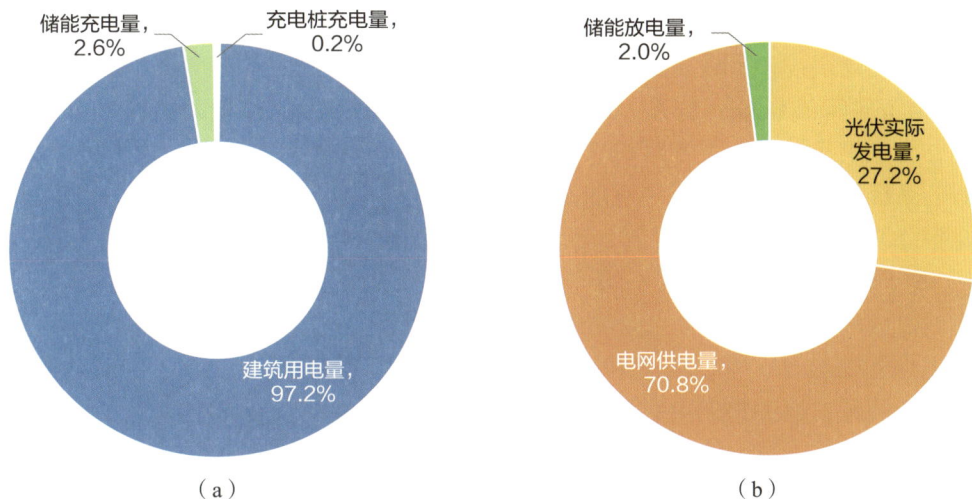

图 4-19 能源供需结构

（a）用电需求结构；（b）电力供应结构

　　不考虑项目内部储能的充放电量，项目净用电量（建筑用电量、充电桩充电量）为 31.07 万 kWh，净供电量（光伏发电供建筑本地消纳的电量、电网供电量）为 31.07 万 kWh，其中：光伏发电供建筑本地消纳的电量为 8.71 万 kWh，光伏自给率（光伏发电供建筑本地消纳的电量占净用电量的比例）为 28%，光伏自用率（光伏发电供建筑本地消纳的电量占光伏理论发电量的比例）为 55%；电网供电量为 22.34 万 kWh，电网供电量占建筑净用电量的 72%。可见，对于典型城市办公建筑，建筑用电需求量大，且建筑屋顶可铺设光伏的空间资源有限，建筑光伏年发电量一般小于建筑年用电量。本项目夏季制冷需求较大，供冷季 5 月份至 10 月份的光伏自用率基本在 60% 以上，而过渡季空调运行时间短，白天建筑用电需求较小，光伏发电量大于建筑用电量，造成了部分"弃光"行为，降低了光伏自用率，能源供需平衡分析见图 4-20。在实际运行中，应进一步挖掘"储"和"柔"的建筑柔性用电能力，充分利用储能系统（包括电动汽车）和建筑柔性负荷资源的灵活性来增强建筑光伏发电本地消纳。

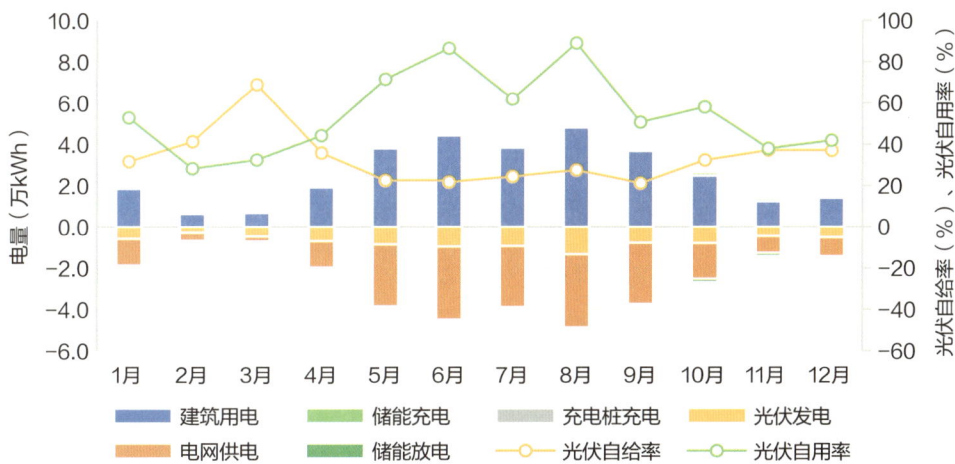

图 4-20 能源供需平衡分析

（2）项目特点

本项目在建筑设计、施工及运行过程中面临无"光储直柔"建筑设计标准、无成功"光储直柔"建筑工程案例参考、无成熟建筑直流设备产品等多方面技术难题。项目团队针对办公建筑建筑功能及使用需求特点，在设计阶段开展了"光储直柔"系统设计优化分析，系统运行后开展了系统性能及需求响应潜力测试与验证，并自主研发了配储控一体化智能终端设备。

1）基于母线电压自适应控制的"光储直柔"系统

本项目中采用了建筑光伏、储能等多种分布式能源系统，并且采用基于直流母线电压的自适应控制技术，解决了传统交流并网光伏系统出力随机、储能和光伏耦合控制稳定性差的问题，能够根据上级电网的需求响应信号自动调节分布式光伏和储能电池出力，实现了分布式光伏、储能、直流负荷的高效接入和灵活管理，并根据负载变化和需求提供高效、灵活、安全的供电功能。图 4-21 为实测不同运行工况光伏－储能－市政电网功率曲线。

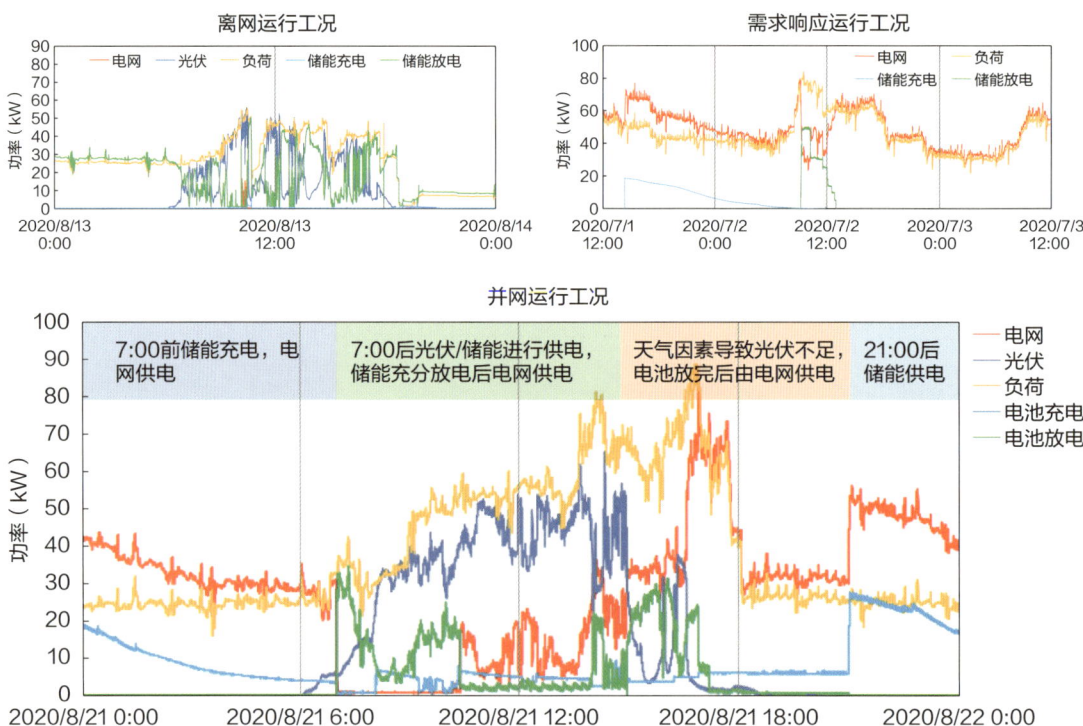

图 4-21　实测不同运行工况光伏－储能－市政电网功率曲线

2）建筑与电网互动的需求响应技术

需求响应技术是使建筑用电负荷具备灵活调整能力，优化用电负荷曲线，与电网友好互动，实现城市供能可靠性、用能经济性和环境友好性三者综合最优的集成技术。本项目具备电网直接调控的技术条件，并在楼宇管理系统的基础上，开发了建筑"虚拟电厂"子平台，具备接入多栋建筑进行负荷聚集的条件和日前及紧急调度的技术条件，项目"虚拟电厂"子平台界面如图 4-22 所示。

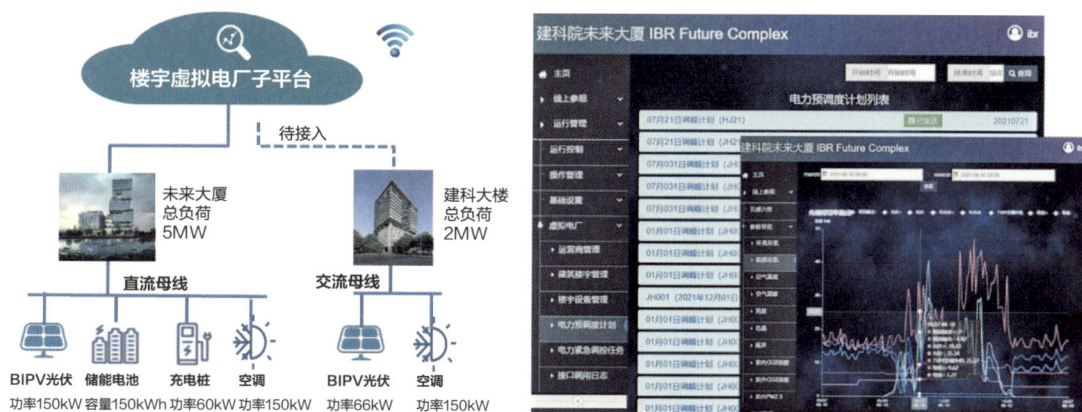

图 4-22 项目"虚拟电厂"子平台界面

项目组分别对储能、空调系统参与电网需求响应的性能进行了测试和实验，见图 4-23、图 4-24。分布式储能属于电力电子类柔性可调资源，其控制和调度相对直接。在与电网联合测试的过程中，"虚拟电厂"子平台在接收到电网响应功率指令后，由 AC/DC 主动调节直流母线电压，控制储能电池放电功率，在 0.5h 的响应时间内将平均 60kW 左右的用电负荷降到了 28.9kW，响应削峰比例达到了 51.6%。从图 4-23 可看出，光伏发电波动对柔性负荷控制的精度有较大的影响。如何提升控制策略的抗扰动能力是进一步研究的方向。

空调系统也是建筑负荷中另一个可调节的柔性用电负荷。项目组在空调响应特性测试的基础上，建立了空调运行功率和空调设定温度之间的动态关联关系，并对空调参与需求侧响应的过程进行了测试，如图 4-24 所示。在响应时段内，空调负荷从平均 40kW 降低到 20kW，削峰比例达到 50% 左右。同时，从测试结果中可以看出，空调系统相对于储能系统，其响应能力受制于室内舒适度要求，在空调负荷波动较大的情况下，会优先保障舒适度要求，放弃对目标功率的控制。空调属于温控型柔性负荷，其调节能力取决于建筑本体的蓄热能力，其功率响应功率稳定的时间取决于建筑本身的热惯性，与储能和充电桩等电力电子类设备相比，空调柔性负荷更适合参与日前调度的需求响应。

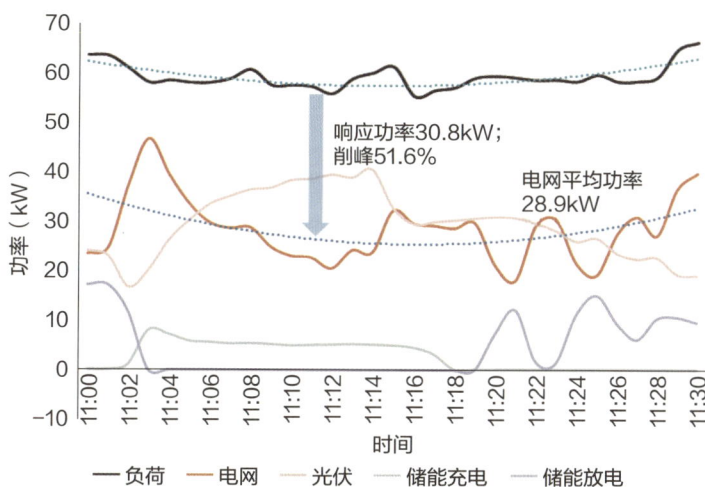

图 4-23 储能参与需求响应过程测试结果

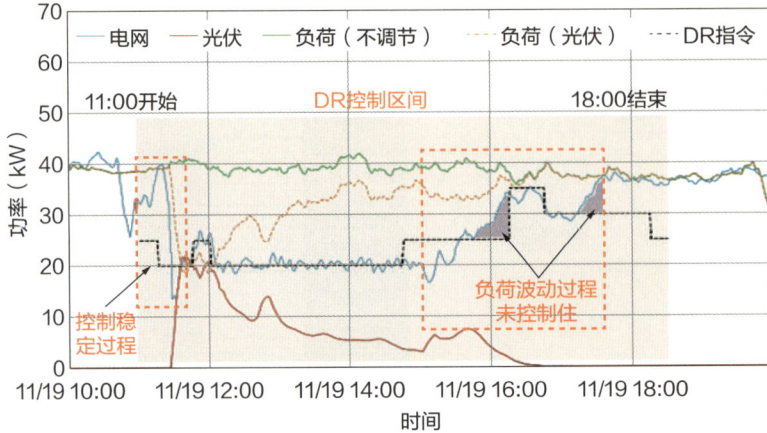

图 4-24　空调参与需求响应过程测试结果

3）基于智能群控的配储控一体化设备

建筑"光储直柔"系统实施的难点之一是市场上缺乏成熟的直流用电设备及产品。由于大多数办公用电设备如电脑、手机、LED 照明、桌面小家电以及监控设备等其内部结构本质都是直流供电，但是不同设备的额定电压各不相同，暂无成熟的供电设备为不同直流用电设备统一供电。项目团队基于智能群控技术开发了集成 DC48V 直流电源、应急储能、智能群控制系统于一体的配储控一体机（CPN），解决了直流配电系统用电安全保护和智能控制的难题，不仅能够为桌面电脑、插座等 500W 以下小功率电器供电，也同时实现了建筑强电系统与弱电系统的有机结合，不需要专门配置通信和控制机房，设备成本更低，可靠性更高，非常适合"点多、量大、面广"的民用建筑分散控制场合应用。未来大厦直流终端用电系统示意图见图 4-25。

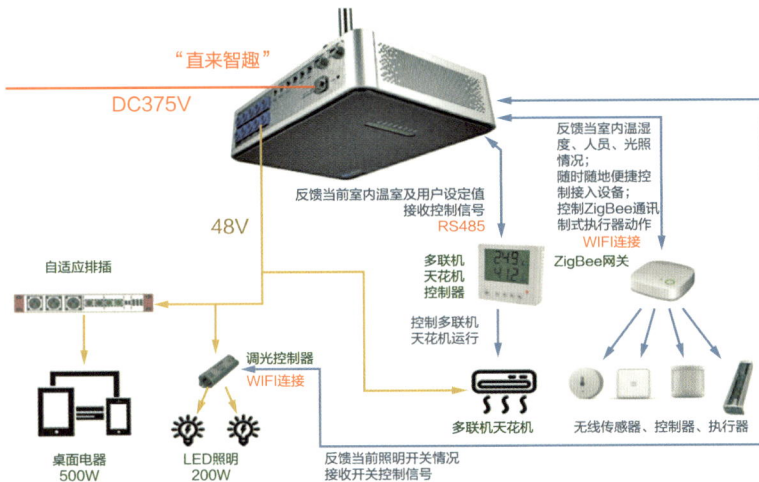

图 4-25　未来大厦直流终端用电系统示意

4.2.1.4　建设者说

问题 1：在光储直柔项目设计、建造或投运后，举例给您留下印象较深的事情？

在"光储直柔"项目中感受最深的是强耦合性。具体来说，未来大厦建设之初国内外都没有可参考的工程案例，直流配电设备和直流电器也比较缺乏。项目团队面临着"无标准、无产品、无案例"的三无困境。幸而行业上下游都有有志于直流配电发展的企业支持，在系统方案设计、直流产品研制以及建设调试等多个阶段都给予了大力的支持。通过产业链上下游企业之间的合作发现，"光储直柔"不仅是建筑领域的事情，换流器、配电设备、用电电器等之间需要紧密的衔接配合才能保障系统的安全稳定运行。这种上下游设备之间的强耦合性在投运后感受更加强烈，例如在配电支路短路测试中，测试人员发现支路短路电流达到了上千安培，直流母线电压也快速跌落，导致了短路故障影响扩大，部分直流电器低电压保护。反思出现这种现象的原因，主要是由于上下级断路器的保护配合不能按照既有交流保护配合的关系设定，以及直流电器的暂态电压范围没有同系统暂态电压范围匹配导致两方面。直流配电系统需要更多的工程项目测试和数据分析摸清这种强耦合性，同时也需要跨行业的标准和产品的协同，降低"光储直柔"系统的实施门槛，推动规模化发展。

问题 2：通过开展"光储直柔"项目建设，您有哪些经验可以给同行分享？

第一，重视逐时动态负荷计算。负荷计算是进行供配电系统电源容量设计与运行策略优化的基础。由于接入了本地可再生能源和储能等分布式电源，直流配电系统中能量的流动不只是从电网到负荷单向流动，而是在市政电网、分布式电源和负载之间流动，建筑与电网的关系也从单向供电转换成了双向互动，因此更强调逐时负荷与分布式可再生电源发电曲线的匹配。科学合理的动态负荷计算能够有效地降低"光储直柔"系统的投资成本，保障经济高效的运行，使"光储直柔"系统成为商业价值闭环的技术选择。

第二，重视直流配用电保护设计。直流配电系统常见的故障包括电击、电弧、短路、断线、接地、过电压、绝缘下降、直流环网和交流窜入等。直流配电系统的供电、配电和用电环节紧密耦合、相互影响，电力电子变换器同系统保护的配合关系非常紧密，同时运行模式相比传统交流电气系统更加多样，加之直流系统的专用保护设备还不尽完善，直流系统保护应在交流系统保护的原则上，结合应用环境的特点和要求进行详细的分析和论证。

第三，重视运行经济性。目前"光储直柔"技术尚处于规模化应用的前期。全国范围内虽然已经有很多建成或在建的工程项目，但对"光储直柔"技术应用的经济性关注，以及如何在现行电价机制下实现"光储直柔"商业价值的工程探索还比较少。希望能够在后续的项目中，一方面关注系统方案的经济性，合理选择系统架构和配置容量，降低投资门槛；另一方面优化运行控制策略，用足用好现行电价机制，提高系统运行收益。为规模化应用探索好的商业模式。

问题 3：您觉得哪些类型或者具备哪些特征条件的建筑，适合优先采用"光储直柔"技术？

"光储直柔"并非单一的技术，而是光伏和储能协同利用的技术组合形式，直流配电是协同光伏和储能的技术手段，柔性是采用这种组合方式和手段的效果或目的。整体来说，我们认为在城市地区有较高比例光伏接入和应用条件的建筑或场景是未来一段时间"光储直柔"应用的主要方向。城市分布式光伏的规模化发展是相对确定的发展趋势。在此趋势下，如何用好分布式光伏发电，让原本的"垃圾电"转变成"绿电"是应用"光储直柔"

的主要目的。其次，由于直流配电在供电安全性和可控性等方面具备一定的优势，因此在一些具有高供电安全和可靠性要求的建筑中，"光储直柔"也是一种经济合理的选择。

问题 4：您觉得推动"光储直柔"建筑规模化发展，需要进一步加强哪些方面工作？

一项新技术的规模化推广一定需要产品、标准、政策等多方面的因素协同，但归根到底"打铁还需自身硬"，"光储直柔"需要在现有外部条件下给用户带来切实的价值！这是"光储直柔"技术规模化发展的内因，也是能否规模化发展的最主要因素。因此，这就需要打造一批能够体现商业价值的实际工程，为行业提供商业操作案例，为产业链上下游企业提供信心。

4.2.2　清华大学节能楼

建设单位：清华大学建筑节能研究中心
设计单位：清华大学建筑节能研究中心
运营单位：清华大学建筑节能研究中心
项目地点：北京市海淀区清华大学
建筑面积：3000m^2
示范面积：600m^2
项目实景图见图 4-26。

建筑实景

直流小屋

智能充电桩

图 4-26　项目实景图

4.2.2.1　项目总览
（1）项目概况

清华大学建筑节能研究中心位于北京市海淀区清华大学校园内，建筑高度约 17m，地上 4 层，地下 1 层，总建筑面积约 3000m^2，地上 2400m^2，地下 600m^2。该建筑主要功能是科研办公，涵盖了办公、会议、实验室等多种功能。"光储直柔"系统改造于2022 年 3 月基本完成，剩余部分直流照明待接入，系统应用范围为大楼二层办公、会议区域，应用建筑面积为 600m^2，后续将逐步扩建为全楼。

（2）建设目标

项目整体定位于实现基本的光伏发电和直流供电功能，并且具备电动汽车柔性充电和储能调节等未来柔性负荷调节手段，更重要的是未来可根据实际需要，灵活调整各控制器策略，以此实现系统不同的要求和建筑—电网互动需求，提供相关平台支持研究工作的开展。

（3）建设内容

本项目建筑"光储直柔"系统包括：建筑光伏系统、储能系统（固定锂电池储能）、直流用电设备（直流空调、直流照明、直流办公设备、柔性直流充电桩）和能量管理系统。整个"光储直柔"系统与市政电网连接，其中直流照明为保障负荷，需时刻保证用户照明需求，电动汽车充电和直流小屋负荷则根据系统电力盈亏状态进行负荷功率调节。项目建设内容见图 4-27。

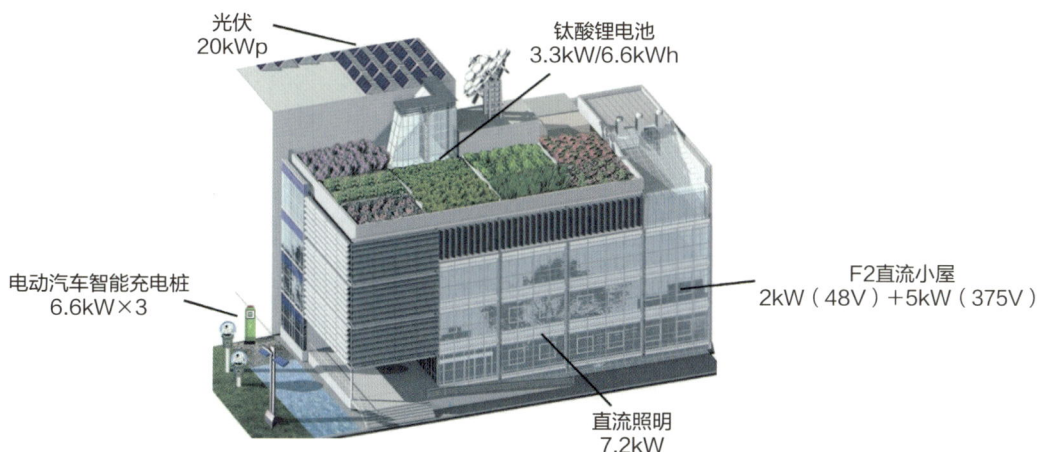

图 4-27　项目建设内容

4.2.2.2　项目技术方案

（1）直流配电系统

本项目直流配电系统采用单级母线架构，系统整体架构见图 4-28。光伏、储能、直流空调和智能充电桩等大功率设备接入 DC375V 直流母线，直流照明灯具、直流办公设备采用 DC/DC 变换器接入 48V 直流母线。

（2）建筑光伏系统

建筑光伏系统采用 BAPV 系统形式（图 4-29（a）），由 48 块最大功率为 425Wp 的单晶硅光伏组件构成，总装机功率为 20kWp，安装于建筑屋顶，分为平铺、斜铺两组。屋顶光伏阵列通过 DC/DC 接入 375V 直流母线，采用最大功率点跟踪（MPPT）运行控制方式。

（3）储能系统

本项目电池储能系统安装在建筑屋顶（图 4-29（b）），由 96 节电压 2.3V、容量 30Ah 的钛酸锂电池串联组成，总容量为 6.6kWh，最大充放电功率为 3.3kW，运行充放电深度为 20%～95%，储能系统对应的转换器效率不低于 98%，并通过非隔离型双向 DC/DC 接入系统 DC375V 直流母线。

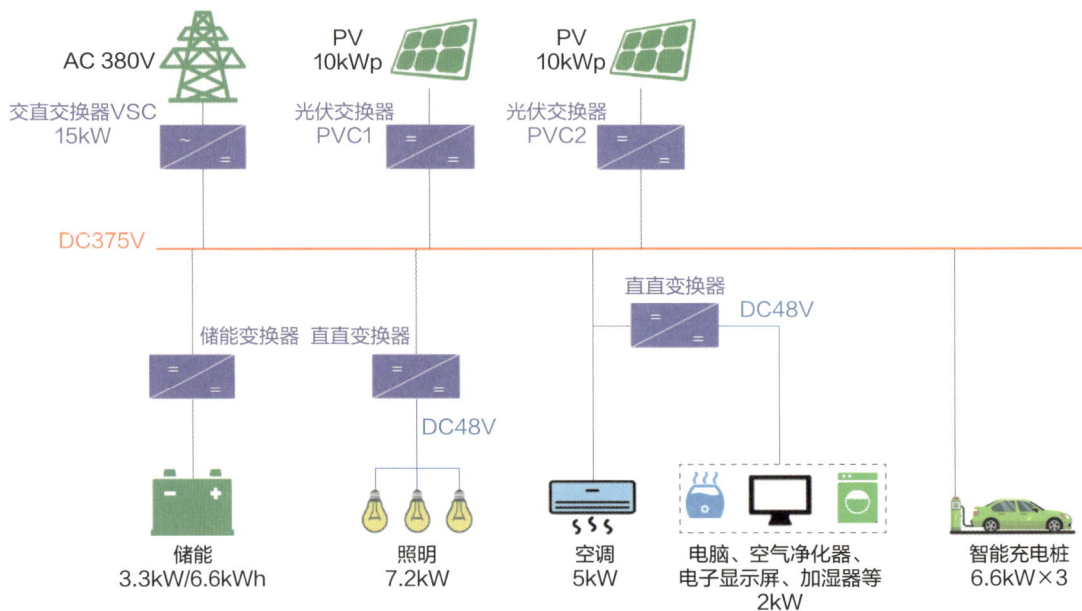

图 4-28　直流配电系统架构示意图

（a）

（b）

图 4-29　光伏、储能实景图
（a）光伏；（b）储能

（4）直流用电场景

项目直流用电场景包括办公照明、空调、办公设备及智能充电桩见图 4-30，直流负载总功率为 30kW。其中：直流照明系统采用了 180 盏 40W 的 LED 照明灯具，照明总功率为 7.2kW；直流空调系统配置了 1 台柜式空调，单台额定制冷量为 9.15kW、额定制冷耗电功率为 2kW；直流办公设备主要包括办公电脑、展示大屏、加湿器、空气净化器、电风扇、直流插座等，办公设备总功率为 1kW；智能充电桩系统配置了三台具备有序充电管理功能的充电桩，单桩功率为 6.6kW，总功率为 19.8kW。在实际运行中，智能充电桩根据直流配电系统的母线电压信号和电动汽车电池容量（SOC）信息控制电动汽车充电功率，配合建筑光伏最大消纳的运行控制目标，实现充电功率的柔性调节。

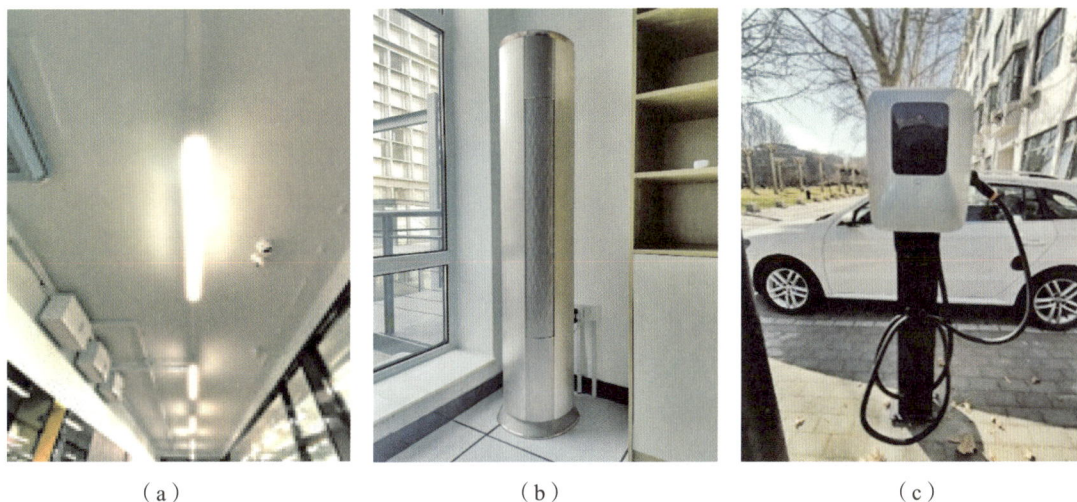

（a）　　　　　　　　　　（b）　　　　　　　　　　（c）

图 4-30　直流用电场景实景图

（a）直流照明；（b）直流空调；（c）直流充电桩

（5）柔性控制系统

本项目采用了基于直流母线电压的自适应控制技术，能够根据上级电网的需求响应信号自动调节分布式光伏、储能蓄电池出力和电动汽车充电功率，实现了建筑用电负荷的柔性调节。末端用电负荷的功率主要根据母线电压的高低进行调节，母线电压根据电网入口 AC/DC 的实际取电功率与电网设定功率间的差值进行调节。

（6）智慧能源管理系统

智慧能源管理系统通过人机交互界面向运维管理人员和开发人员展示系统的实时运行状态、监测数据、监测点布置情况等，系统界面见图 4-31。

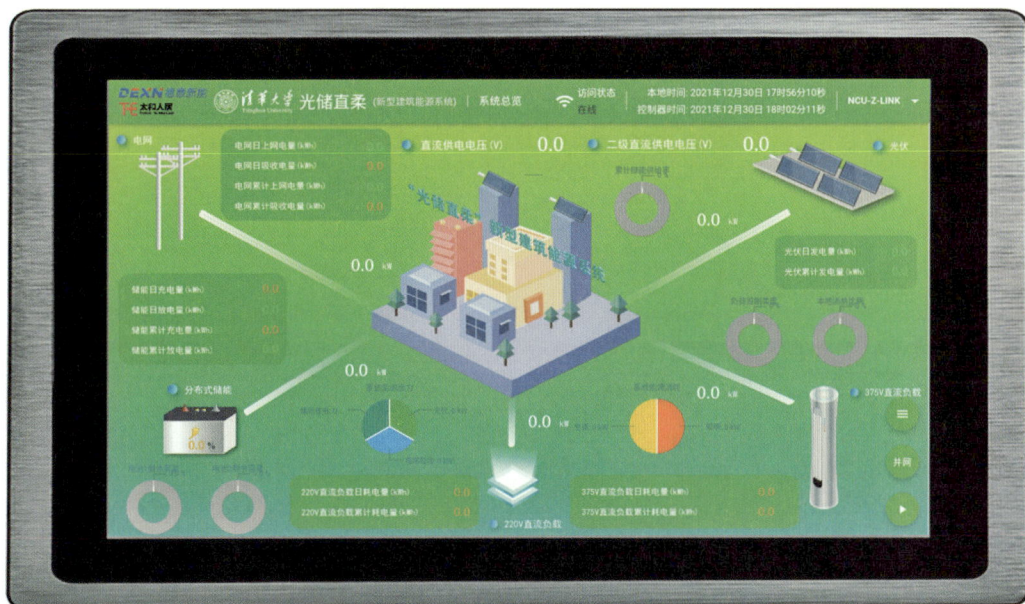

图 4-31　建筑能耗数据管理界面

4.2.2.3　项目实施效果与特点

（1）项目实施效果

该"光储直柔"项目在实施过程中面临的主要难点是在建筑原有交流配电系统基础上，保证施工过程中各交流用电设备的正常使用和项目完成后楼宇内交直流混合系统的安全性。如照明直流改造后与直流母线相连接，需保证母线电压在各个水平下，都能保证楼宇内照明系统的正常运行，另外关于整个直流系统的管理也存在一定难度，需预设计光伏铺设空间、直流改造顺序、线路更换与铺设等内容，便于实现整栋楼的直流化改造。目前建筑"光储直柔"系统已正常运行，满足设计工况范围，光伏、储能、充电桩以及直流电器等均按照设计要求运行，系统整体按照预期的控制策略和控制目标运行，运行数据也已进行了相关验证。按照预设的母线电压调节策略对电压进行调控，系统母线电压和电流均满足电能质量要求，对系统的相关电气安全保护和设备保护也进行了调试验证，可以正常运行。

1）电力供需情况

总电量需求：本项目用电需求主要由建筑用电（空调、照明、其他办公电器）、储能充电和电动汽车充电桩充电三部分组成。根据 2022 年 4 月至 2022 年 12 月运行数据，预测年总用电需求量为 4.96 万 kWh，其中：建筑用电量为 2.20 万 kWh，占总用电需求的 44%；储能充电量为 0.24 万 kWh，占总用电需求的 5%；电动汽车充电桩充电量为 2.51 万 kWh，占总用电需求的 51%。电力需求结构如图 4-32 所示。

本项目电力供应由市政电网、光伏发电、储能放电三部分组成。项目全年总电力供应为 5.18 万 kWh，其中：市政电网供电为 2.69 万 kWh，占总能源供应量的 52%；光伏实际发电量为 2.24 万 kWh，占总能源供应量的 43%；储能放电量为 0.24 万 kWh，占总能源供应量的 5%。电力供应结构如图 4-33 所示。

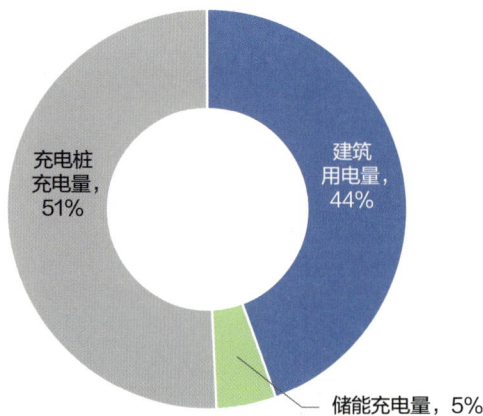

图 4-32　电力需求结构

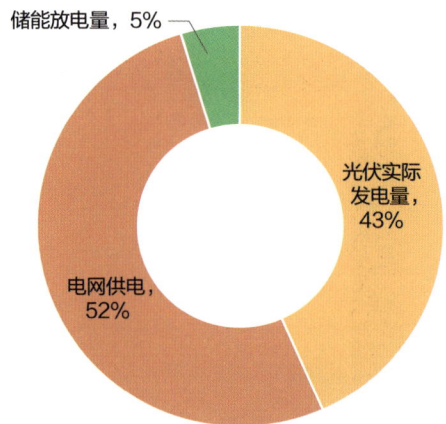

图 4-33　电力供应结构

2）能源供需平衡分析

不考虑项目内部储能的充放电量，项目净用电量（建筑用电量、充电桩充电量）为 4.72 万 kWh，净供电量（光伏发电供建筑本地消纳的电量、电网供电量）为 4.94 万 kWh，其中：光伏发电供建筑本地消纳的电量为 2.03 万 kWh，光伏自给率（光伏发电供建筑本地消纳的电量占净用电量的比例）为 43%，光伏本地消纳率（光伏发电供建筑本地消纳的电量占光伏发电量的比例）为 90%，见图 4-34。可见，对于典型城市办公建筑，建筑屋顶光伏年发电量小于建筑年用电量，光伏发电采用自发自用、本地消纳方式，"光储直柔"系统设计时需重点关注"储"和"柔"，以提高建筑光伏发电本地消纳比例。

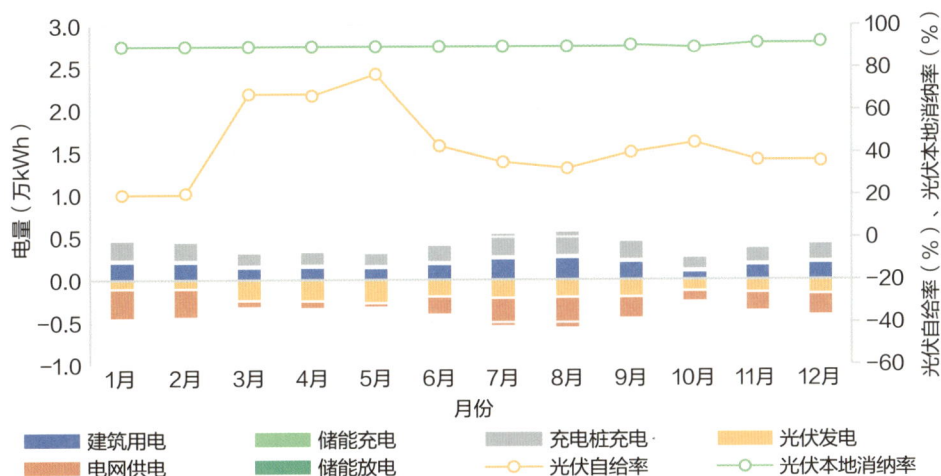

图 4-34　能源供需平衡分析

（2）项目特点

1）不同场景下柔性运行模式

本项目以"光储直柔"工程应用技术的研究与验证为主要目标。在柔性运行模式研究方面进行了未来不同电网需求场景下的运行效果测试（图 4-35）。在电网下达的目标功率为 0（不从电网取电）的情景下，系统通过充电桩和储能柔性调节实现光伏发电最大化利用，通过母线电压调节，在白天光伏发电功率大于建筑用电负荷功率时，充电桩充电以促进建筑本地光伏消纳，光伏发电有多余时储能充电；当光伏发电功率小于建筑用电负荷功率时，储能放电。由于储能容量有限，实际测试工况下，部分晚间负荷依然需要从电网取电满足。在电网下达的目标功率为风光混合发电功率（电网中的风电、光电容量比为 1∶1）的情景下，系统通过充电桩和储能柔性调节实现建筑电力需求响应，在夜间电网中的风力发电充裕时，充电桩以低功率充电来消纳电网中的风力发电；在白天电网中的风力和光伏发电充裕或建筑本地光伏发电充裕时，充电桩以高功率充电来充分消纳风力和光伏发电，风力和光伏发电有多余时储能充电，风力和光伏发电不足时储能放电，最终建筑从电网实际取电功率与电网下达的目标功率吻合度较高，实现建筑—电网的友好互动响应。

2）电动汽车柔性充电

本项目提出了电动汽车充电功率可调节策略，即根据母线电压、汽车返回 SOC 值调节电动汽车充电功率，具体通过两个特征参数 k_1、k_2 控制充电功率与母线电压的响应规律和变化趋势。本项目研究人员利用真车进行了充电功率调节测试（图 4-36），测试结果显示，充电功率控制的偏差小于 1%，可实现根据母线电压进行柔性调节汽车充电功率的控制目标，且满足电能质量要求。

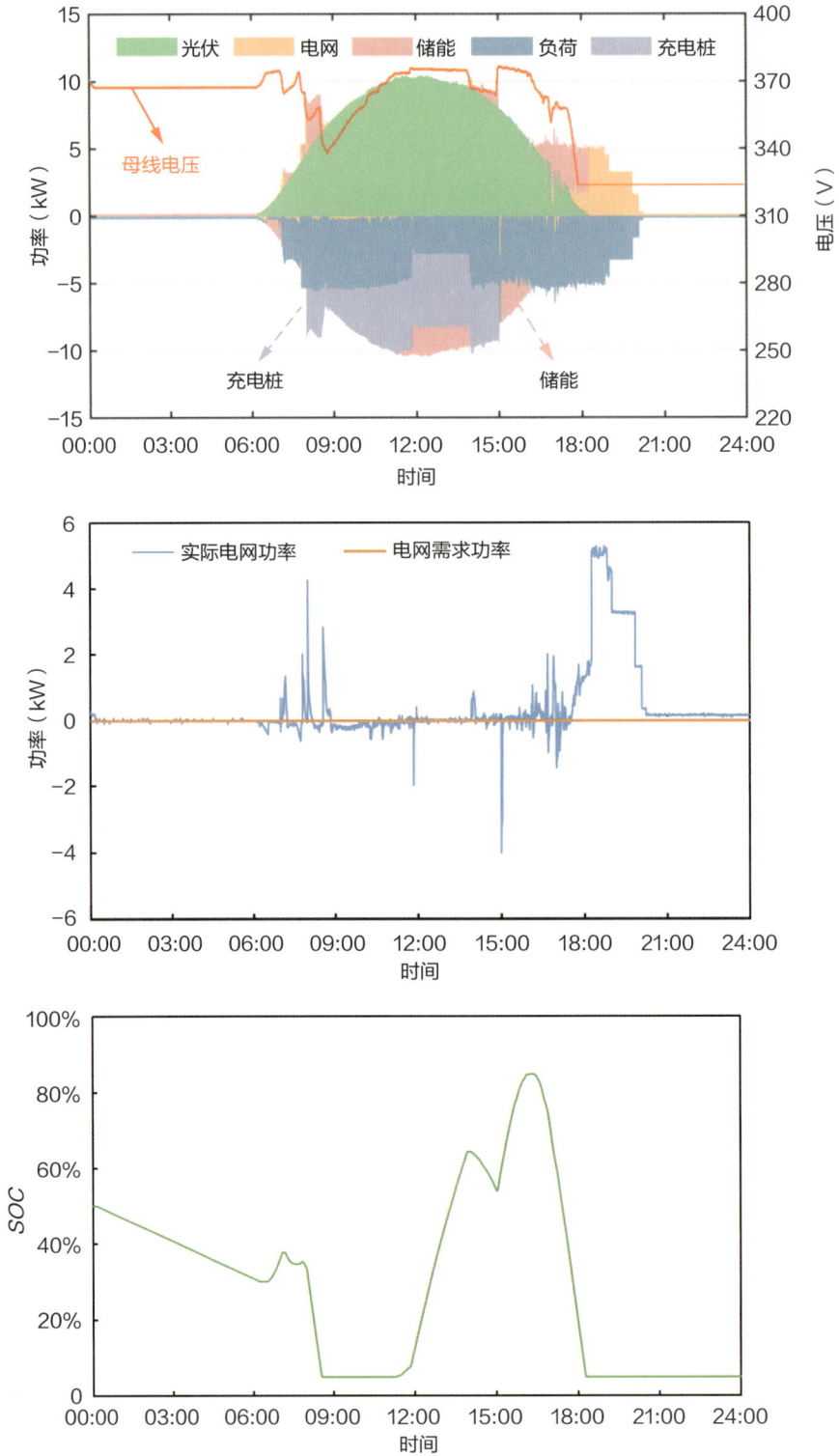

（a）

图 4-35 不同预期场景下系统运行情况（一）

（a）电网下达的目标功率为 0（不从电网取电）

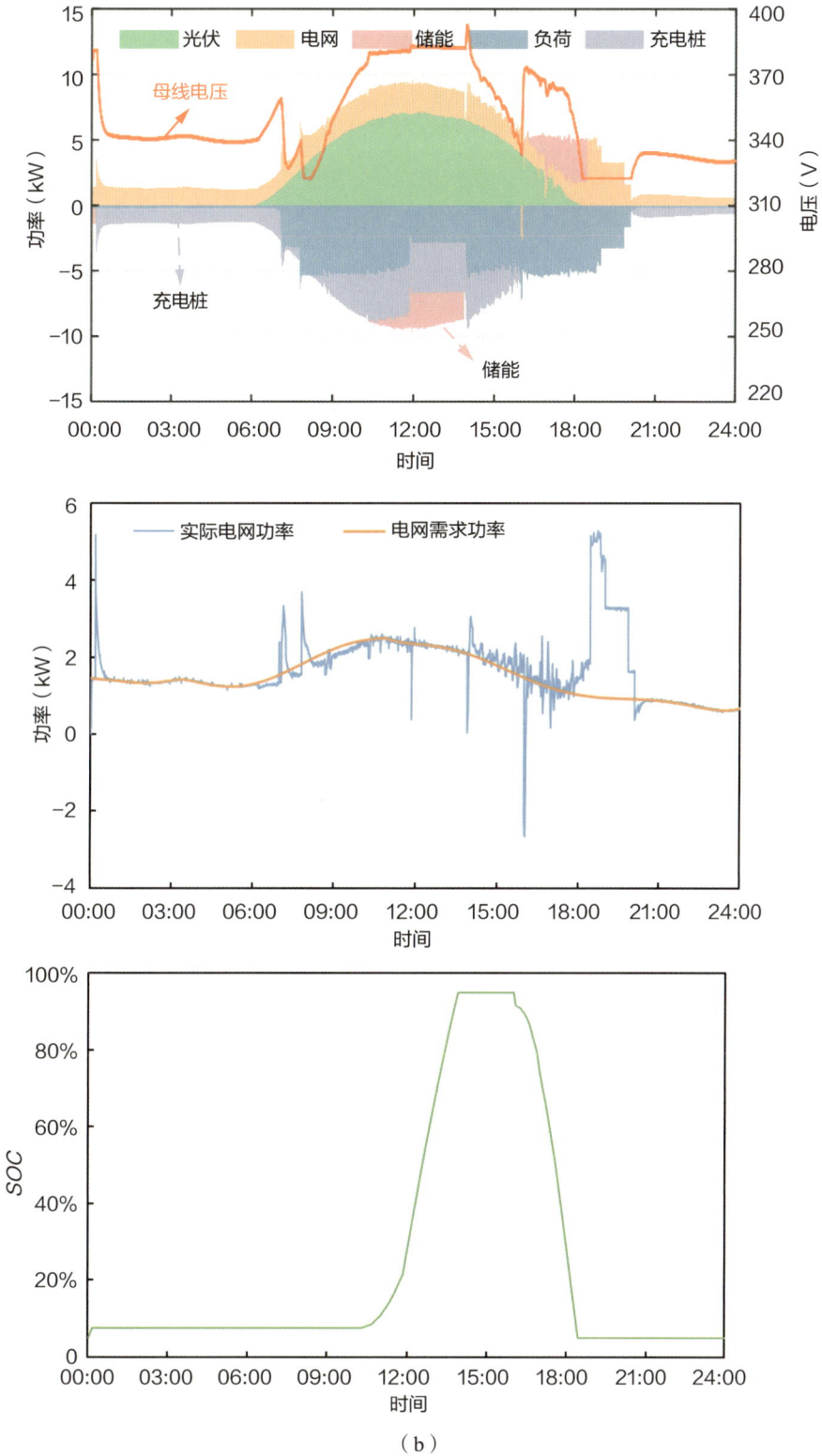

（b）

图 4-35 不同预期场景下系统运行情况（二）

（b）电网下达的目标功率为风光混合发电功率（风电、光电容量比＝1∶1）

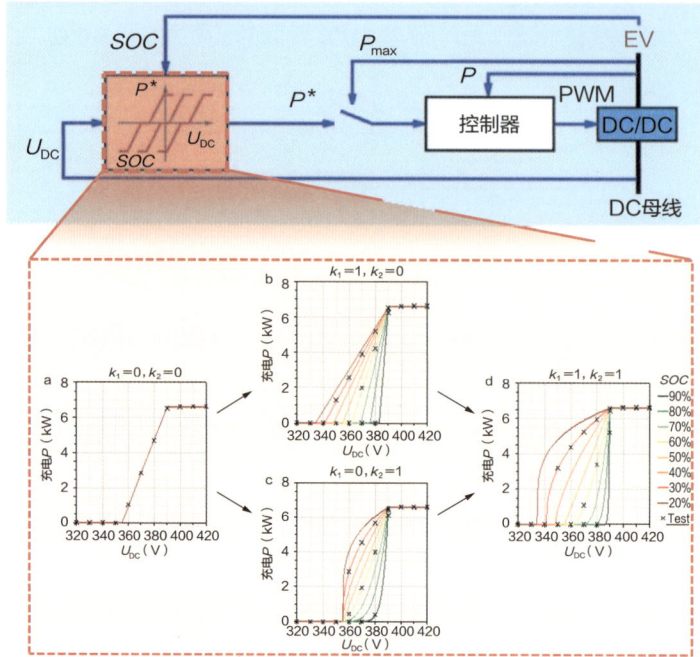

k_1 和 k_2 控制策略曲线形态

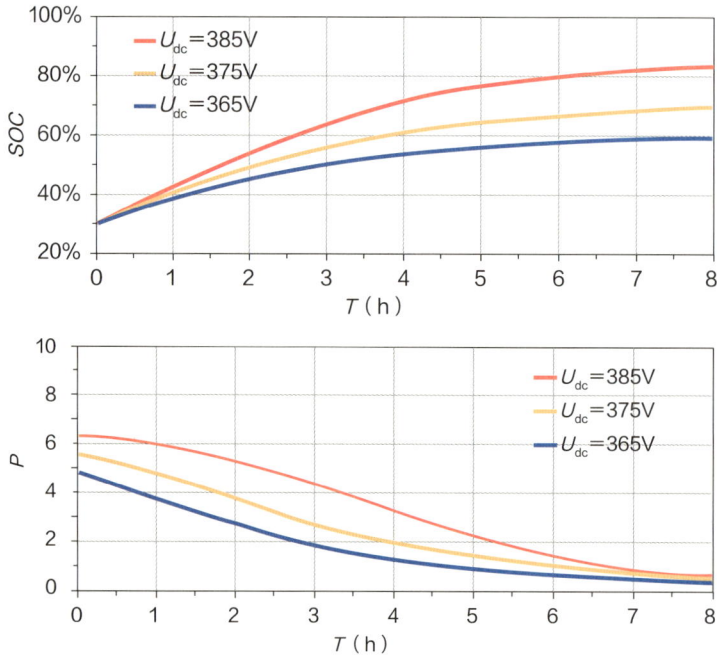

* 仅单向充电

图 4-36　智能充电桩调节原理和实测结果

4.2.2.4　建设者说

问题 1: 在光储直柔项目设计、建造或投运后,请举例说明给您留下印象较深的事情。

清华大学超低能耗示范楼(清华大学建筑节能研究中心所在地)建成于 2005 年,

是国家"十五"科技攻关项目"绿色建筑关键技术研究"的技术集成平台，是北京奥运建筑的"前期示范工程"，已成为我国建筑节能先进理念、发展方向、重要思想、关键技术等的策源地。在国家"碳达峰""碳中和"背景下，研究中心立足"建筑节能"迈向"建筑低碳"开展研究工作和工程实践，对该建筑进行了"光储直柔"改造，已实现电力低碳供给、用电直流化、供需柔性匹配等关键要素，该建筑也成为"光储直柔"关键技术的集成实验与示范平台。一直以来，研究中心的老师同学们将其作为建筑节能低碳领域新技术的试验田，自己动手、大胆实践、深入分析，对诸多新技术的研究与普及起到了重要推动作用。

问题 2：通过开展"光储直柔"项目建设，您有哪些经验可以分享给同行？

"光储直柔"系统是未来可支撑零碳能源发展的新型建筑能源系统，近年来在国家"双碳"目标的背景下，"光储直柔"也得到了政策支持和广泛关注。然而，在实际项目中也有诸多问题有待探讨。目前建筑直流配用电设备和系统的成熟度还不如交流，因此实际工程往往倾向于采用交直流混联的系统。现阶段如何权衡两者，使交流、直流能够分别充分发挥自身优势，这对于不同的项目可能有不同的答案。其中，光伏和充电桩系统的直流化成熟度较高，而建筑内各类电气设备的直流化程度暂时较低，因此建议可以先行推动前者的直流化及柔性用能。另外，节能楼项目的实践也证实了电动汽车和光伏一同接入建筑配电网是一种较好的方式，一方面电动汽车可以为建筑提供较大的等效储能能力，另一方面建筑配电网可在不增容的情况下满足电动汽车的充电需求，两者相互促进，实现了 1＋1＞2 的效果。再者，"光储直柔"技术的核心是实现柔性用能，目前节能楼可以实现按照指令曲线向电网取电，但是依旧没有形成可广泛推广应用的建筑—电网交互方式和机制，这一点是"光储直柔"发展的瓶颈问题，也有待未来进一步开展工程技术创新与实践。

问题 3：您觉得哪些类型或者具备哪些特征条件的建筑，适合优先采用光储直柔技术？

首先，对于有大量安装空间及光伏接入便利的建筑适宜推广"光储直柔"技术，充足的光伏容量可为建筑引入大量清洁电力，有利于实现低碳运行目标。其次，如果建筑周边有较多停留车辆，可大量配置智能充电桩，或带有储能空调系统等各类柔性用能资源，也适宜发展"光储直柔"技术。在实现充分消纳新能源发电量的基础上，还可以实现建筑向电网柔性取电，以及建筑和电网的友好互动。另外，对于容易推动直流配用电改造的建筑也适宜采用"光储直柔"技术，可减少交直流变换导致的电力损失，利用直流微网的系统形式和控制策略，有助于推动"储"和"柔"相关工作的开展。

问题 4：您觉得推动"光储直柔"建筑规模化发展，需要进一步加强哪些方面工作？

一方面，需加快"光储直柔"系统中各类关键设备的开发，主要包括各类直流电气设备（如直流家电，直流智能充电桩，直流冷机、风机、水泵等）和各类直流配电设备（如电力电子变换器、开关、断路器等），形成完备的"光储直柔"关键设备群，供设计单位、消费者选择；另一方面需加强宣传，随着技术发展，"光储直柔"建筑已经在一定程度上具有经济性，因此更应该加强宣传推广，让业主、设计单位、用户等主体认识到"光储直柔"的各类优势并愿意参与其中，构建起"光储直柔"社群，实现良性循环。

4.2.3　南京国臣办公楼

建设单位：南京国臣直流配电科技有限公司
设计单位：南京国臣直流配电科技有限公司
运营单位：南京国臣直流配电科技有限公司
项目地点：江苏省南京市江宁高新园区福英路 1001 号联东 U 谷
建筑面积：2000m²
示范面积：2000m²
项目实景图见图 4-37。

图 4-37　项目实景图

4.2.3.1　项目总览

（1）项目概况

南京国臣办公楼位于江苏省南京市江宁高新园区福英路 1001 号联东 U 谷，共 2 栋建筑（9 号楼、10 号楼），建筑高度约 20m，地上 3 层，总建筑面积约 2000m²，地上1 层为展厅，2 层和 3 层为办公区域。

（2）建设目标

本项目以实现建筑低碳和全直流运行为目标，通过对楼宇交流配电系统及用电设备进行直流化改造，开展了建筑直流配电系统的网络架构、系统保护、传输能效、电能质量、安全防护、潮流控制及直流设备优化控制等方面的应用研究与探索，实现了楼宇全直流配电及负荷全直流用电。同时，在 9 号楼及 10 号楼建筑屋顶安装分布式光伏系统降低建筑碳排放，并增加电池储能系统和充电桩调节建筑用能供需平衡，是对建筑"光储直柔"系统进行的一次较为全面的应用探索，为后续实际推广应用"光储直柔"系统提供了理论支撑和实践经验。

（3）建设内容

本项目"光储直柔"系统的建设内容包括：建筑光伏系统、储能系统、直流配电系统和柔性控制系统。直流配电系统采用交流电网、光伏、储能多种能源接入，为楼宇的供电可靠性提供保障；母线电压采用 DC600V，新能源发电直接消纳，减少能量变换层级、降低线路损耗，实现高效消纳；通过双向直流充电桩、分布式储能，平抑建筑用电峰谷波动、提高供电可靠性，同时具备电网侧需求响应能力；通过电压带调节，实现了无通信、自适应的控制；系统运行数据可观、可测、可控，给楼宇智能化提供基础条件。项目建设内容及规模见图 4-38。

图 4-38 项目建设内容

4.2.3.2 项目技术方案

（1）直流配电系统

直流配电系统采用单级母线架构（图 4-39），配电系统设计容量为 80kW。太阳能电池阵列经汇流箱汇流后，通过光伏 DC/DC 变换器接入 DC600V 直流母线；铅酸电池储能系统通过双向 DC/DC 换流器接入 DC600V 直流母线；光伏发电优先供直流负荷消纳，光伏发电剩余时可给储能充电或是并入 AC380V 低压母线侧供交流负荷消纳；光伏发电不足时，由市电、储能补充供电。4 台 12kW 的空调设备通过主动式保护装置或一体化直流配电单元接入 DC600V 直流母线。直流充电桩通过 DC/DC 变换器接入 DC600V 直流母线。直流 DC600V 母线通过 DC/DC 变换器转换为 DC220V 直流电，为室内照明、办公电脑、投影仪、冰箱、电磁炉、饮水机等用电设备供电。

（2）建筑光伏系统

本项目光伏系统采用 BAPV 形式（图 4-40），光伏组件安装在 9 号楼及 10 号楼建筑屋顶，由 2 组 400m²、24kWp 的多晶硅光伏组件组成，总安装面积 800m²，总装机功率为 48kWp。光伏系统配置了 2 台 20kW 的光伏 DC/DC 变换器，总功率为 40kW，具备 MPPT 自动运行控制和限功率运行功能。光伏组件通过 DC/DC 变换器接入 DC600V 直流母线，并通过柔性双向 AC/DC 变换器并入市政电网 AC380V 低压侧。光伏发电优先供直流负载使用，多余的光伏发电通过 AC/DC 变换器转换成交流上网。

（3）储能系统

储能系统由 6 组铅酸电池组成（图 4-41），第一组容量 42.24kWh，第二组容量 33.06kWh，第三组容量 34.8kWh，第四组容量 33.06kWh，第五组容量 20.52kWh，第六组容量 20.52kWh，总容量 184.2kWh。储能系统配备 6 台双向储能 DC/DC，每台容量 20kW，总功率为 120kW，储能电池通过双向 DC/DC 变换器接入 DC600V 直流母线。

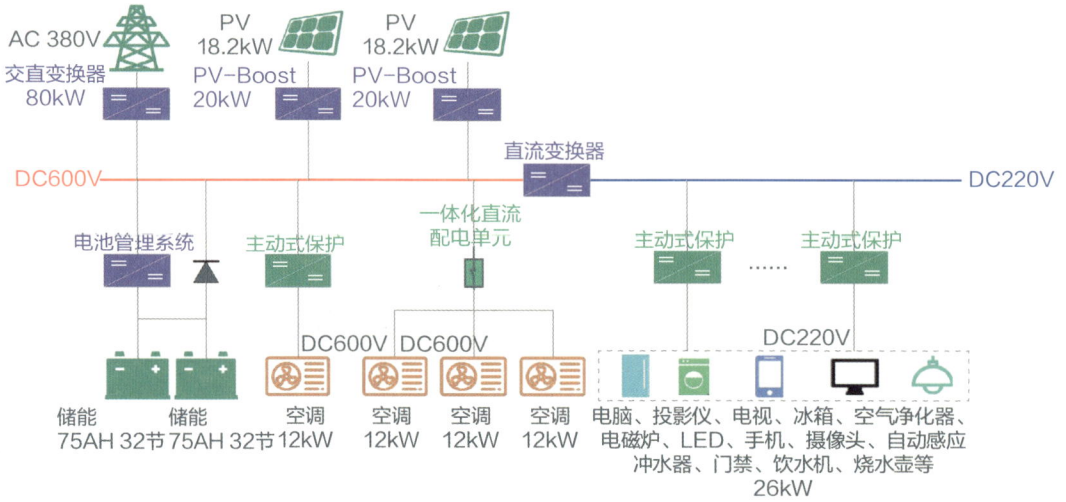

图 4-39　配电系统拓扑结构示意图

图 4-40　光伏系统实景图

图 4-41　储能电池组

（4）柔性系统控制

本项目柔性控制系统采用基于电压的柔性控制策略（表4-3），可实现根据直流母线电压大小对光伏、储能、电网的实时出力进行经济调度和负荷匹配。"光储直柔"系统正常运行时采用经济运行模式，可以实现发电、用电、储电利益最大化。运行模式为：建筑负荷优先由光伏系统供电，光伏发电量多余时由储能电池存储，储能充满后仍有多余的光伏发电量上网；光伏发电量不足以满足建筑负荷需求时，优先由储能电池放电补充，仍不足时由市政电网补足。当市政电网断电时，自动切换为离网运行模式。

建筑直流系统运行模式　　　　　　　　　　　　　　　表 4-3

光伏状态	楼宇直流运行模式	储能单元状态	PV-BOOST
PV 发电量＞建筑负荷用电量	光伏优先给负荷供电，多余发电量给储能单元充电	充电	MPPT 跟踪
PV 发电量＜建筑负荷用电量＜PV 发电量＋储能放电量	光伏优先给建筑负荷供电，不足部分由储能单元放电补充	放电	MPPT 跟踪
PV 发电量＋储能放电量＜建筑负荷用电量	光伏优先给建筑负荷供电，不足部分由储能单元放电补充，仍有不足的由市政电网供电	放电	MPPT 跟踪
PV 故障	储能单元给负荷供电	放电	停机

（5）直流用电设备

本项目直流用电设备包括LED照明、插座、中央空调、冰箱、微波炉、空气净化器、净水器、排风机、投影仪、自动冲水便池、烧水壶等及直流充电桩，如图4-42所示。直流用电设备总功率约94kW，其中直流柔性充电桩（电动汽车用）功率为20kW，直流空调功率为48kW，其他直流设备功率为26kW。

图 4-42　直流用电设备实景图

（6）保护装置

本项目采用了一体化直流配电单元及直流主动式保护装置，实现了对各类故障的准确识别、快速响应和故障隔离。

1）一体化直流配电单元：主要用于直流进线和直流馈线的各种故障保护跳闸和告警的装置（图4-43）。本装置通过控制励磁脱扣器使断路器脱扣，电动操作机构进行故障合闸恢复运行，基于一体化配电单元的直流配电系统，可以达到直流配电保护要求的快速、可靠、灵敏、准确动作要求，实现电流保护、电压保护、接地漏电流保护、过负荷热保护、逆功率保护以及开入量联锁保护等功能。

图 4-43　一体化直流配电单元

2）直流主动式综合保护：本项目在楼宇直流配电系统的照明支路和插座支路，加装了直流主动式保护装置（active comprehensive protection，ACP），如图4-44所示。ACP将保护集成在电力电子变换器中，基于电力电子变换器的拓扑结构和电力电子器件的内部运行机理，将保护动作"融于"器件控制逻辑，超前动作于短路故障或大电流故障，可实现接地故障的主动隔离，达到电源侧、母线侧、负荷侧互不影响的目的，有效限制故障影响范围，并对其他不正常运行状态进行报警，避免其发展成故障状态。以短路状态为例，ACP 可在数百微秒内完成馈出锁闭，从而达到保护支路的目的。

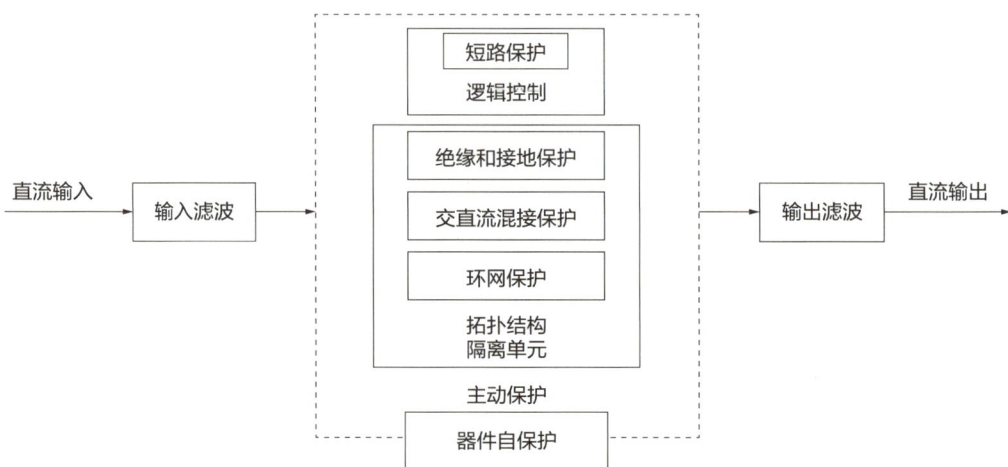

图 4-44　ACP 功能图

4.2.3.3　项目实施效果与特点

（1）项目实施效果

本项目"光储直柔"系统可以实现按照直流母线电压对光伏、储能、电网和柔性用电负荷的经济运行调度，直流母线电压能稳定在设定的电压带（DC500～630V）内，各负荷能在电压带内正常工作。

1）用电需求情况

本项目总用电需求量主要由建筑用电（空调及其他）、储能充电和充电桩充电三部分组成。根据 2021 年 1 月至 2021 年 12 月运行数据，年总用电需求量为 9.09 万 kWh，其中：建筑用电量为 6.93 万 kWh，占总用电需求的 76%；储能充电量为 1.88 万 kWh，占总用电需求的 21%；充电桩充电量为 0.28 万 kWh，占总用电需求的 3%，如图 4-45 所示。

2）电力供应情况

本项目电力供应由市政电网电力、光伏发电、储能放电三部分组成。项目全年总电力供应为 9.6 万 kWh，其中：市政电网供电量为 3.75 万 kWh，占总能源供应量的 39.1%；光伏发电量为 4.25 万 kWh，占总能源供应量的 44.2%，光伏发电量中供建筑使用的电量为 3.46 万 kWh，多余的光伏发电量弃用，光伏自用率为 81%；储能放电量 1.61 万 kWh，占总能源供应量的 16.7%，如图 4-46 所示。

3）能源供需平衡分析

本项目总能源需求量 9.09 万 kWh，总能源供应量 9.61 万 kWh，总能源供应量比总能源需求量大 0.52 万 kWh，主要是由于电力输配损耗导致的能量损失。

本项目建筑净用电量（建筑用电量、充电桩充电量）7.21 万 kWh，净供电量（光伏发电供建筑本地消纳的电量、电网供电量）为 7.21 万 kWh，其中：光伏发电供建筑本地消纳的电量为 3.46 万 kWh，光伏自给率（光伏发电供建筑本地消纳的电量占净用电量的比例）为 48%，光伏本地消纳率（光伏发电供建筑本地消纳的电量占光伏发电量的比例）为 81%；电网供电量为 3.75 万 kWh，电网供电量占建筑净用电量的 52%，如图 4-47 所示。可见，对于典型城市办公建筑，建筑自身光伏发电量无法覆盖全部建筑用电量需求，建筑光伏发电采用自发自用、本地消纳方式，"光储直柔"系统设计时需重点关注储能和负荷柔性调节，以提高本地光伏消纳比例。

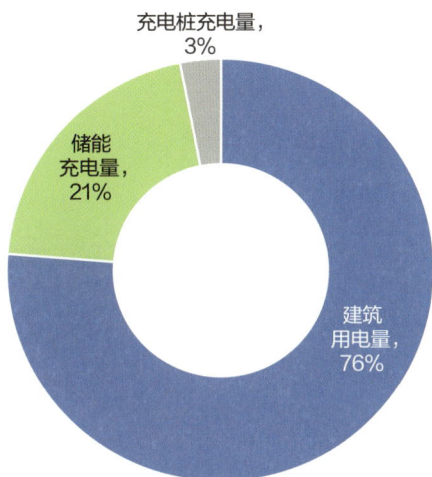

图 4-45 用电需求结构

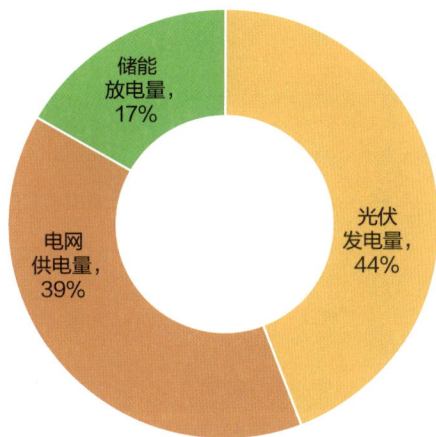

图 4-46 电力供应结构

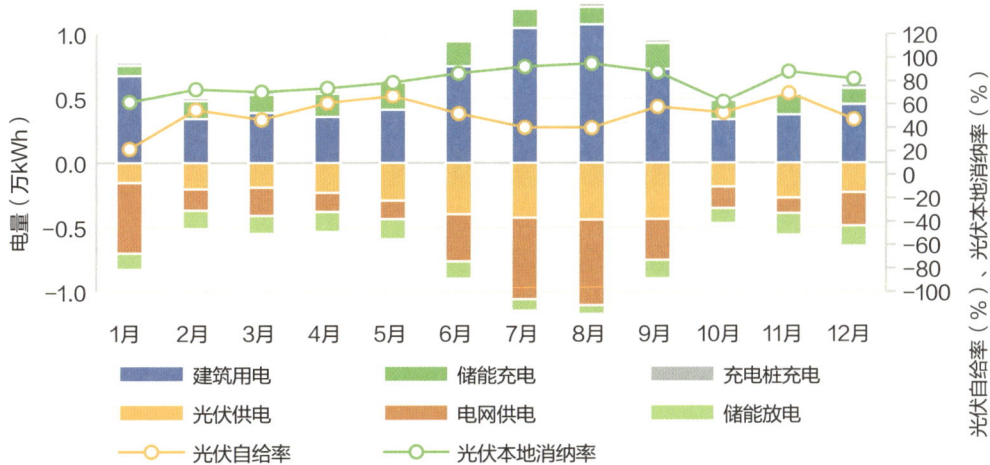

图 4-47 建筑能源供需平衡分析

（2）项目特点

1）既有建筑用电设备全直流化改造

本项目末端直流用电设备均是通过交流设备直流化改造实现，由于现有交流用电设备电压等级变化范围较大，本项目采用 DC600V 和 DC220V 两级直流电压供电，配合直流灭弧技术的应用，较好地解决了不同电压等级用电设备的接入问题，最经济地实现了楼内办公及生活类负荷的全直流供电。

2）基于直流电压的"光储直柔"系统柔性控制策略

本项目柔性控制系统采用基于电压的柔性控制策略，通过直流配电调度与监控系统对光伏、储能、电网的实时出力进行经济调度和负荷匹配，如图4-48所示。该系统通过对直流电压的监测来判断光伏、储能和AC/DC变换器的运行状态，并进行合理切换，运行结果表明此种控制策略可以实现对光伏的充分利用及对电压的有效控制，极大地提高了系统运行的经济性和节能减排效果。

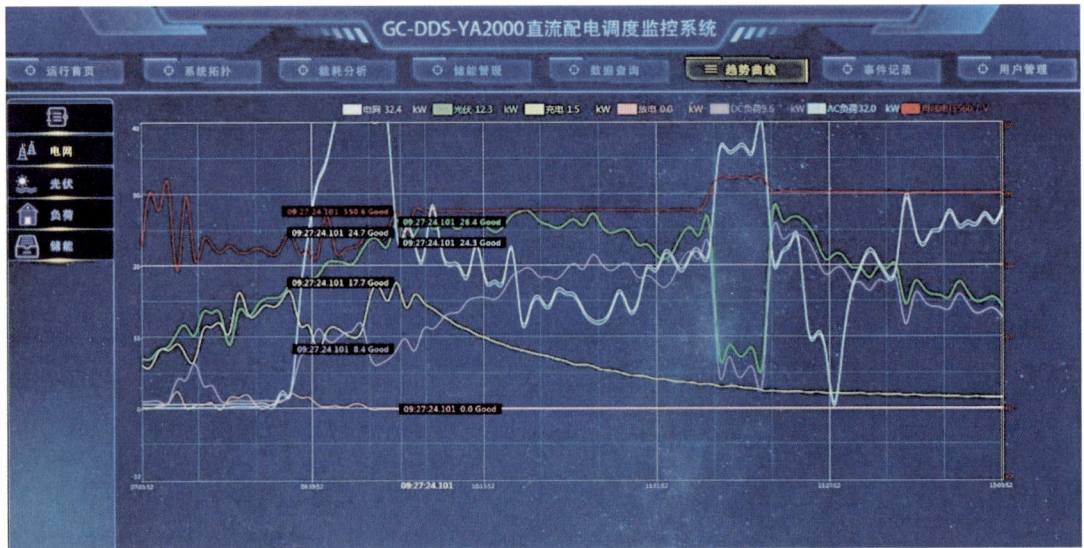

图4-48　典型日光伏、储能、电网、负荷运行曲线图

3）动力电池梯次利用实现削峰填谷经济运行

项目中储能系统采用的是动力电池梯次利用，可以缓解回收压力、减少环境污染、提升经济效益，并对可再生能源的应用起到促进作用。

4）电动汽车双向充放电实现与电网友好互动

项目针对电动汽车和电动自行车分别配置了双向直流充电桩，为光伏新能源的就地消纳提供了更灵活的应用场景，同时又保障了员工不同交通出行方式的需求。

4.2.3.4　建设者说

问题1：在"光储直柔"项目设计、建造或投运后，举例给您留下印象较深的事情。

在南京国臣"光储直柔"系统设计过程中，"光储直柔"概念还没有提出来，没有"光储直柔"系统设计的相关标准，需要主动去搜寻可参考的标准，同时在设计中不断地摸索、优化、改进，从非标到完成设计，需要通过实践去检验。项目建成投运后令我印象深刻的事情有：

① 近两年夏季限电阶段，上班时间会突然发现园区车位都空着了，起初不清楚是停电下班了，因为我们办公楼"光储直柔"系统会自动运行在离网模式，照明、空调、电脑等负荷都正常运行。

② 项目装修阶段交直流插座没有做好标识，安装公司的电锤直接插在DC220V插座上，设备正常工作。

③ 在投运后，特别是 2022 年夏天多地出现高温用电紧张情况，园区开始限电，有业主租 100kW 柴机，每天 1100 元租金，柴油费约 300 元 /h，每天约 3000 元。10 天成本约 4 万元，国臣办公楼平时由光伏供电，剩余光伏电可存入储能机房，在市电停电时还可由光伏及储能形成离网系统持续为办公楼供电，形成柔性直流微电网。保证了日常办公需求，同时按 1kg 柴油燃烧产生 $3.1863kgCO_2$，一台 100kW 柴机排碳 1200kg 以上，真正意义上实现节能减排！

问题 2：通过开展光储直柔项目建设，您有哪些经验可以给同行分享的？

① 新建项目建议全部采用直流配电系统，可充分利用柔性调节能覆盖的容量来适当降低变压器的容量选型，也可减少电缆通道的尺寸，减少配电系统的电缆用量，降低建筑配电系统的建设成本。后期的配电系统运维工作更简单。

② 改造项目建议考虑局部直流配电系统，优先将照明、空调及新建充电桩负荷接入直流系统。

③ 项目的建设要充分考虑系统的建设成本和可落地性，系统拓扑、电压等级的设计要优先考虑项目的规模和负荷配套，用户使用越简单越好。

问题 3：您觉得哪些类型或者具备哪些特征条件的建筑，适合优先采用光储直柔技术？

答：现阶段"光储直柔"更适合于新建建筑、高供电可靠性要求建筑、高负荷消纳建筑以及既有公共建筑，通过建筑自身或者周边建设光伏，发电量能基本满足自身的用电量需求更好，可充分发挥直流系统的运行效率优势。

问题 4：您觉得推动"光储直柔"建筑规模化发展，需要进一步加强哪些方面的工作？

① 标准化问题。目前国家尚未颁布分布式光伏低压直流接入标准，有的地区出现"野蛮发展"现象，严重危害电网的安全稳定运行，同时侵占大量的变压器容量，堵住后续分布式发展的道路。

② 政策配套问题。以地产开发商为代表的业主方，需要更明确的政策要求或者补贴机制作为激励。

③ 典型设计问题。设计院需要有"光储直柔"相关的标准、典型设计图集作为设计依据，电源及配电系统的设备生产厂家也需要有相关标准可参照。

④ 直流负荷配套问题。直流家电大规模应用方面，目前负荷直流化技术难题已经攻克，且成本不高，新建建筑可直接使用，但既有建筑改造会出现部分家电无法使用的情况。建筑负荷直流化是就地消纳和柔性用电控制的必要条件，有别于配电系统的系统化设计和供货，作为用户自己选购的产品，市场上需要有足够多的末端产品配套及消费渠道。

问题 5：谈谈您的"光储直柔"建筑使用体验。

① 使用"光储直柔"系统以后，用电的可靠性提高了，园区限电时，"光储直柔"系统可以运行在离网模式下，同时电费降低了。

② 系统和产品的设计细节很重要，实际使用过程中，通过调整光伏组件角度和优化 MPPT 的策略，发电效率大幅度提高。

4.2.4　珠海格力光伏未来屋

建设单位：珠海格力电器股份有限公司
设计单位：国创能源互联网创新中心（广东）有限公司
运营单位：国创能源互联网创新中心（广东）有限公司
项目地点：广东省珠海市香洲区格力电器股份有限公司厂区内
建筑面积：560m^2
示范面积：560m^2
项目效果图见图4-49。

图 4-49　项目效果图

4.2.4.1　项目概览
（1）项目概况

光伏未来屋社区位于广东省珠海市格力电器总部，是格力在华南地区打造的一个"光储直柔"研发及实证基地。"光储直柔"系统应用范围覆盖整栋建筑，总建筑面积为560m^2，建筑高度约7m，地上3层，其中地上1层为实验办公展示功能，2～3层均为日常办公功能。项目始建于2015年，分五期建成，由22个集装箱组成，涵盖家居、办公、会议等多种应用场景。项目实景图见图4-50。

图 4-50　项目实景图

（2）建设目标

项目整体定位为不仅能实现基本的光伏发电和直流供电功能，还具备开放的控制接口，可以根据实验需要灵活设计和调整控制策略的"光储直柔"系统研究与实验平台，主要用于用户侧能源互联网系统架构及关键共性技术与核心部件、装备等的研发与验证，同时开展家居、办公、会议等多样化的直流用电场景应用示范与验证。

（3）建设内容

"光储直柔"系统建设内容主要包括直流办公系统、光储充立体车库、直流微数据中心系统、直流家居社区系统、光伏幕墙、太阳能路灯，项目建设内容示意图见图 4-51。

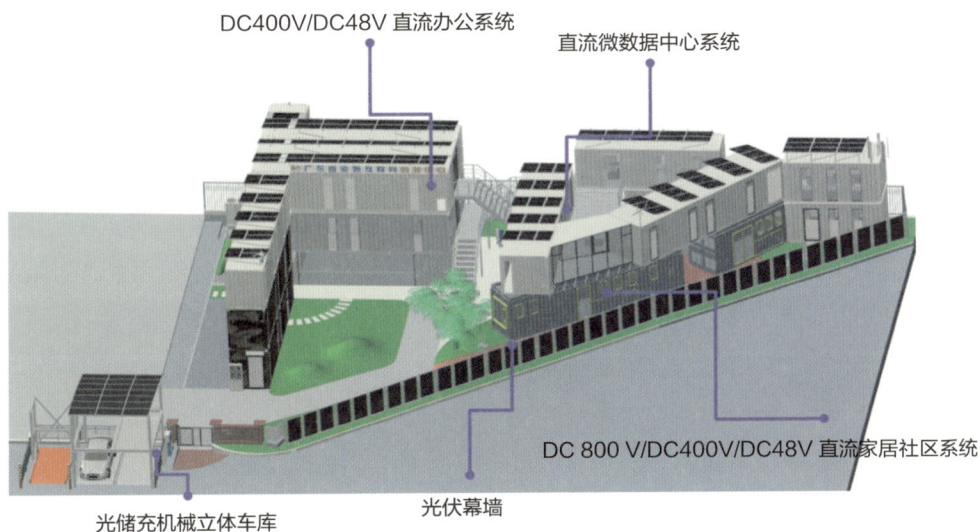

图 4-51　项目建设内容示意图

4.2.4.2　项目技术方案

（1）系统整体解决方案

社区直流配电系统采用能量路由器系统，直流母线电压采用 DC800V、DC400V、DC48V 三种电压等级，系统架构见图 4-52。光伏、储能、空调、电动汽车充电桩通过户用柜接入分中心能源路由器，再通过分中心能源路由器接入社区能源路由器。

建筑屋顶安装了 55.8kWp 的单晶硅光伏组件（图 4-53），储能系统采用了 120.86 kWh 的户用钛酸锂储能电池（图 4-54），建筑直流用电设备包括空调、电脑、风扇、冰箱等办公设备（图 4-55），总功率为 135kW，实现了建筑光伏发电、储能、用电。

（2）智慧能源管理系统

社区以智慧能源管理系统（IEMS）平台为支撑（图 4-56），实现精细化能源应用管理，可实现对灯光、空调的实时控制，也可实时监控各区域、各类设备的运行状态、电流、电压、运行功率等数据，可实现远程运行控制和故障预警等功能。该系统还可以展示"光储直柔"系统各建筑单元的碳排放量、光伏发电及上网电量、储能累计充放电、电网供电、建筑用电负荷等实时数据和历史数据，还可结合监测数据进行运行情况分析。

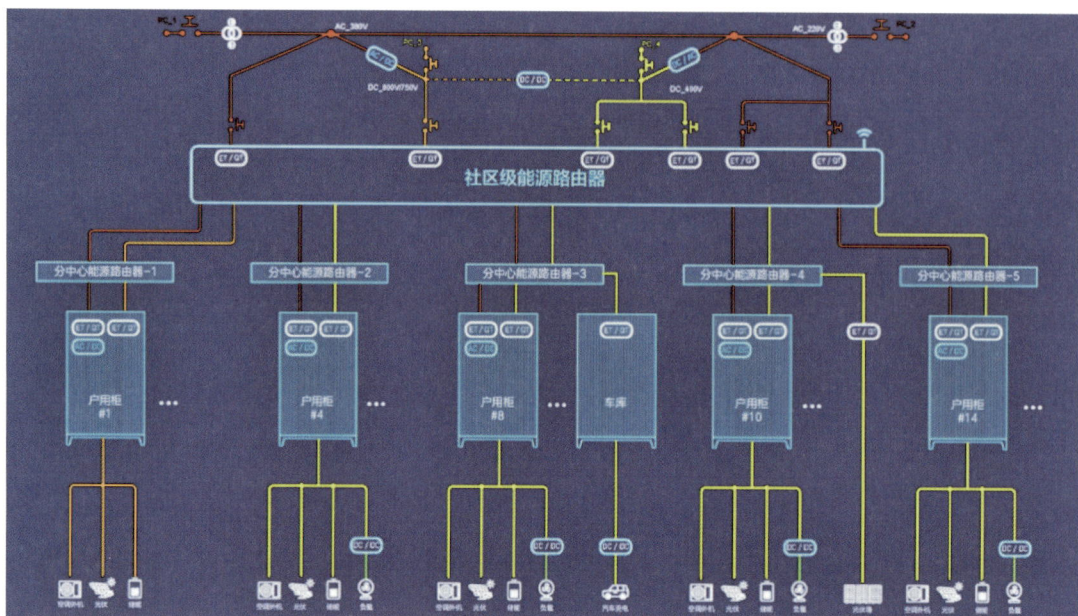

图 4-52　系统架构

图 4-53　光伏系统实景图

图 4-54　储能系统实景图

图 4-55　直流电器

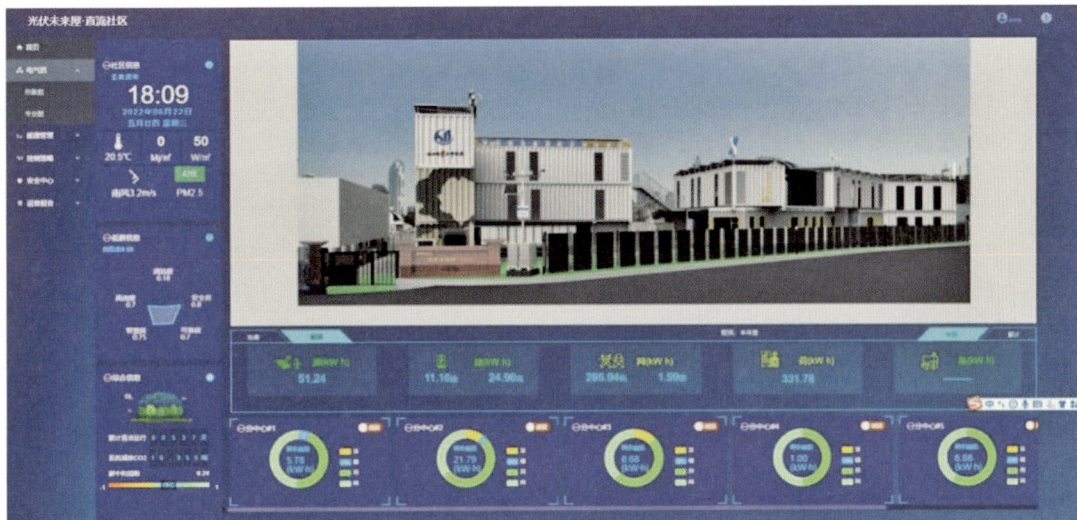

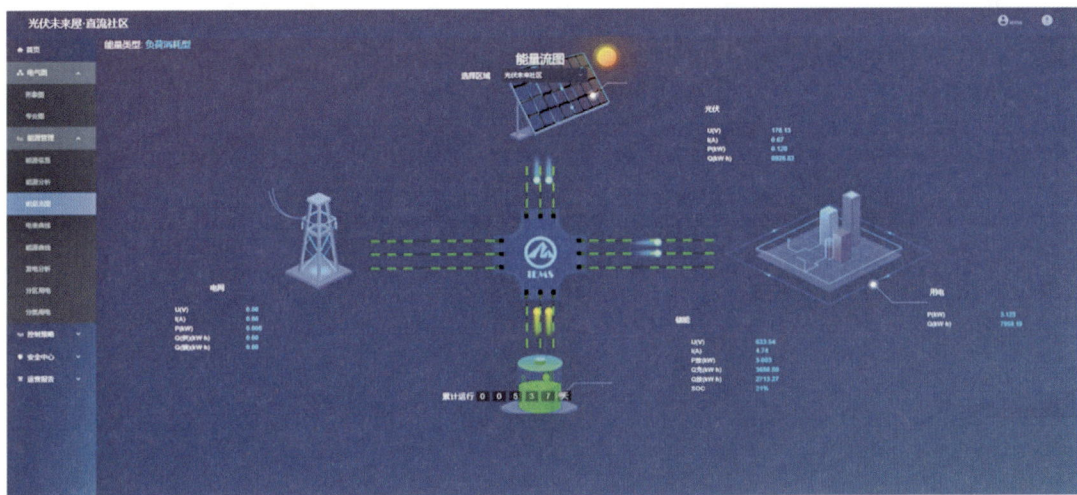

图 4-56 光伏未来屋能源信息系统界面

4.2.4.3 项目实施效果与特点

（1）项目实施效果

从用电需求来看（图 4-57（a）），本项目 2022 年 1 月～11 月总用电量为 81581kWh，其中：办公区域的用电量为 74620kWh，占总用电量的 91%；储能系统充电量为 6962kWh，占总用电量的占比 9%。

从电力供应来看（图 4-57（b）），建筑电力供应由光伏发电、储能放电及电网供电三部分组成。本项目 2022 年 1 月～11 月总供电量为 85921kWh，其中光伏发电量为 33972 kWh，占比 39.5%；储能放电量为 5056 kWh，占比 5.9%，市政电网供电量为 46893kWh，占比 54%。

从光伏消纳方式来看，光伏发电供建筑本地消纳电量 27727kWh，上网电量为 6246kWh，光伏本地消纳率（光伏发电供建筑本地消纳的电量占光伏发电量的比例）为 82%，光伏自给率（光伏发电供建筑本地消纳电量占建筑用电量的比例）为 37%，见

图 4-58。可见，对于典型城市办公建筑，光伏发电采用自发自用、本地消纳方式，"光储直柔"系统设计时，需要充分发挥建筑柔性负荷资源和电动汽车储能电池资源的调节能力，以提高本地光伏消纳比例。

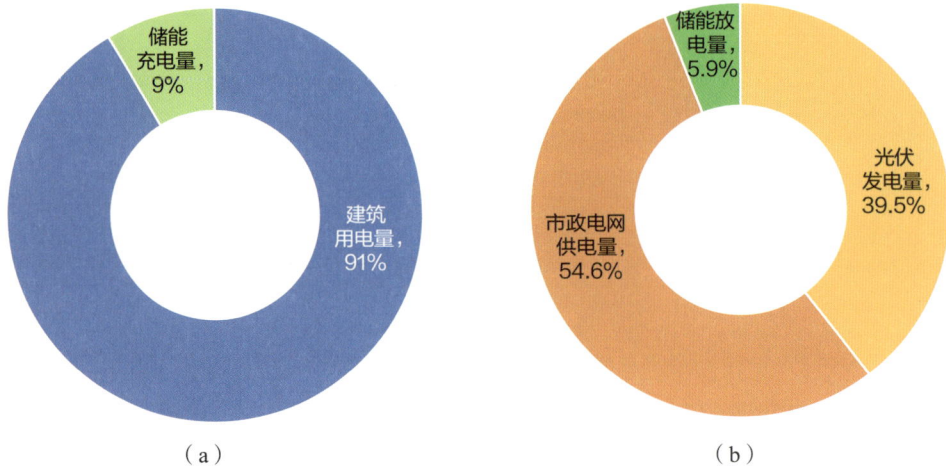

储能充电量，9%
建筑用电量，91%
（a）

储能放电量，5.9%
光伏发电量，39.5%
市政电网供电量，54.6%
（b）

图 4-57　项目能源供需结构

（a）用电需求结构；（b）电力供应结构

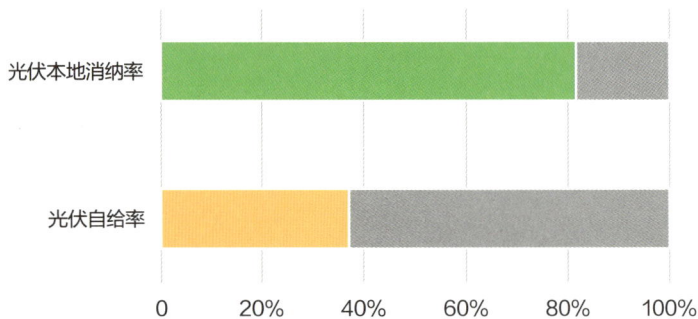

光伏本地消纳率

光伏自给率

图 4-58　建筑光伏自给率、光伏本地消纳率

（2）项目特点

1）储能系统的本质安全技术

以石墨材料为负极的锂离子电池，其嵌锂电位与金属锂的电位 0V 接近，存在析锂的风险，影响电池安全性及使用寿命。且石墨负极电池嵌入脱出动力学过程缓慢，在电池大电流、低温条件下易产生枝晶，存在刺穿隔膜导致锂离子电池内部短路的风险。

项目采用的钛酸锂电池是在三元、磷酸铁锂等锂电池的基础上，进一步进行安全、可靠性与长寿命改性，研究攻克了纳米级钛酸锂包覆技术及合成工艺（图 4-59），为电池脆弱的负极穿上了纳米级的"铠甲"。钛酸锂电池从本质上提升了电池的安全性能，其可在 $-40\sim55℃$ 的高温范围内实现安全充放电，并且电池在针刺、过充过放，甚至燃烧、电钻等安全极限测试下，均未出现起火、爆炸现象，具有极高的安全性。

2）智慧能源管理系统

光伏未来屋社区通过 IEMS 系统（图 4-60），进行能源和信息一体化透明管理，提供"光储直柔"建筑社区管理物联网解决方案,对社区整体及每个集装箱的发电、用电、储电、电网供／馈电进行实时监控,能源策略智能调度,实现精细化能源应用管理,高效节能。

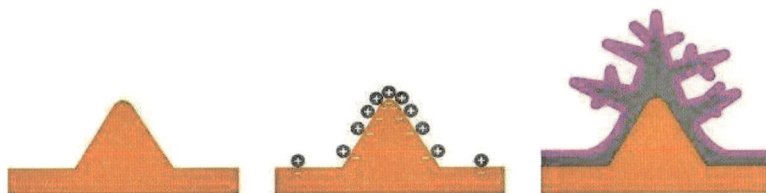

图 4-59 纳米级钛酸锂包覆技术及合成工艺

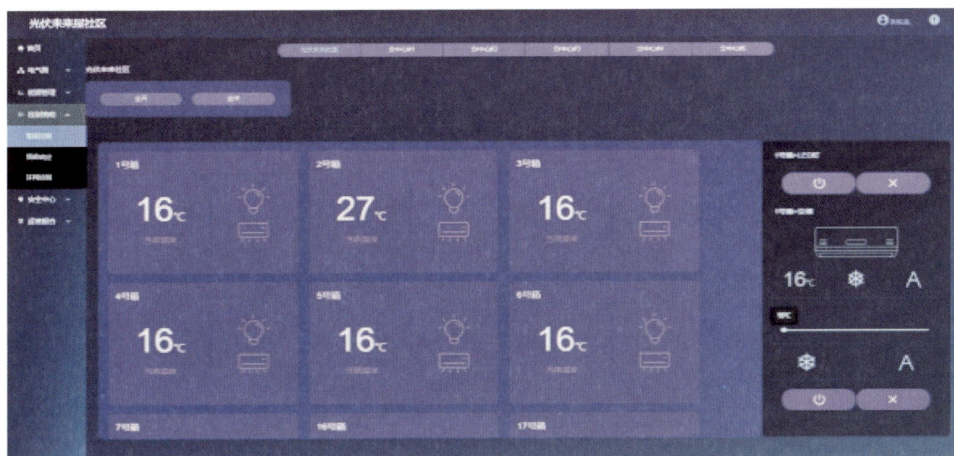

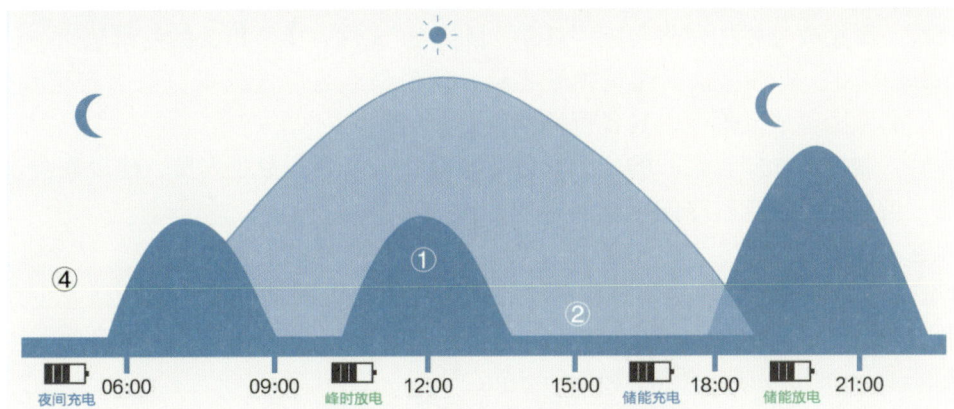

图 4-60 社区信息监控及能源管理示意

通过 IEMS 系统,可以清晰地了解到光伏未来屋社区的天气、低碳信息、社区概貌和能源节约概况,可清楚看到社区各个部分各个时间段的能耗信息。在智能控制与策略响应方面,IEMS 系统可以对社区内照明、空调进行实时控制,并具备电力需求响应功能,可实现建筑与电网友好互动响应。

4.2.4.4 建设者说

问题 1:通过开展"光储直柔"项目建设,您有哪些经验可以分享给同行?

答:"光储直柔"涉及面广,跨多个行业,其"认检监"体系还处于破土萌芽阶段,相关领域头部企业的战略级研发团队开始持久布局，并攻关研制相关产品。这些企业有战略定力和创新资源及娴熟的产业孵化能力，还具有规模化制造转化能力优势，有完整的供应链和营销体系，会更多地从市场成熟度来决定"光储直柔"投入的力度和速度，有序而高质量的引领行业发展。同时传统的设备供应商比较难看清系统的价值优势和发展脉络，比较难进行跨界的产品定义开发、系统应用、运行评价、产品迭代改进的创新循环，因此更需要从系统集成协同及实践示范的角度启动技术攻关，摸索产品定义，实现产品的丰富供应。

问题 2：您觉得哪些类型或者具备哪些特征条件的建筑，适合优先采用"光储直柔"技术？

答："光储直柔"项目的建设在硬件上主要是光伏、储能、智能供用电系统、智能供电柜和柔性负荷以及信息管理系统，也就是"四加一"。在不少场景下，"光储直柔"技术已开始显现出经济性，如边远小镇乡村、海岛开发、临建工地营房等，这是其一；其二"光储直柔"项目的社会价值也将不断扩大，将低碳创新技术带进日常生活和身边，让共享阳光清洁电力和节能环保蔚然成风；其三，作为"双碳"目标的主战场之一，社区园区的"光储直柔"将为占社会能耗达 27% 的建筑带来全新的能源解决方案，作为人居工作的载体，成为国家能源安全的一个保障。

问题 3：您觉得推动"光储直柔"建筑规模化发展，需要进一步加强哪些方面工作？

首先，要构建一个可长期经营、稳健发展的"光储直柔"产业商业模式，业主、投资方、设备供应商、运营商等都能从中找到自己的价值贡献点与利益驱动点。

其次，国家政策要加快出台跟"双碳"目标、"光储直柔"相关的后续政策，让"碳达峰""碳中和"战略背景下建筑领域零碳、碳税怎么收取、碳积分怎么产生及交易、柔度响应的激励等成文落地，具备可操作性。

最后，制定"光储直柔"的产品及行业标准、培训培养专业人员、建设联合攻关实证基地，指导行业科学有序健康发展。

问题 4："光储直柔"技术在推进过程中遇到了哪些障碍？

"光储直柔"项目当前的重点任务是在各方愿意投入的情况下，即包括业主方、投资方和设备供应方共同投入的情况下，尽可能相向而行，缩小跨界认知偏差，各尽所能，逐渐缩小应用和供给的价格和期望差距。

首先攻关"光储直柔"的应用问题，加快规模化应用，以及通过战略的联合，整体性规划设计、规模化集采来降低整个商业交流成本，这一块是"光储直柔"建设推广的关键。

"光储直柔"处于初始发展阶段，商务沟通、技术交接、工程评测、人员调试运行等成本巨大，远大于材料成本，这需要"光储直柔"设计方、建设方、业主方、投资方和供给方深度联合，争取规模化应用。

综合评判，"光储直柔"应该要加快走过科研研究示范阶段，集中资源锁定具有一定规模的应用场景，加快产业化试点而不是技术试点和研究试点，再通过规模化的产业试点总结产业发展的商业模式和技术标准，以推动"光储直柔"的规模化应用。

4.2.5　北京三里屯 15 号楼

建设单位：北京安业物业管理有限公司（隶属太古地产有限公司）

设计单位：深圳市建筑科学研究院股份有限公司

运营单位：北京安业物业管理有限公司（隶属太古地产有限公司）

项目地点：北京市朝阳区三里屯太古里北区 15 号楼

建筑面积：2142m²

示范面积：2142m²

项目现状图见图 4-61。

图 4-61　项目现状图

4.2.5.1　项目总览

（1）项目概况

三里屯太古里是商业综合体项目，位于北京市朝阳区工体北路与三里屯路交汇处，项目占地 5.3 万 m²，由 19 座低密度的当代建筑布局而成。

"光储直柔"系统一期应用范围为三里屯太古里北区 15 号楼，建筑高度 16.78m，地上 4 层，地下 1 层，总建筑面积 2142m²，地上 1728m²，地下 414m²，为原址重建商业建筑。

（2）建设目标

本项目预计于 2022 年 4 月完工，届时将成为全国首个"光储直柔"商业建筑。本项目总体目标是通过"光储直柔"技术集成应用打造零碳商业示范项目，探索零碳建筑技术路径和电力交互创新机制，实现建筑与电网柔性互动与经济运行目标。

（3）建设内容

本项目"光储直柔"系统的建设内容包括：建筑光伏系统、储能系统、建筑直流配电系统、室内安全高效直流用电系统和"光储直柔"监控系统，各项技术的应用情况见图 4-62。

储能系统：
- 安装于建筑屋顶电池间，总装机容量 409kWh/120kW

光伏系统：
- 安装于建筑屋总装机容量 46.96kWp

15号楼

"光储直柔"监测内容：
- 光伏发电监测
- 储能充放电监测
- 变换器监测
- 直流配控一体机监测

直流应用场景：
- 直流照明
- 直流插座
- 直流多联机空调
- 园区直流微电网互联

图 4-62　项目建设内容

4.2.5.2　项目技术方案

（1）直流配电系统

建筑直流配电系统采用单级母线架构（图 4-63），采用 DC750V/DC375V/DC48V 三级直流母线电压，配电系统设计容量 240kW。太阳能光伏电池阵列经汇流箱汇流后，通过光伏 DC/DC 变换器接入 DC750V 直流母线；磷酸铁锂电池储能系统通过双向 DC/DC 换流器接入 DC750V 直流母线；预留双向 60kW DC/DC 变换器接入 DC750V 直流母线供北区地下车库互联使用；预留 200A 断路器接入 DC750V 直流母线供 16 号楼互联使用。光伏发电优先供给直流负载使用，光伏发电剩余时可给储能充电，光伏发电不足时，由市电、储能补充供电。15 台多联式空调外机设备通过主动式保护装置接入 DC750V 直流母线。直流 DC750V 母线通过 DC/DC 变换器转换为 DC375V 直流电，为室内直流配控一体机供电，配控一体机将 DC375V 转换为 DC48V 供室内照明、插座等设备供电。

直流配电系统采用 IT 高阻接地形式，DC750V 母线和 DC375V 母线分别采用 75kΩ 和 37.5kΩ 电阻接地，从本质上将人员的活动环境从电流的环路中剥离出来，即使人员无保护接触单极也不会形成电流回路。对于可能出现的第二个故障点接地问题，采用了成熟的直流母线绝缘监测系统（IMD），配合支路的剩余电流检测（RCD），能够实现绝缘下降故障的报警和定位。

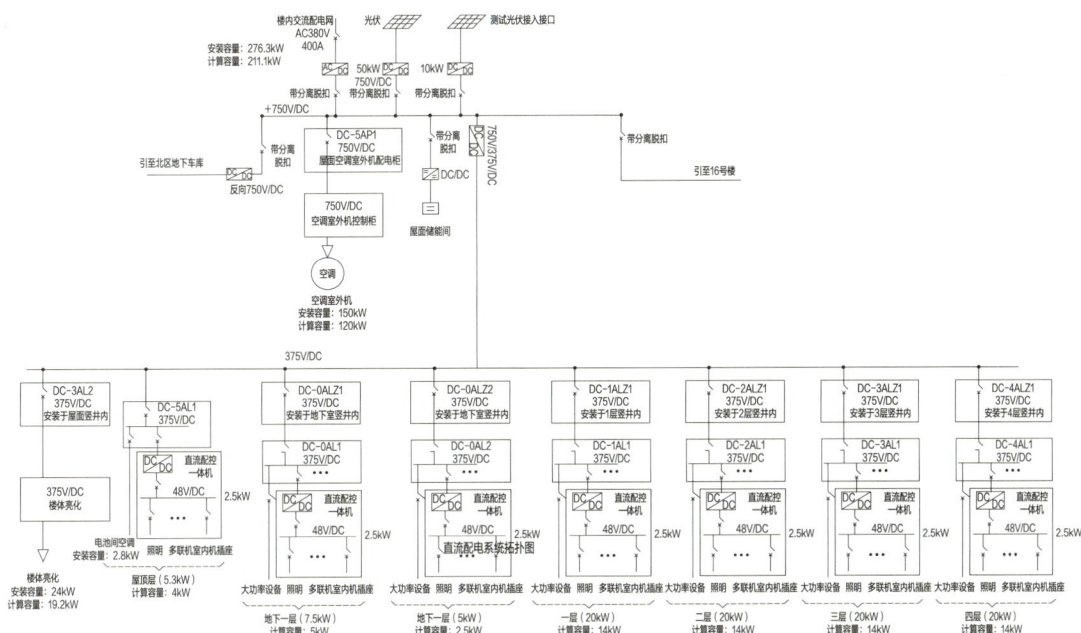

图 4-63 配电系统拓扑

（2）建筑光伏系统

本项目建筑光伏系统采用 BAPV 形式（图 4-64），光伏组件由 93 块 505Wp 的单晶硅光伏板组成，安装在 15 号楼建筑屋顶。光伏组件总安装面积为 230m²，总装机功率为 46.965kWp，年发电量约 55369kWh。光伏系统配置了 1 台 50kW 非隔离型光伏 DC/DC 变换器和 1 台 10kW 隔离型光伏 DC/DC 变换器，两台光伏变换器均具备 MPPT 自动运行控制和限功率运行功能。

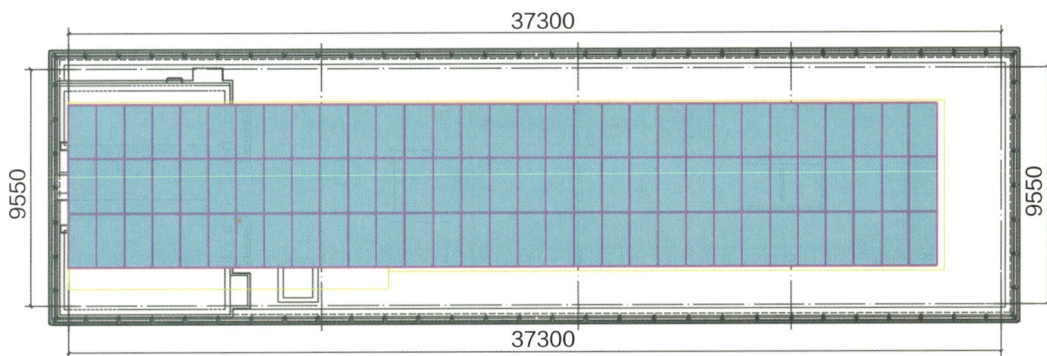

图 4-64 光伏布置图

（3）储能系统

本项目储能系统采用磷酸铁锂电池，放置在建筑屋顶电池间内，电池间内配置无管网柜式全氟己酮气体灭火和空调系统。电池储能单元由 4 组容量为 102.25kWh 的磷酸铁锂电池组成（图 4-65），总储能容量为 409kWh。储能系统配置了 5 台双向 DC/DC 变换器，每台容量 30kW，总功率为 120kW，储能电池通过双向 DC/DC 变换器接入 DC750V 直流母线。

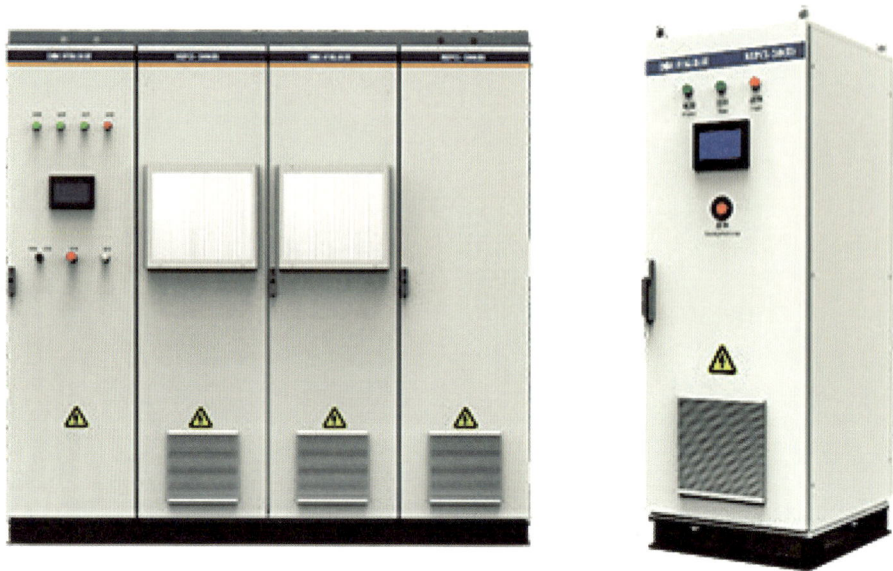

图 4-65　储能电池组

（4）柔性控制系统

本项目"光储直柔"系统采用基于直流母线电压的自适应控制技术（图 4-66），利用直流配电系统宽工作电压的特性，通过调节母线电压及变换器工作电压决定分布式电源的出力先后顺序，实现不同的运行控制目标。本项目直流母线电压设置为 750V，该额定电压可在 680～780V 区间波动，且末端用电设备不受影响，电压继续上升到 800V或下降到 600V 是滞环区，直流电器在该缓冲区域依然可以工作，而超过了这两个限值才会触发欠压、过压保护。

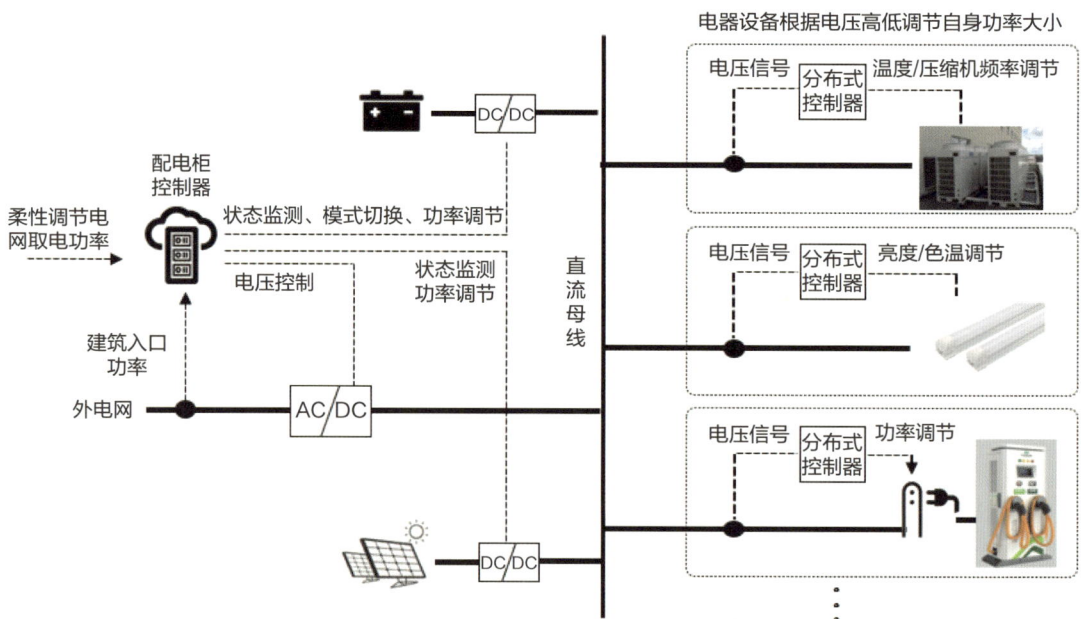

图 4-66　柔性控制系统示意图

4.2.5.3　项目实施效果与特点

（1）项目实施效果

本项目"光储直柔"系统正在改造建设阶段，实施效果数据均基于模拟预测分析。

1）用电需求情况

本项目用电需求主要由照明、空调以及其他三部分组成。

总电量需求：根据模拟计算，本项目年总用电需求量为 65.5 万 kWh，其中：建筑用电量为 52.6 万 kWh，占总用电需求的 80.3%；储能充电量为 12.9 万 kWh，占总用电需求的 19.7%，见图 4-67（a）。

建筑用电量：建筑用电量中，空调用电量为 25.8 万 kWh，占建筑用电量的 49.05%；照明用电量为 6.3 万 kWh，占建筑用电量的 11.98%；其他用电量为 20.5 万 kWh，占建筑用电量的 38.97%。

建筑用电强度：单位建筑面积年用电量为 245.7kWh/（m² · a），其中：空调用电为 120.51kWh/（m² · a）；照明用电为 29.44kWh/（m² · a），其他用电为 95.75kWh/（m² · a）。

2）电力供应情况

本项目电力供应由市政电网电力、光伏发电、储能放电三部分组成，见图 4-67（b）。项目全年总电力供应量为 65.5 万 kWh，其中：市政电网供电为 47.1 万 kWh，占总电力供应量的 71.90%；光伏实时发电量为 5.5 万 kWh，占总电力供应量的 8.40%；储能放电量为 12.9 万 kWh，占总电力供应量的 19.70%。

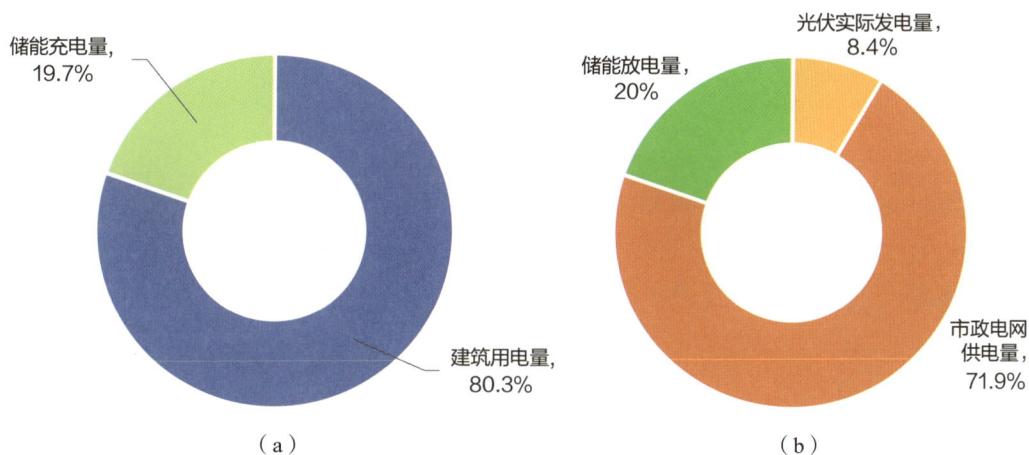

图 4-67　电力供需结构

（a）用电需求结构；（b）电力供应结构

3）电力供需平衡分析

根据能量平衡分析，本项目建筑净用电量为 52.6 万 kWh，光伏发电量占建筑净用电量的 10.4%。光伏发电量 5.5 万 kWh 全部供建筑使用，光伏自给率（光伏发电供建筑本地消纳的电量占建筑净用电量的比例）为 10.4%，光伏本地消纳率（光伏发电供建筑本地消纳的电量占光伏发电量的比例）为 100%。电网供电量为 47.1 万 kWh，电网供电量占建筑用电量的比例为 89.6%。可见，对于典型城市商业建筑，由于建筑用电负荷需求大，且建筑屋顶可用于铺设光伏的空间有限，建筑屋顶光伏年发电量小于建筑年用电量，光伏发电采用自发自用、本地消纳更为合适。

（2）项目特点

1）园区互联直流微电网

本项目通过在 15 号楼（一期）、16 号楼与地下车库（二期）分别设置园区互联断路器与变换器，将三者环形相连建立园区直流微电网（图 4-68），使 15 号楼、16 号楼可以共享北区车库双向充电桩提供的柔性调节能力，减少了储能电池的安装容量，进一步提高了供电可靠性，为后期系统扩展提供了更高的灵活性。

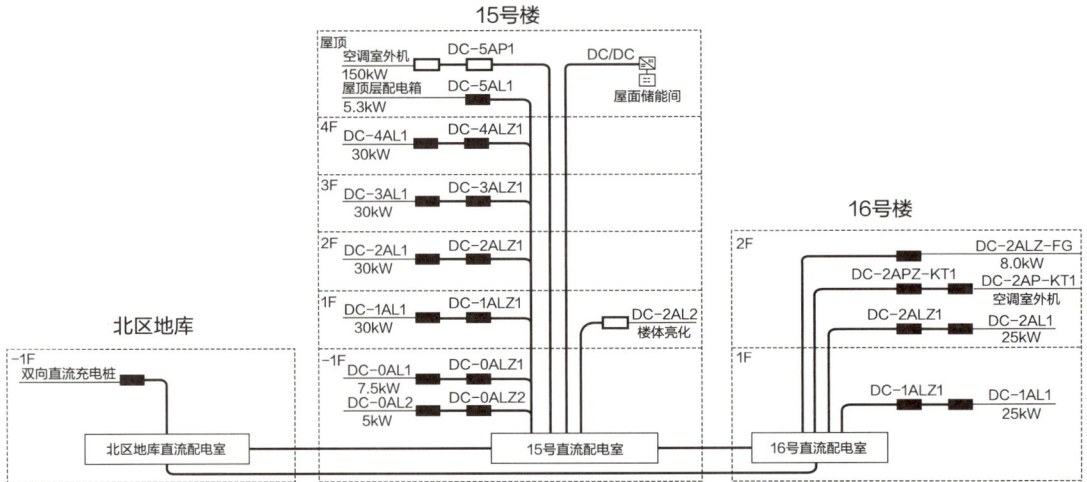

图 4-68　园区互联原理图

2）基于直流电压的"光储直柔"系统柔性控制策略

本项目通过直流配电监控系统对光伏、储能、电网的实时出力进行优化控制和负荷匹配，见图 4-69。该系统通过对直流电压的监测来判断光伏、储能和 AC/DC 变换器的运行状态，并进行合理切换，模拟结果表明此种控制策略可以实现对光伏的充分利用及对电压的有效控制，极大的提高了系统运行的经济性和节能减排效果。

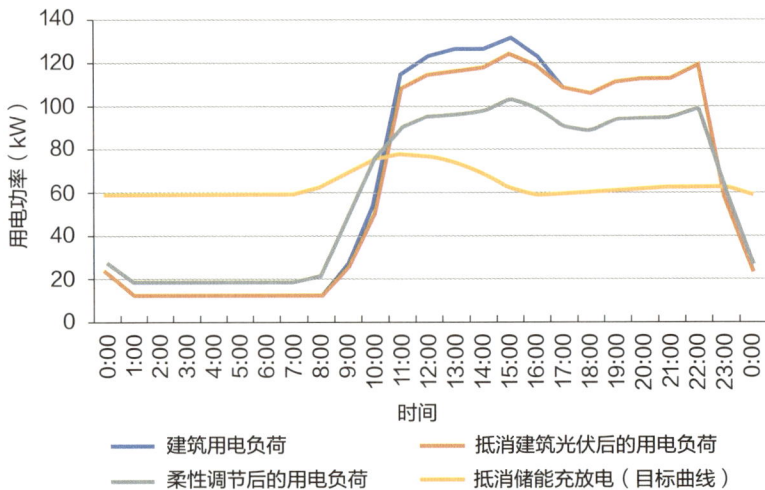

图 4-69　典型日光伏、储能、电网、负荷运行曲线图

4.2.6 长三角可持续发展研究院

建设单位：长三角可持续发展研究院
设计单位：北京德意新能科技有限公司
运营单位：长三角可持续发展研究院
项目地点：上海市青浦区金泽镇大观园片区迎园（金商公路 708 号）
建筑面积：5000m²
示范面积：1000m²

4.2.6.1 项目总览

（1）工程概况

长三角可持续发展研究院是长三角生态绿色一体化发展示范区的重点项目，其依托联合国环境规划署—同济大学环境与可持续发展学院、联合国环境规划署绿色科技中心、同济大学等"华东八校"共同组建的"长三角可持续发展大学联盟"等多个国际国内顶级研究机构和研究平台，以校企共建的研发中心和企业行业联盟为支撑，各方聚焦可持续发展领域的重大科学问题和关键核心技术难题，围绕气候变化与全球生态、资源循环与清洁能源、污染防治与生态修复、低碳城市与绿色建造、绿色车辆与智能交通、循环经济与公共健康、智能感知与数字孪生等七大研究方向，协同开展创新研究，以形成一批可复制、可推广的绿色低碳前沿引领性原创技术，并加快科技创新成果的高效转化与产业化，努力建设成为可持续发展的创新高地、国际创新网络的重要枢纽与精尖产业承载区，持续助力长三角生态绿色一体化发展示范区高质量发展。

长三角可持续发展研究院位于上海市青浦区金泽镇大观园片区迎园（金商公路 708 号），一期二期占地面积 1 万 m²，建筑面积约 5000m²。共有 5 栋建筑组成，1 号楼为环境资源研究中心；2 号楼一层为建筑碳中和研究中心，二层为办公室；3 号楼为会议中心；4 号楼为展厅，其中 4 号 -1 主要为光伏、储能、氢能技术展示，4 号 -2 主要为绿色装配式技术展示；5 号楼为生活用房，建筑功能布局见图 4-70。

（2）建设目标

长三角可持续发展研究院积极响应国家"双碳"发展战略和长三角区域一体化发展战略，将绿色低碳理念融入传统江南院落式建筑布局，在迎园内集中展示了一批绿色低碳前沿示范技术，包括：咖啡渣循环再生饰面板、全循环—零排放生态公厕技术、碱性电解水制氢系统、储氢压缩加注系统、微型空气质量监测系统、"光储直柔"新型建筑供电系统、碳足迹实时监测平台、绿色装配式建筑技术等，把迎园打造成为包括在建筑建造、材料设备使用、空间日常运维、能源监测等在内的全方位零碳示范社区。

（3）建设内容

本项目"光储直柔"系统建设内容包括：光伏建筑一体化系统、电池储能系统、氢能和燃料电池热电联供系统、建筑交直流混合供电系统、低压直流安全用电系统、数字孪生与智能监测展示平台。其中：光伏建筑一体化系统、电池储能系统、氢能和燃料电池热电联供系统、建筑交直流混合供电系统位于 4 号楼展厅，低压安全直流用电系统位于 3 号楼会议及接待室，主要利用光伏发电及储能系统为会议中心的直流照明、直流空调系统供电，并直观展示 DC48V 低压直流供电安全性。"光储直柔"系统建设内容示意图见图 4-71。

图 4-70　建筑功能布局

图 4-71　光储直柔系统建设内容

4.2.6.2 项目技术方案

（1）直流配电系统

本项目采用交直流混合配电系统，供电系统直流母线额定电压 DC375V，支持 30kW 交流电网接入、20kW 光伏单元接入、4 组 5kWh 储能单元接入，具备多路直流输出回路，满足最大 8kW 直流空调、2kW 直流照明供电要求，并具备扩展直流充电桩的能力，系统拓扑图如图 4-72 所示。

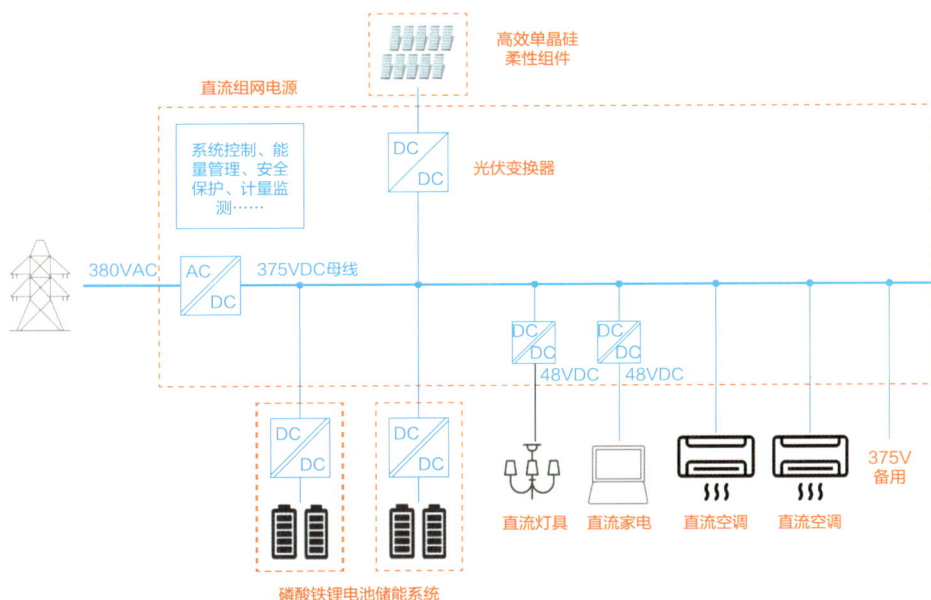

图 4-72　配电系统架构

"光储直柔"系统通过智能配电单元（ADU）实现交直流双向电能变换及光伏、储能、直流用电设备的协同优化运行控制。智能配电单元内集成了 AC/DC 双向电能变换器、监控、线路保护、电能计量、控制器等功能部件，是系统运行控制的核心单元。智能配电单元内的 AC/DC 变换器将 AC380V 转换为 DC375V，建筑光伏系统、电池储能系统、直流空调系统接入 DC375V 直流母线，直流照明系统采用 DC48V 供电，通过 DC375V/DC48V 变换器接入 DC375V 母线，其余室内设备接入 AC380V 交流母线。

（2）建筑光伏系统

本项目采用光伏建筑一体化系统（BIPV）（图 4-73），光伏组件安装在 4 号楼展厅屋顶，由 35 块额定功率为 440Wp 的高效单晶硅柔性组件组成，总装机容量为 15.4kWp。光伏组件分为 5 个组串，每串 7 块光伏板，分别通过光伏 DC/DC 变换器接入 DC375V 直流母线。光伏 DC/DC 变换器具备最大功率点跟踪（MPPT）和限功率运行功能，可实现并网/离网切换运行。

（3）储能系统

本项目储能系统采用磷酸铁锂电池（图 4-74），由 4 个容量为 5kWh/2kW 电池模块组成，额定电压为 51.2V，总储能容量为 20kWh/8kW。储能电池模块通过双向隔离型 DC/DC 接入 DC375V 直流母线。

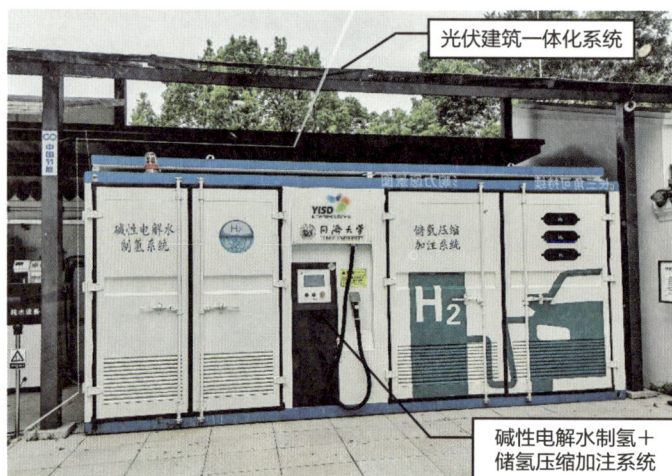

图 4-73　光伏建筑一体化系统＋氢能利用系统

图 4-74　智能配电单元 ADU（储能电池安装在 ADU 内部）

　　氢能和燃料电池热电联供系统利用多余光伏发电或电网谷时电力电解水制氢并增压和存储，储存的氢气不仅可用于氢燃料电池车辆加注使用，还可以供给至燃料电池热电联供端进行电化学发电并网和离网。燃料电池余热回收系统对产生的热量进行回收储存，满足生活使用。由于安全性原因，氢能和燃料电池热电联供系统暂未投入使用。

（4）系统运行控制

1）光伏系统运行控制策略

　　当光伏组串开路电压达到光伏变换器启动电压阈值时，光伏变换器启动运行，工作在最大功率点跟踪模式（MPPT）。光伏系统发电量优先供 3 号楼会议室及接待室直流负载（直流照明、直流空调等）使用，富余的光伏发电量按照以下规则使用：当光伏系统发电量≥直流负载用电量，且储能电池荷电状态 SOC 处于 10%～90% 时，富余的光伏发电量由储能系统存储，直至储能电池 SOC 达到 90% 上限；如仍有结余，多余光伏发电返送回交流电网，供研究院内交流负载使用，实现清洁能源的高效利用。当光伏组串开路电压低于光伏变换器停机电压阈值时，光伏变换器停机，光伏系统停止发电。当光伏系统处于离网工况，光伏变换器工作在限功率状态，其最大发电功率与直流负载及储能装置可充电功率相关。

2）储能系统运行控制策略

当光伏系统发电量≥直流负载用电量，且储能电池荷电状态 SOC 处于 10%～90% 时，多余的光伏发电量为储能系统充电，直至储能电池 SOC 达到 90% 上限。

当光伏系统发电量＜直流负载用电量时，储能系统按照表 4-4 的策略启动放电。从表 4-3 可以看出，根据运行所处的电网电价时段不同，储能放电功率也会不同：在电网电价峰时段，为了较少地使用电网电能，当光伏功率不足以为直流负载提供功率时，储能装置即启动放电；而在电价谷时段，则应更多地使用电网电能，因此该差值大于 8kW（8kW 是该系统的空调及照明的最大功率，即现阶段在电网电价谷时段时不启动储能）时，储能装置才启动放电。当储能电池荷电状态 SOC 达到 10% 下限时，储能装置退出运行。

<table>
<tr><td colspan="3" align="center">储能装置放电功率计算策略</td><td align="right">表 4-4</td></tr>
<tr><td>序号</td><td colspan="2">储能装置放电功率计算（kW）</td><td>说明</td></tr>
<tr><td>1</td><td colspan="2">直流负载－光伏功率≥0</td><td>电价峰时段
8：00 至 11：00
18：00 至 21：00</td></tr>
<tr><td>2</td><td colspan="2">直流负载－光伏功率≥8</td><td>电价谷时段
22：00 至次日 6：00</td></tr>
<tr><td>3</td><td colspan="2">直流负载－光伏功率≥6</td><td>电价平时段
6：00 至 8：00
11：00 至 18：00
21：00 至 22：00</td></tr>
</table>

3）直流负荷电能供应

直流负荷包括直流照明与直流空调，直流照明供电电压为 DC48V，直流空调供电电压为 DC360V，均由智能供电单元提供。当光伏电能充足时，直流负载使用光伏电能；当光伏电能不足以为直流负载供电时，储能系统启动放电；如直流侧光伏系统及储能功率均不足以为直流负载供电时，自动转为由交流系统为直流负载供电，保持直流负载的供电持续性。

4）电网并离网切换

"光储直柔"新型建筑供电系统智能供电单元支持并网／离网运行，并可实现并离网无缝切换。系统默认运行在并网工况，当检测到网侧电压缺失时，自动转入离网运行工况，由光伏及储能装置为直流负载供电；当检测到网侧电压恢复正常时，自动转入并网运行工况，由光伏、储能、电网共同为直流负载供电。

（5）直流用电场景

本项目直流用电场景包括直流空调系统、直流照明系统和直流插座系统，如图 4-75、图 4-76 所示。直流空调系统采用多联式空调系统。室外机共 2 台，单台最大电功率为 4kW，总电功率为 8kW，额定工作电压 DC400V。直流照明系统采用高效

LED 智能照明系统，总功率约为 0.83kW，额定工作电压 DC48V。

图 4-75 会议室直流照明、直流空调应用场景

图 4-76 会议室低压直流体验展示

（6）数字孪生与智能监测展示平台

数字孪生与智能监测展示平台（图 4-77）采用大数据及智能监测技术手段，对园区气象参数、室外空气质量、室内空气质量、园区客流量、能源消耗、光伏发电量、氢能储电量等参数进行动态监测与展示。

图 4-77 数字孪生与智能监测展示平台

4.2.6.3 项目实施效果与特点

长三角可持续发展研究院自 2021 年 9 月建成并投入使用。除氢能利用系统未投入运行外，"光储直柔"系统运行稳定，光伏、储能及直流用电设备均按照设计的策略运行，实现了 3 号楼 100% 绿电供应的设计目标。

（1）项目实施效果

1）用电需求情况

建筑用电量：根据 2021 年 9 月至 2022 年 8 月（截至 8 月 17 日）监测数据（图 4-78），长三角可持续发展研究院一期、二期（1～5 号楼）建筑年总用电量约为 43928kWh，单位建筑面积用电量为 8.8kWh/（m² · a），其中 3 号会议中心用电量为 8513kWh，单位建筑面积用电量为 1.7kWh/（m² · a）。

分项用电比例（图 4-79）：建筑总用电量中，空调用电量约占 40%，照明用电量约占 35%，插座用电量约占 25%。

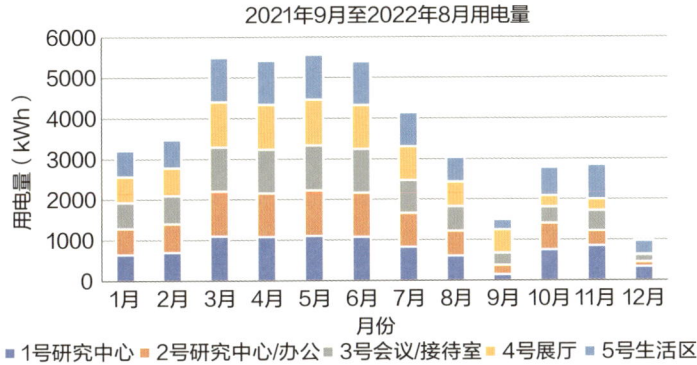

图 4-78 建筑逐月用电量

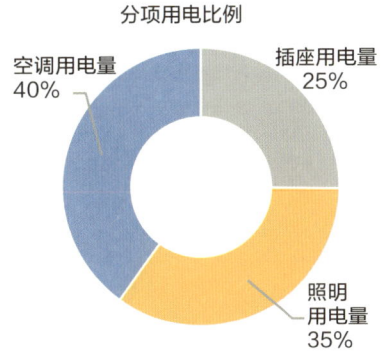

图 4-79 建筑用电分项比例

2）电力供应情况

本项目电力供应由市政电网电力、光伏发电、储能放电三部分组成。根据 2021 年 9 月至 2022 年 8 月（截至 8 月 17 日）监测数据，光伏系统累计发电量为 11593kWh。光伏发电量不足的部分，由市政电网电力和储能放电补充。

3）电力供需平衡分析

本项目 1～5 号楼建筑年总用电量约为 43928kWh，其中 3 号会议中心用电量为 8513kWh，光伏系统发电量为 11593kWh，光伏发电量占 3 号会议中心用电量的 136%，实现了 3 号会议中心 100% 绿电供应目标。由于光伏发电量远小于园区 1～5 号楼建筑年用电量，多余的光伏发电量返送至交流侧并网后由本地交流负载全部消纳，园区建筑光伏自给率（光伏发电量占园区建筑总用电量）为 26%，光伏本地消纳率（光伏发电供建筑利用量占光伏发电量）为 100%，如图 4-80 所示。可见，对于城市校园建筑，由于其具有建筑功能多样、类型不同（办公、会议、展示及宿舍等）、用电负荷峰值不同时发生的特点，且校园内建筑屋顶和场地为光伏组件铺设提供了丰富的安装空间，通过充分利用建筑负荷柔性和合理配置储能系统，可以实现建筑光伏发电量全部就地消纳。因此，城市校园建筑"光储直柔"系统设计时应重点关注"储"和"柔"，充分利用储能系统（包括电动汽车）和建筑柔性负荷资源的灵活性，推广"光伏＋电动汽车"模式，提高建筑光伏本地消纳比例，实现光伏发电"自发自用、本地消纳"，减少建筑对电网的影响。

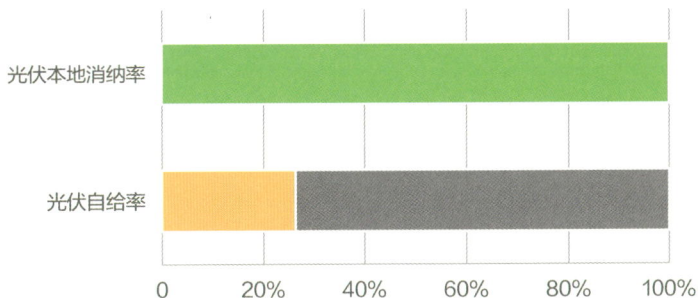

图 4-80 建筑光伏自给率及光伏本地消纳率

（2）项目特点

1）"光储直柔"系统校园应用示范

本项目充分利用校园内办公、会议、展示及宿舍等各类型建筑负荷峰值不同时出现，以及校园建筑屋顶可安装光伏面积充分等特点，利用建筑柔性负荷和储能系统，消纳多余的光伏发电，在提高本地可再生能源利用率的同时，降低建筑用电负荷峰谷差，是对电网友好的"光储直柔"校园建筑典型应用示范。

2）提升园区供电系统可靠性

本项目"光储直柔"系统采用基于直流母线电压的主动功率调节模式，通过感知直流母线电压自动调节储能电池充放电功率，在光伏发电高峰时将多余的光伏发电储存，在光伏发电不足或园区短暂停电时放电为园区提供电力，有效提高了园区供电可靠性及用户体验。

3）低压直流安全用电与展示体验

本项目"光储直柔"系统在人员经常接触的办公区域采用48V低压直流安全电压供电，大大提高了供电安全性。同时，在会议室内增设了可触碰的48V低压体验区、48V低压直流插排等电气系统，并配置了说明文案，与会者可按照操作指南直观地体验到48V低压供电的安全性及便捷性，对宣传"光储直柔"供电系统有积极的作用。

4.2.6.4　建设者说

问题1：在"光储直柔"项目设计、建造或投运后，举例给您留下印象较深的事情？

在长三角研究院建成投运后，该研究院曾经历短暂停电，但是由于配备了储能系统，因此在停电期间，研究院仍能正常运行。

问题2：通过开展"光储直柔"项目建设，您有哪些经验可以分享给同行？

由于"双碳"目标的制定，"光储直柔"项目建设是建筑领域实现"双碳"目标的方法之一。开展"光储直柔"项目建设，我们需要观察建筑能有多少面积敷设光伏板、光伏板发电曲线与建筑负荷曲线的异同有哪些、储能系统的合理配备以及直流系统的安全构建等一系列问题。

问题3：您觉得哪些类型或者具备哪些特征条件的建筑，适合优先采用"光储直柔"技术？

第一，建筑负荷曲线与光伏板发电曲线存在一定的区别且建筑需要有足够的空间敷设光伏板，这是我们"光储直柔"系统中储能部件发挥作用的前提。第二，建筑实行分时电价且建筑负荷柔性可调度，这是"光储直柔"建筑实现经济利益的关键。

问题4：您觉得推动"光储直柔"建筑规模化发展，需要进一步加强哪些方面工作？

第一，建筑机电设备直流化发展与直流配电网的安全构建，这是"光储直柔"建筑规模化发展所必须攻克的难题。第二，储能系统容量的合理配备，如何合理确定储能系统容量以应对光伏发电的不确定性是"光储直柔"建筑运行关键之一。第三，"光储直柔"建筑控制调度的充分运用，这是充分整合与利用建筑内部与建筑间各方面资源的重点，也是充分实现建筑柔性的关键。第四，相关标准的制定与落实，这能极大推动"光储直柔"建筑规模化发展。

4.2.7　上海碳索能源办公楼

建设单位：上海碳索能源服务股份有限公司
设计单位：上海大阙信息技术有限公司
运营单位：上海碳索能源服务股份有限公司
项目地点：上海市闵行区春光路 99 弄 6 号
建筑面积：1287m²
示范面积：1287m²

4.2.7.1　项目概览

（1）工程概况

上海碳索办公楼"光储直柔"改造工程位于上海市闵行区春光路 99 弄，项目占地
面积 2000m²，建筑面积 1287m²，建筑高度约 12m，地上 3 层，其中一层为会议室及展
厅，二层、三层为办公室，项目实景图见图 4-81。

图 4-81　项目实景图

本项目"光储直柔"系统应用范围为整栋大楼，应用建筑面积 1287m²，其中一层
照明系统和空调系统为全直流系统，二层、三层用电为光伏发电逆变成交流电供电。

（2）建设目标

本项目"光储直柔"系统建设积极响应国家"双碳"发展战略，遵循"以人为本、
安全健康、绿色低碳、智慧高效"的基本原则，采用"光储直柔"新型电力系统关键技
术，实现建筑楼宇高效消纳可再生能源、低压安全直流用电、精准响应电网需求，推动
城市能源互联网建设，形成"光充储用"一体化及多能互补协同优化的全直流智慧建筑
应用辐射示范。具体建筑目标为可再生能源渗透率（可再生能源配置功率与市电功率配
置比例）不低于 25%，年节电率（年可再生能源供电量占全年建筑用电量之比）不低于
15%，综合节能率（设备改造后节能量与改造前设备电耗量之比）不低于 10%。

（3）建设内容

本项目"光储直柔"系统的建设内容包括：建筑光伏系统、风电系统、储能系统、建筑直流配电系统、直流用电设备及"光储直柔"监控系统，建设内容示意图见图4-82。

图4-82　项目建设内容

4.2.7.2　项目技术方案

（1）直流配电系统

本系统采用电能路由器集成方案，电能路由器提供三级母线电压，一级母线为DC750V，二级母线为DC375V，三级末端供电系统为低压DC48V。对于光伏、储能、风力发电机及电动汽车充电桩等大功率设备，接入DC750V母线，分体式空调设备接入DC375V母线，室内照明及直流办公设备接入DC48V母线，系统拓扑结构如图4-83所示。

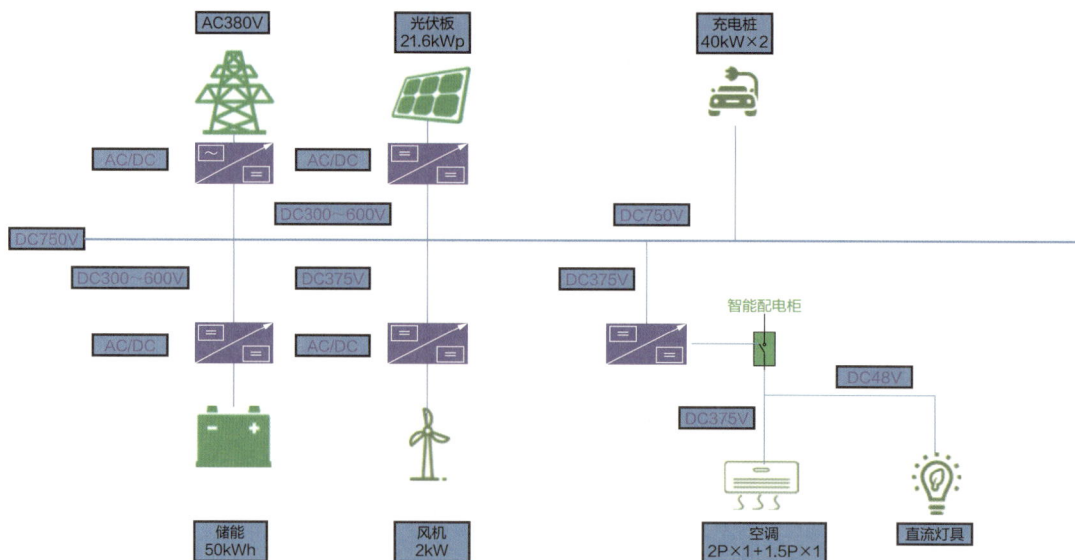

图4-83　直流配电系统拓扑结构图

在直流配电系统保护方面，本项目采用了三重智能配电保护，其中：控制软件和直流接触器作为系统第一级保护，直流断路器作为系统第二级保护，直流熔断器作为系统第三级保护。

（2）可再生能源系统

本项目光伏系统采用BAPV形式，光伏组件安装在建筑屋顶，总安装面积约100m²，总安装功率为21.6kWp。屋顶光伏阵列由48块450Wp的高效单晶硅组件构成，工作电压为42V，工作电流为10.98A，安装倾角为20°，分成4组并联接入直流路由器，并网接入市政电网，优先满足自消纳，年预计总发电量23760kWh。

风力发电系统安装于建筑屋顶，采用2kW垂直轴H形发电机。

（3）储能系统

本项目储能系统配置了10组51.2V、100Ah磷酸铁锂蓄电池，设计容量为51.2kWh/25kW，输出电压为512V。储能电池根据光伏发电数据、负荷用电数据、电动汽车充电数据等进行实时调控。储能电池按照5%～95%的SOC充放电范围进行控制。结合办公楼夜间低负荷特性，在夜间用谷电对电池进行充电，白天峰时放出。

（4）直流用电场景

本项目改造直流用电设备主要包括一层、二层办公及会议室的照明灯具以及一层会议室新增的直流空调（表4-5、图4-84），直流用电设备总功率为95kW，其中，LED照明功率为10kW，3台直流空调总功率为5kW，2台单向直流充电桩总功率为80kW（2台×40kW）。

直流用电设备表　　　　　　　　　　　　　　　　　　　　　　　　　　表 4-5

场所		直流设备	电压
室外		2 台 40kW 充电桩	750V
一层	会议室	2 台 2P 直流空调	375V
		1 台 1.5P 直流空调	375V
	会议室 / 前台 / 展厅	照明	48V
二层	办公室	照明	48V

图 4-84　室内直流照明、空调实景图

（5）用电柔性控制技术

本项目采用集中式控制方案，通过现场总线系统实时控制光伏、储能、风电、负载等设备运行状态及功率输出。在保证直流母线电压稳定的前提下，实现系统的运行模式、功率、电压、电流控制。

"光储直柔"系统以光伏发电最大化利用作为优化运行控制目标，光伏发电采用自发自用、本地消纳方式。当光伏发电功率小于建筑用电功率时，优先由光伏供电；当光伏发电功率大于建筑用电功率时，优先由光伏为建筑供电，多余的光伏发电由储能充电，储能充满电之后，限制光伏发电功率。当光伏发电全部被消纳的情况下，储能电池主要利用夜间谷时市政电网电力充电，在白天建筑光伏供电不足时放电。

（6）建筑碳中和智能分析系统

本项目建立建筑碳中和智能分析系统（图4-85），采用物联网大数据云控制技术，实时监测各项系统实时发电数据、各项用电数据、碳排放数据等。平台监测与展示参数包括系统累计发电量、累计用电量、可再生能源利用率，风电、光电、储能数据实时功率、电量、电压、电流等实时监测数据，建筑碳平衡、碳中和走势、近7日碳中和趋势等数据。

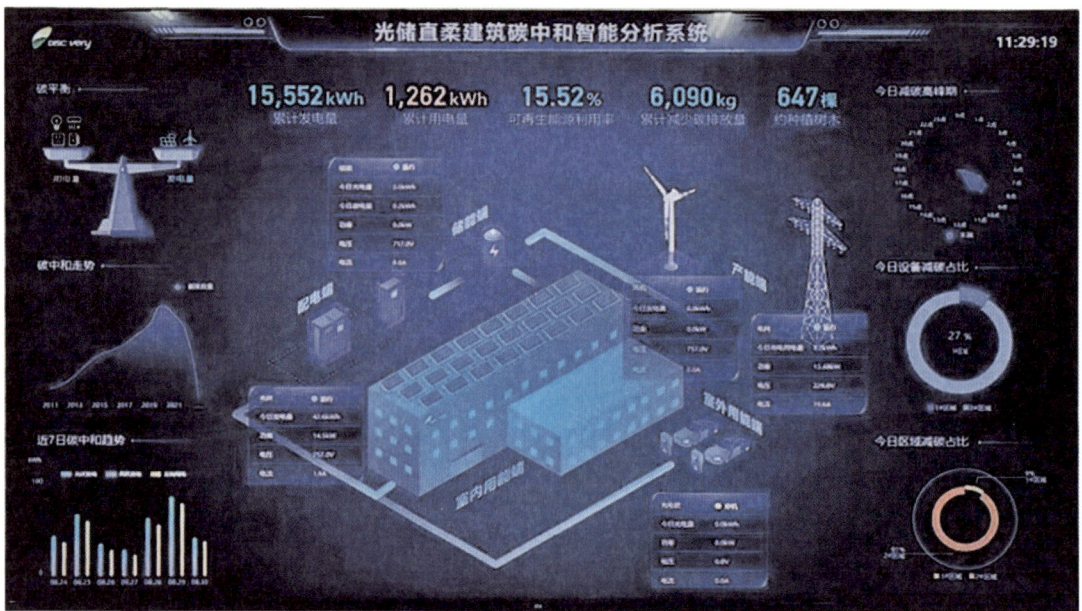

图4-85　"光储直柔"建筑碳中和智能分析系统

4.2.7.3　项目实施效果与特点

（1）项目实施效果

项目于2021年8月投入运行，系统总体运行平稳良好，电力系统数据均在合理范围内，未出现重大事故，但也发现了一些需要改进的方面，例如：风力发电机因接入电压较高，建筑周围风场较小，风力发电机基本不发电；充电桩受场地使用条件限制，未能正常投入使用。

1）用电需求情况

本项目用电需求主要由建筑用电（空调、照明、插座、动力设备、其他）、储能充电两部分组成。

总电量需求：根据 2022 年 1 月至 7 月运行数据（图 4-86（a）），总用能需求量为 4.15万 kWh，其中：建筑用电量为 3.60 万 kWh，占总用电需求的 87%；储能充电量为 5.5万 kWh，占总用电需求的 13%，用电需求结构见图 4-87。

建筑用电比例：建筑用电量中，空调用电占 45%，照明用电占 25%，插座用电占30%，见图 4-86（b）。

2）电力供应情况

本项目电力供应由市政电网电力、光伏发电、储能放电三部分组成（图 4-88）。项目 2022 年 1 月至 7 月总电力供应为 4.15 万 kWh，其中：市政电网电力为 2.6 万 kWh，占总电力供应量的 63%；光伏发电量为 1 万 kWh，占总电力供应量的 25%；储能放电量为 0.55 万 kWh，占总电力供应量的 13%。

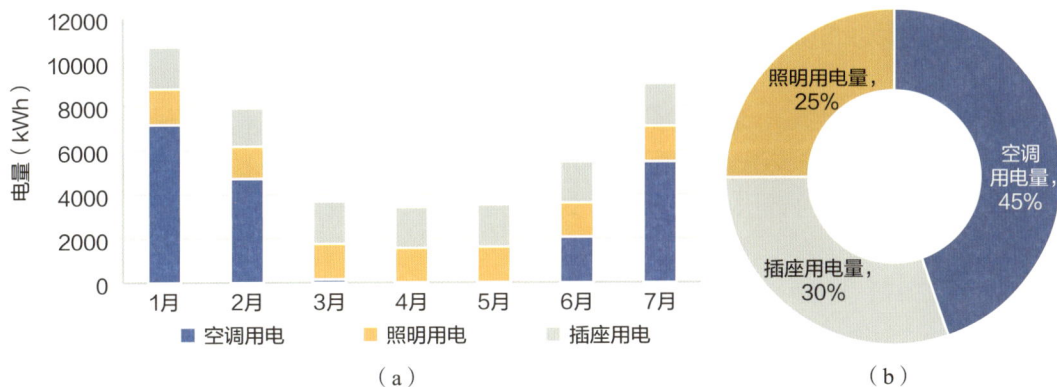

（a）

（b）

图 4-86 建筑用电量情况
（a）逐月用电量；（b）分项用电比例

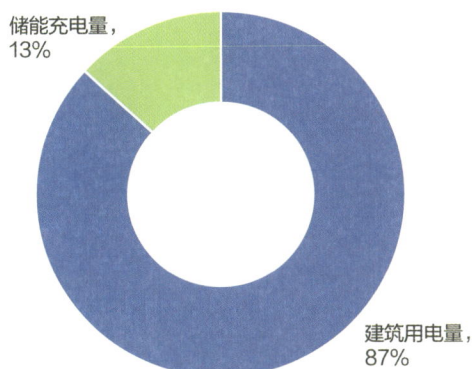

图 4-87 电力需求结构

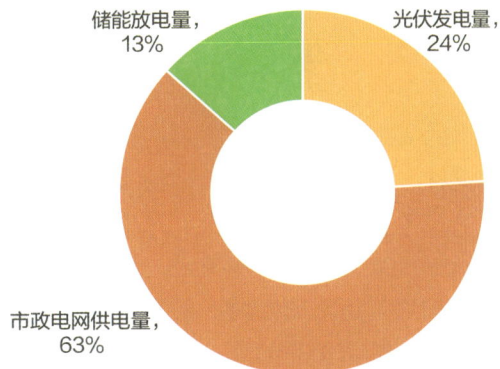

图 4-88 电力供应结构

3）电力供需平衡分析

不考虑项目内部储能的充放电量，2022 年 1 月至 7 月项目净用电量（建筑用电量）

为 3.60 万 kWh，净供电量（光伏供电量、电网供电量）为 3.60 万 kWh，其中：光伏发电量 1 万 kWh，全部就地消纳，光伏自给率（光伏发电供建筑本地消纳的电量占净用电量的比例）为 28%，光伏本地消纳率（光伏发电供建筑本地消纳的占光伏发电量的比例）为 100%；市政电网供电量为 2.6 万 kWh，占建筑净用电量的 72%。可见，作为典型城市办公建筑，由于建筑用电负荷需求高、建筑屋顶资源有限，光伏发电量小于建筑用电量，合理配置储能系统和充分发挥建筑负荷柔性调节资源，基本可以使建筑光伏发电量完全消纳，"光储直柔"系统设计时需重点关注"储"和"柔"，以提高光伏发电本地消纳比例。

（2）工程特点

1）多样化的场地可再生能源：本项目融合了风力发电和太阳能光伏等多种可再生能源，提高了项目场地可再生能源利用率，但同时也增加了直流微网系统运行控制的复杂度和难度。

2）储能 / 充电桩促进可再生能源消纳：本项目以城市办公楼宇为应用背景，针对太阳能光伏、风力发电的随机性、波动性和负荷不同步性，利用储能电池和电动汽车充电来储存多余的光伏发电和风力发电，供用电高峰时使用，提高本地可再生能源利用率。

3）交直流混合供配电系统提高供电可靠性和安全性：本项目采用多端口交直流混合电能路由器实现交直流混合供电，可再生能源优先为直流系统供电，多余的电能逆变为交流，为楼宇交流负载供电。直流与交流无缝切换，既确保了可再生能源的就地消纳，也提升了楼宇用电可靠性。

4）柔性控制系统实现"源、网、荷、储"智能互动：项目采用智能监控平台，对楼宇各种发电、用电单元进行实时监测与控制，可以实时监测建筑光伏系统及各类用电设备的运行状态、实时功率等信息，为实现光伏发电最大化利用提供数据基础。

4.2.7.4 建设者说

问题 1：在"光储直柔"项目设计、建造或投运后，举例给您留下印象较深的事情？

由于本项目建设地为办公楼且房龄较大，经过多次装修，办公楼的配电图纸与实际情况不一致，为项目的设计、建造以及运行维护带来了很大的困难。但即便是困难重重，业主仍然给予了极大的、无条件的支持。首先业主对于"光储直柔"新技术表现出了极大的兴趣，非常配合项目的设计和施工建造；其次，对项目设备的进场、建造、调试和测试，业主给予了无条件的支持和配合；最后，项目投运后，业主仍旧无条件支持项目的技术更新、性能分析，并提出了许多建设性的建议，同时业主也在积极宣传和推广"光储直柔"技术。印象最为深刻的是，进行直流灯具改造时，需要对楼宇停电半小时，影响到了正常的办公，但是业主非常愿意配合，并协助我们快速的完成了灯具的改造。当直流照明点亮的那一刻，大家都非常认真地来询问相关的项目细节，给人印象深刻，难以忘怀。

问题 2：通过开展"光储直柔"项目建设，您有哪些经验可以分享给同行？

本项目的设计、建造以及投运为后续项目积累了宝贵的经验，尤其对此类房龄较大的建筑，在设计、建设之前需要充分了解该建筑既有的容量、配电方式、接地和保护方式等基本情况。可以根据现场情况进行具体的测绘，画出来比较准确的配电图纸。同时对于此类交直流混合建筑，要充分了解建设需求，严格区分直流使用范围，以免造成混淆。

问题 3：您觉得哪些类型或者具备哪些特征条件的建筑，适合优先采用"光储直柔"技术？

本项目是一个典型的办公楼宇场景，用电高峰集中在 8：30 至 18：00，夜间用电负荷最低，且存在峰谷电差，同时节假日和春秋季用电需求相对较少，有一定的电动汽车充电需求。对于此类场景的建筑，适合采用"光储直柔"技术。

问题 4：您觉得推动"光储直柔"建筑规模化发展，需要进一步加强哪些方面的工作？

最大的因素是成本，"光储直柔"项目由于采用了一定的光伏和储能，导致配电系统成本比无可再生能源高，而建成后带来的直接经济收益与投入相比较低，投入回收期较长。另外一个是改变用户的直流电理念和使用习惯，消除用户在使用直流电方面的顾虑，也是需要加强的工作。

4.2.8 深交所广场办公楼

建设单位：深圳证券交易所营运中心
设计单位：荷兰大都会建筑事务所（OMA），深圳市建筑设计研究总院
运营单位：深圳证券交易所营运服务与物业管理有限公司
项目地点：深圳市福田中心区
建筑面积：27.13 万 m^2
示范面积：27.13 万 m^2

4.2.8.1 项目总览

（1）项目概况

本项目位于深圳市福田区，占地 3.9 万 m^2，建筑高度 245.8m，地上 46 层，地下 3 层，总建筑面积 27.13 万 m^2，其中地上 18.46 万 m^2，地下 8.67 万 m^2，大楼主要用于金融机构办公和数据机房等，于 2013 年 6 月竣工并投入使用。

（2）建设目标

本项目积极响应国家绿色建筑发展战略，在设计之初就将绿色建筑三星级作为建设目标，采用了包括太阳能光伏系统、冰蓄冷空调系统、太阳能热水系统、智能化控制系统等在内的 25 项绿色建筑技术措施，运营阶段为响应国家新能源利用政策，又增加了电动汽车充电系统。

（3）建设内容

本项目"光储直柔"系统主要包括太阳能光伏系统、冰蓄冷系统、太阳能热水系统和电动汽车充电系统，各项技术应用空间布局见图 4-89。

图 4-89　项目建设内容示意图

4.2.8.2　项目技术方案
（1）建筑光伏系统

建筑光伏系统总功率为 102kWp，分别安装在建筑屋顶、十层女儿墙和东西两个遮阳亭顶部，共安装了 2295 块单晶硅光伏组件，见图 4-90。在建筑屋面、十层东面和西面空中花园共设有 3 个光伏机房，光伏发电通过逆变器逆变后，经汇流箱并入建筑交流配电系统，不再另行配备储能系统。

图 4-90　建筑光伏系统实景图

（2）储能系统

深交所广场根据不同功能区域用能特点的不同，设计了 A、B 两套独立的中央空调系统，A 系统为常规水冷中央空调系统，服务于数据机房等 24h 不间断供冷区域，总冷负荷 2752RT，选用 3 台 900RT 单工况冷水机组；B 系统为冰蓄冷空调系统（图 4-91），服务于除 24h 供冷外的其他区域，总冷负荷 4415RT，选用 3 台 950RT、1 台 500RT 双工况冷水机组，冰蓄冷系统配置了 25 台蓄冰槽，总蓄冰量为 19025RTh，蓄冰时间 23：00 至次日 07：00。

图 4-91　冰蓄冷空调系统实景图

（3）充电桩

电动汽车充电系统共安装了 29 个电动汽车充电桩，2021 年度累计充电量 15.98 万 kWh，其中一部分采用直流充电，充电桩实景图见图 4-92。

图 4-92　充电桩实景图

（4）智慧能源管理系统

本项目通过建筑智慧能源管理系统（图 4-93）对大楼的能源系统的运行状态进行实时监测与控制，并对室内外环境参数、建筑能源消耗及碳排放进行动态监测与分析。

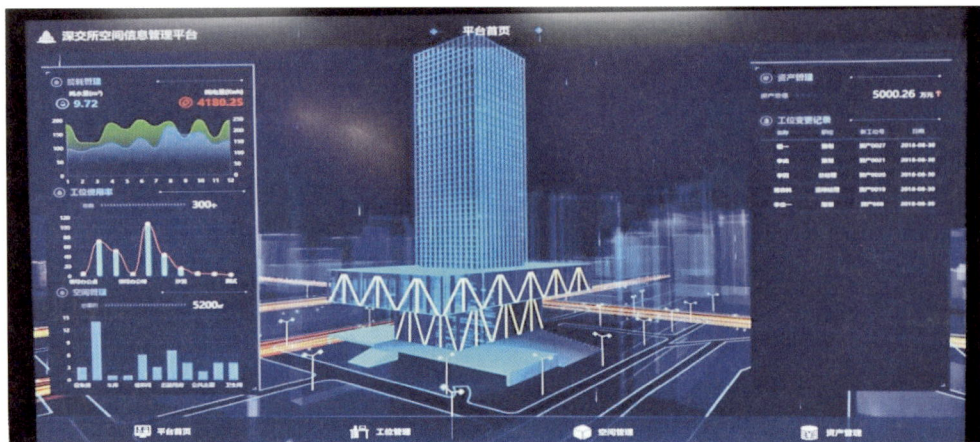

图 4-93 建筑智慧能源管理系统

4.2.8.3 项目实施效果与特点

（1）项目实施效果

本项目用电需求（除去数据中心等特殊用电）主要由中央空调、照明与动力设备、电动汽车充电桩以及冰蓄冷储能等组成。2021 年度总用电需求量为 2335 万 kWh，建筑用电强度为 83.75kWh/（m²·a）。其中：建筑用电量为 2180 万 kWh，占总用电需求的 93.4%；储能充电量为 138.8 万 kWh，占总用电需求的 5.9%（此储能充电量为节约电费所推算结果，将蓄冰折算为储能电量，具体充电量暂无计量）；充电桩充电量为 16.0 万 kWh，占总用电需求的 0.7%。用电需求结构见图 4-94（a）。

本项目电力供应由市政电网电力、光伏发电、冰蓄冷系统融冰释放冷量三部分组成。电力供应结构见图 4-94（b）。光伏发电量 5.11 万 kWh，占总电力供应的 0.2%，光伏发电量完全被建筑利用，光伏自给率为 0.2%，光伏本地消纳率为 100%，见图 4-95。可见，对于大型商业办公建筑，由于建筑用电负荷强度高、需求总量大，且建筑屋顶及场地空间资源有限，建筑年用电量远大于建筑年光伏发电量，光伏发电以自发自用、本地消纳方式更为合适。

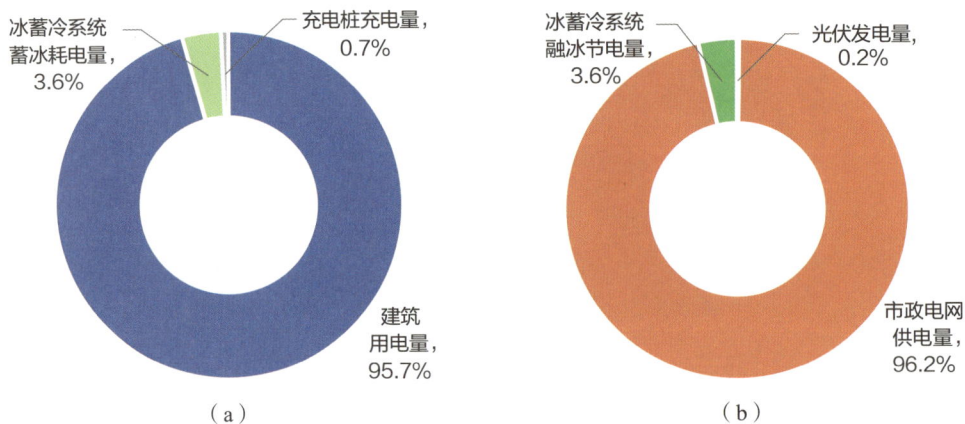

图 4-94 能源供需结构
（a）用电需求结构；（b）电力供应结构

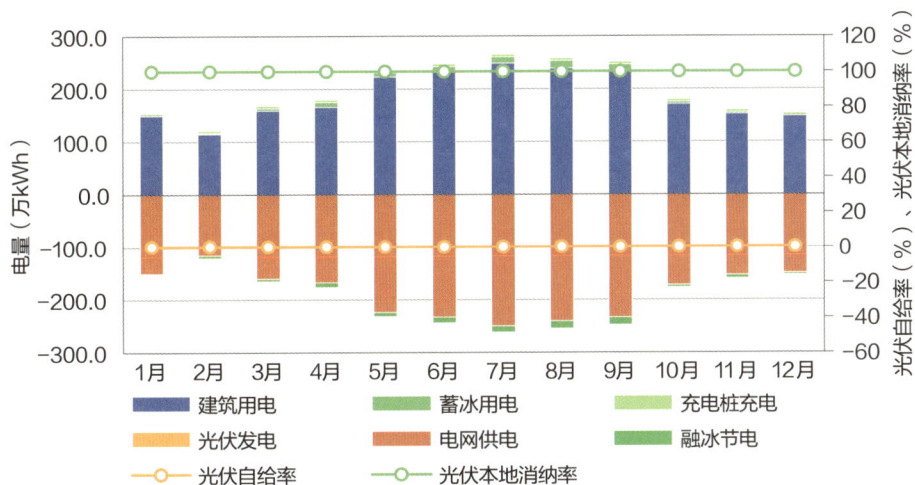

图 4-95 能源供需平衡分析

（2）项目特点

本项目最突出的特点是采用了冰蓄冷空调系统作为建筑用电负荷柔性调节的方式，通过在夜间电网用电低谷时段蓄冰，在白天电网用电高峰时段释放冷量，不仅有助于降低空调制冷主机装机容量和建筑变压器配电容量，而且通过"削峰填谷"运行可以获得良好的经济效益。本项目冰蓄冷空调系统 2021 年度节约电费 57.73 万元，经济效益显著。

4.2.8.4 建设者说

问题 1：在项目设计、建造或投运后，举例给您留下印象较深的事情？

绿色建筑的能耗水平较低。根据近 10 年的运行数据和相关计算标准，大楼能耗水平保持在年 80kWh/m² 以下，较同地区同类项目优越。绿色建筑需要实施有效的运行技术管理才能发挥应有的效果，如空调 VAV 系统、蓄冷系统需要不断调适和实施相对精细化的运行管控。绿色建筑技术措施要与运行可持续和健康管理相结合，如中水回收利用技术，既要考虑杂排水的量，又要考虑运维管理成本，还要考虑可能带来的卫生健康风险。

问题 2：通过开展项目建设，您有哪些经验可以分享给同行？

绿色建筑的价值与优势体现在全寿命周期，绿色建筑的建设单位首先要有全寿命周期的管理理念，切忌"重建设、轻运营"。项目经验总结如下：

① 立项时确定目标。在项目立项时提出国家绿色建筑三星级的目标。

② 合同结算关联。将"绿色建筑三星级（《绿色建筑评价标准》GB/T 50378—2019）"的目标纳入所有工程相关的合同，在合同中体现奖罚措施并作为结算依据。

③ 聘请专业顾问。聘请专业顾问全过程跟踪，从设计评审与绿色技术措施规划、施工组织设计评审、施工过程取证、现场测评、标识申报等实施全方位全过程跟进。

④ 专责小组负责。建设单位成立绿色建筑专责小组，负责与顾问对接，全面协调设计、施工、监理单位落实各项绿色建筑措施。

⑤ 建设与运营团队基本不变。竣工后，建设团队工程技术人员转入大楼运营管理团队，为运行标识的申报创造最大化条件。

问题 3：您觉得哪些类型或者具备哪些特征条件的建筑，适合优先采用"光储直柔"技术？

① 享有峰谷电价差且具有生产工艺功能的建筑最适合优先采用冰蓄冷技术。本项目位于华南地区且包含数据中心机房设施，冬季气温降低时仍有供冷需求，冰蓄冷可持续发挥削峰填谷作用。

② 项目日照充足便可采用光伏技术，对于超高层建筑，还可以进一步利用外立面收集热辐射。对于市电供电充足可靠地区，光伏发电系统应用的技术关键是转换效率和运维成本，同时还包括厂商备品备件情况，以及维修的难易程度。

问题 4：您觉得推动建筑用能柔性技术规模化发展，需要进一步加强哪些方面工作？

① 加大宣传力度和政府引导。通过样板工程、技术交流和业内推广等方式，让业内设计方、建设方掌握了解柔性技术的优势，同时与政府主管部门协调纳入推荐使用目录，在实际工作中，大家"想用、愿意用"。

② 降低技术应用门槛和建设成本。新技术的应用会有一个过程，在加强宣传推广的同时要加大技术的集成化，形成批量化规模效应，降低使用门槛和建设成本。

4.2.9　东莞供电局办公楼

建设单位：广东电网有限责任公司东莞供电局
设计单位：佛山电力设计院
运营单位：广东电网有限责任公司东莞供电局
项目地点：广东省东莞市大朗镇聚新四路 1 号
建筑面积：1853m²
示范面积：1112m²

4.2.9.1　项目总览

（1）项目概况

东莞南区局办公楼位于广东省东莞市大朗镇，建筑高度约 20m，地上 5 层，总建筑面积约 1853m²，主要建筑功能包括办公、会议等。"光储直柔"系统应用范围为办公楼 1～3 层，应用建筑面积为 1112m²。项目配电设施见图 4-96。

（2）建设目标

依托松山湖智慧能源生态系统交直流混合配网建设工作背景，开展东莞南区供电局办公楼"光储直柔"系统改造，以工程实践探索民用建筑低压直流配电应用关键技术和未来高比例可再生能源背景下城市配网规划和运行关键技术问题，为东莞松山湖智慧生态系统提供良好的"光储直柔"系统应用示范场景，对于推动"光储直柔"建筑技术应用和直流配电网关键技术应用具有重要的理论研究价值和实践示范意义。

（3）建设内容

本项目"光储直柔"系统建筑内容包括：建筑光伏系统、储能系统、建筑直流配电系统和室内安全高效直流用电系统，"光储直柔"技术应用布局见图 4-97。

图 4-96 项目配电设施

图 4-97 "光储直柔"技术应用布局图

4.2.9.2 项目技术方案

(1) 直流配电系统

本项目直流电源取自多站合一项目的 DC750V 对称单极直流母线,由多站合一项目提供两路 DC750V 直流电源(一主一备),DC750V 母线上连接直流空调外机、光伏发电系统、储能系统,经由容量为 200kW 的 DC750V/DC220V 变换器连接 DC220V 母线,DC220V 母线连接直流路灯、直流空调内机、直流照明、直流家电以及其他 IT 负荷,系统容量配置为 119kW。直流配电系统架构见图 4-98。

本项目接地采用 IT 悬浮系统。系统能够满足 IT 接地方式安全保障所必需的绝缘监测的基本要求,且应用难度和技术风险小。

(2) 建筑光伏系统

本项目建筑光伏系统为 BAPV 形式(图 4-99),采用单晶硅光伏组件,安装在东莞南区局 2 号办公楼屋顶,光伏组件总安装面积为 435m^2,总安装功率为 90kWp,光伏系统通过 DC/DC 变换器接入 DC750V。

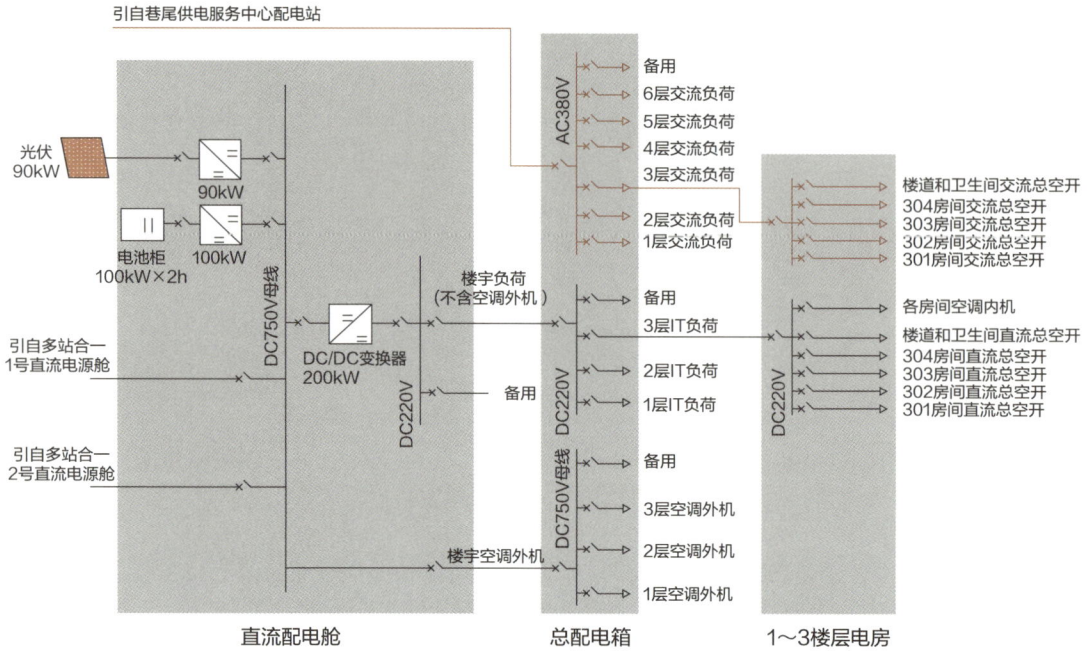

图 4-98　直流配电系统架构图

图 4-99　改造后的屋顶光伏

（3）储能系统

本项目储能系统采用 200kWh/100kW 的磷酸铁锂电池（图 4-100），可实现能量调节和功率调节，充放电深度大于 80%，直流侧系统效率为 88%，年放电量 66400kWh，年充电量 58400kWh，削减峰值用电负荷比例为 22.15%。

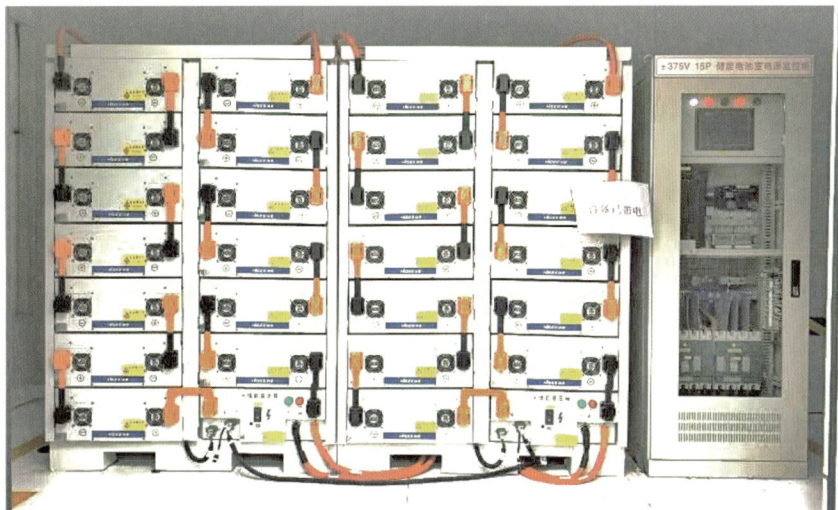

图 4-100　蓄电池室中的储能电池柜

（4）直流用电场景

本项目直流用电场景包括建筑空调、室内照明、办公及会议场景等（图 4-101）。直流空调系统配置了空调外机 4 台，空调内机 27 台，空调制冷峰值总负荷为 290kW。室内照明系统采用了 225 盏 LED 照明灯具，照明总功率为 11.2kW。办公及会议场景配置 16A 直流插座 132 个，10A 直流插座 299 个，满足各类直流办公、直流会议的 IT 负荷及直流家居负荷接入需求，主要办公及会议设备有电脑、投影仪、直流茶吧机、扫地机器人、吸尘器、空气净化器、直流电饭锅、直流咖啡机、冰箱等，总功率为 7.27kW。场地安装直流路灯 8 个，总功率为 2kW，由交直流配电预制舱引出 DC220V 线路供电。

图 4-101　会议室照明由直流供电

（5）智慧能源管理系统

智慧能源管理系统（图 4-102）可以实时监测与控制光伏、储能、直流配电及直流用电设备的运行状态及运行技术参数，包括电压、电流、功率等，还可以对室外空气温湿度、气压、风速等环境参数进行实时监测，并具备图形显示及打印、报警及事件记录、事件顺序记录 SOE、曲线管理、遥控等功能。

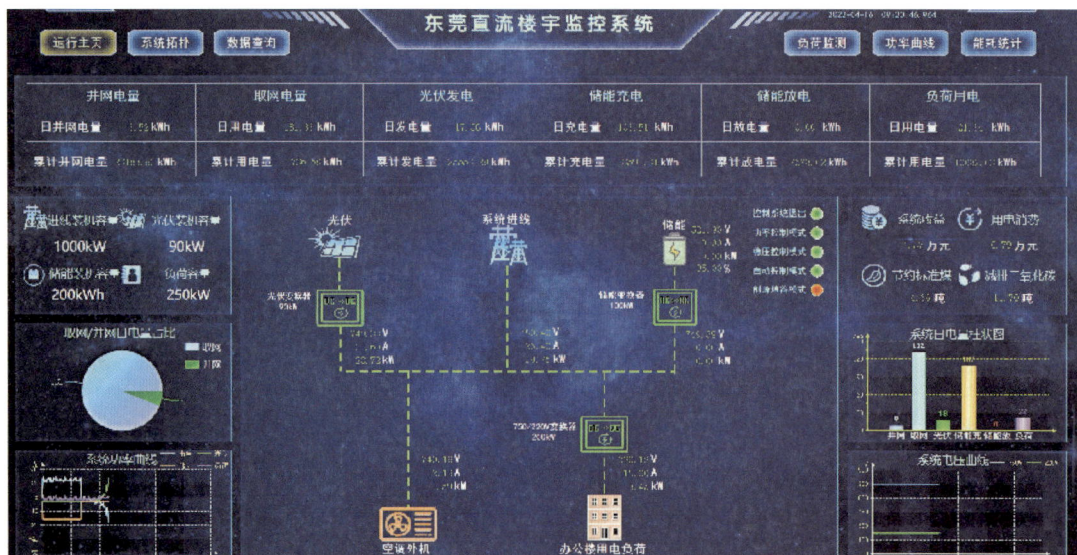

图 4-102　智慧能源管理系统界面实景图

4.2.9.3　项目实施效果与特点

（1）项目实施效果

本项目"光储直柔"系统自 2022 年 4 月 12 日投入试运行后总体运行稳定，光伏发电系统按照 MPPT 模式运行，累计发电量达 57629kWh，储能系统按照经济最优模式运行，累计充电 21068kWh、累计放电 19154kWh，直流楼宇负荷正常运行。系统直流母线电压和电流控制满足设计电能质量要求，各类安全保护功能运行正常。储能系统曾发生单体过压轻微报警等告警情况，需修正 SOC 控制程序，避免以上情况发生。

1）用电需求情况

截至目前总用电需求量为 17.3 万 kWh，其中：建筑用电量为 15.2 万 kWh，占总用电需求的 87.8%；储能充电量为 2.1 万 kWh，占总用电需求的 12.2%。用电需求结构见图 4-103。

2）电力需求情况

总电力供应为 17.3 万 kWh，其中：市政电网供电量为 9.6 万 kWh，占总电力供应量的 55.5%；储能放电量为 1.9 万 kWh，占总电力供应量的 11.1%；光伏发电量 5.8 万 kWh，占总量的 33.4%。电力供应结构见图 4-104。该项目的光伏本地消纳率为 100%，光伏自给率为 38%，光伏发电采用自发自用、本地消纳方式。

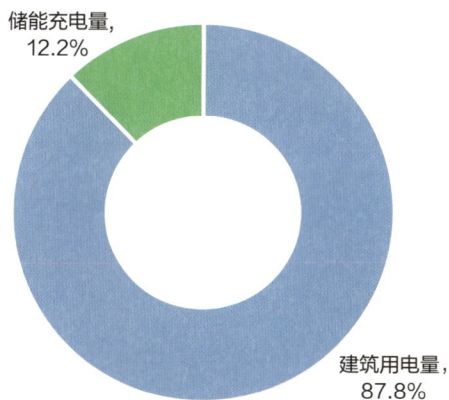

储能充电量，12.2%

建筑用电量，87.8%

图 4-103　用电需求结构

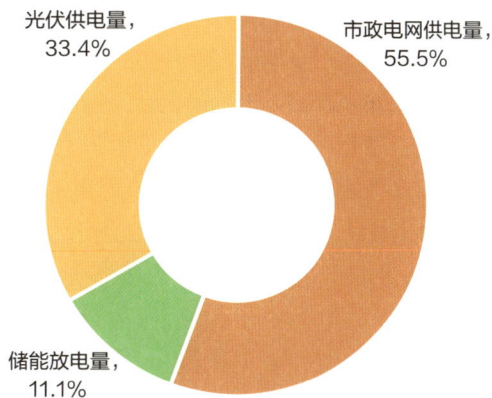

光伏供电量，33.4%

市政电网供电量，55.5%

储能放电量，11.1%

图 4-104　电力供应结构

（2）项目特点

本项目是"光储直柔"建筑技术在建筑领域和电力生产系统中的一次重要应用探索，为研究验证"光储直柔"建筑技术的安全性、可靠性和建筑电网柔性互动能力提供了良好的实验平台，也为探索未来高比例可再生能源背景下城市配网规划和运行关键技术提供了实验场景。整体看来系统运行达到了项目建设目标及预期的节能减排效益。同时，项目配套建设"光储直柔"展示系统，采用先进的多媒体交互技术、富有趣味的互动体验装置，让参观者直观地感受直流配电技术的应用场景。

4.2.9.4　建设者说

问题 1：通过开展"光储直柔"项目建设，您有哪些经验可以分享给同行？

建筑原有光伏和储能的基础上加入了"柔"性调节（建筑＋"光储直柔"），一方面通过"柔"性调节可控负荷的实时功率，另一方面通过光伏、储能以及负荷三者的动态匹配实现与市政电网的友好对接，其效率提高约 3%。通过"光储直柔"使得从市政电网取电功率曲线变得更加平缓没有明显峰值，在更好保证用电可靠性的同时，进一步提高了其经济价值。

问题 2：您觉得哪些类型或者具备哪些特征条件的建筑，适合优先采用"光储直柔"技术？

"光储直柔"的主要要素包括光伏、储能、直流、柔性调节、节能等。采用"光储直柔"技术对建筑的需求提出了一些限制条件。

首要条件是具备源的直流化。直流电源包括光伏、风能、氢能、光热、储能等新能源有关的电力源。新能源发电大多是以直流的形式产生的。借助直流电源的这一特点，可以减少 DC/AC 的变换环节，有效降低变换环节及送电环节带来的电能损耗。因此源的直流化是楼宇实现直流改造的特征之一。

其次是用电终端直流化。目前大多数用电设备逐渐朝着电力电子化的趋势发展，这些产品包括：空调、照明、计算机、充电桩、常用办公设备、智能家居设备等。电力电子化的特点就是这类产品可以直接兼容直流电源，具备直流化的特点。因此当建筑的这类设备占比较多的时候，就可以推荐采用"光储直柔"技术。

综上，"光储直柔"技术适合应用于学校、办公、住宅等建筑。

问题 3：您觉得推动"光储直柔"建筑规模化发展，需要进一步加强哪些方面工作？

目前影响"光储直柔"技术发展的主要因素有：直流源规模化不足、用电负荷直流化标准不统一等。

在国家大力推动新能源技术的发展趋势下，直流源占比在逐渐加大，大力推动了"光储直柔"的发展。但建筑本身可利用的新能源毕竟有限，仅靠建筑本体的光伏、光热、氢能等电力源，并不能满足所有用电负荷的需求。

用电负荷仍存在很多电力设备无法直接接入直流电网，比如旋转动力负荷、大量工业负荷和少数电力电子化的产品，部分电力电子化产品仍需改造后才能接入直流电网。

综上，如能在直流配网、直流配电、直流产品的一些标准及实施方面作出尝试和突破的话，将对"光储直柔"建筑规模化有很大的帮助。直流电网方面可以提出直流网架、直流配网的区域试点。有了直流网架的支撑、直流试点的推广以及技术标准方面的支持，将更有利于推动直流配电和直流产品的规模化发展。

4.2.10 大江东杭州格力产业园

建设单位：格力电器（杭州）有限公司

设计单位：国家电网浙江省公司

格力电器（杭州）有限公司

国创能源互联网创新中心（广东）有限公司

运营单位：格力电器（杭州）有限公司

项目地点：杭州市钱塘区江东一路 2345 号

总建筑面积：796592m^2

示范面积：796592m^2

4.2.10.1 项目总览

（1）项目概况

大江东杭州格力产业园位于杭州市大江东产业集聚区临江高新技术产业园内，园区总用地面积 908355m^2，建筑总面积 796592m^2，地上建筑面积 794307m^2，地下建筑面积 2285m^2。园区建筑功能以生产厂房为主，配套建设办公楼、员工宿舍及食堂等功能。项目实景图见图 4-105。项目基本信息表见表 4-6。

本项目依托江东柔直示范工程，搭建了杭州直流配电网示范区的主干网架"一套主干"，在此基础上不断扩建和规划，并结合杭州大江东产业集聚区格力电器（杭州）有限公司产业园和氢电耦合示范等项目和工程，打造直流配网应用"四大场景"：直流写字楼场景、直流工厂场景、直流家居场景、氢电耦合场景，覆盖了直流技术在日常生产生活应用的各个领域。目前，直流写字楼、直流工厂、光伏小屋已初步建成并投入运行。

（2）建设目标

杭州格力产业园依托"五环五化"的建设指导思想，全力打造技术领先、品质卓越、绿色生态、人文关怀、生产智造的行业领先的"自动化、敏捷化、智能化、定制化、信息化"的"智慧直流工厂"，建设浙江首个直流楼宇及工厂全区应用示范系统。

图 4-105 项目实景图

项目基本信息表   表 4-6

建设分期	土地面积（m²）	土地面积（亩）	建筑面积（m²）
一期	343022	514.53	127241
二期	230482	345.72	234469
2.5 期	158508	237.76	188026
三期	176343	264.51	246856
合计	908355	1362.52	796592

（3）建设内容

本项目"光储直柔"系统建设内容包括：柔性直流配电系统、分布式光伏系统、分布式储能系统、光储充驿站、光储空高效空调系统，打造直流办公、直流工厂、直流家居及氢电耦合四大直流应用场景。项目建设内容示意图见图 4-106。

图 4-106 项目建设内容示意图

4.2.10.2　项目技术方案

（1）柔性直流配电系统

本项目由江东高压直流变电站引直流专线到园区，建设 10kV/±DC375V 直流变电站，在园区内搭建柔性直流供电配网及直流末端负荷应用，实现工业园区直流配网应用示范。柔性直流配电网拓扑结构见图 4-107。主要建设内容包括：

1）建设一座直流 10kV 转 ±DC375V 的 2MW 变流站（图 4-108）。

2）搭建园区 ±DC375V/±DC200V/±DC24V 直流配电工程，主要包含直流暖通系统、直流照明系统、直流办公系统。园区直流配电系统采用双极母线架构，光伏系统、储能系统、直流空调室外机、直流生产线等大功率用电设备接入 ±DC375V 直流母线，通过 DC/DC 变换器转换成 ±DC200V，供户用储能、分体式空调和 DC400V 插座等中等功率用电设备使用，再通过 DC/DC 变换器转换成 ±DC24V，供 DC48V 插座、展厅低压直流电器、空调内机和直流照明使用。

3）建设直流"零碳健康家"生态体验展厅。

4）与氢电直流系统互通互济。

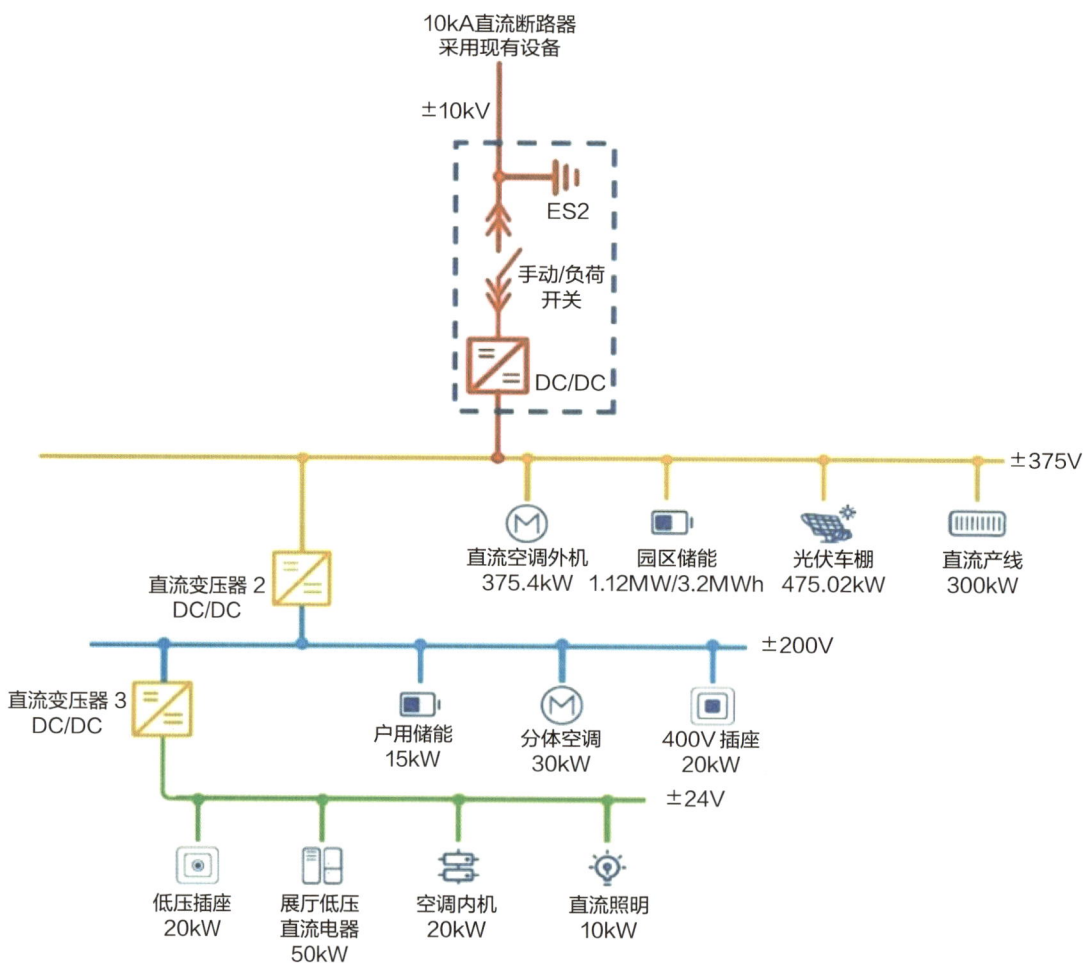

图 4-107　柔性直流配电网拓扑结构图

图 4-108　园区中压柔直直流变电站

（2）分布式光伏系统

本项目规划建设 10MW 分布式光伏项目，安装在注塑车间和总装车间屋顶。分三期建设：一期建设 3MW，二期建设 5MW，三期建设 2MW。目前一期 3MW 屋顶光伏系统已建成并投入运行，见图 4-109。

一期屋顶光伏采用 BAPV 形式，采用单晶硅光伏组件，安装于总装及注塑车间屋顶，由 9387 块功率为 400W 的光伏组件组成，总安装面积 16000m^2，总安装容量为 3MW。一期屋顶光伏系统配置了 6 台 560kW 的隔离型光伏 DC/DC 变换器，总功率为 3360kW，具备最大功率点跟踪 MPPT 和限功率运行功能。光伏组件通过 DC/DC 变换器调压后接入 ±DC375V 直流母线，同时通过柔性双向 AC/DC 变换器并入园区内的 AC400V 低压侧。光伏发电优先供光伏直驱空调及其他直流负载使用，多余的光伏发电通过 AC/DC 变换器转换成交流电上网。

图 4-109　屋顶光伏系统实景图

（3）储能系统

为实现削峰填谷经济运行目标，本项目配置了 6 套钛酸锂集装箱储能系统，单个储能集装箱容量为 560kW/1.6MWh（图 4-110），储能系统总容量为 3360kW/9.6MWh，分别安置在注塑车间西侧、控制器车间西侧、空压站东侧、物流分厂北侧、总装车间北侧，于 2020 年 12 月全面投运。储能系统在夜间用电低谷时段充电，在白天用电高峰时段放电，同时在夏季电网供电紧张时提供电力需求响应服务。

储能系统配备 6 台双向储能 AC/DC 变换器，每台容量 1600kW，总功率为 9600kW。每台储能集装箱通过 1 台 560kW 隔离型双向 AC/DC 变换器接入园区内的 AC400V 低压侧。

图 4-110　园区集装箱储能设施实景图

（4）"光储充"驿站

以"以人为本、便捷员工"为出发点，建设一套"光储充"驿站（图 4-111），既能满足员工通勤电动大巴车、电动自行车的充电和存放要求，又能实现新能源就地消纳、直流安全供电应用多能互济互通的供能新模式，实现绿色"光—氢"联动"光储充"应用示范。

（a）

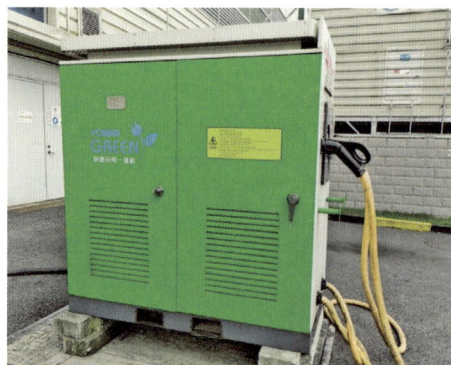

（b）

图 4-111　光储充驿站实景图
（a）光伏车棚（电动自行车）；（b）格力钛电动汽车双向充电机

1）建设 3 个光伏车棚，包括光伏停车棚（电动大巴车）、光伏候车棚（电动大巴车）和光伏停车棚（电动自行车），光伏总安装面积 3738.53m²，总安装功率 850.4kW。其中：光伏停车棚（电动大巴车）由 2000 块功率为 400W 的单晶硅光伏组件组成，光伏安装面积 3600m²，安装容量为 800kW；光伏候车棚（电动大巴车）由 42 块功率为 400W 的单晶硅光伏组件组成，光伏安装面积 48.53m²，安装容量为 16.8kW；光伏停车棚（电动自行车）由 84 块功率为 400W 的单晶硅光伏组件组成，光伏安装面积 90m²，安装容量为 33.6kW。光伏系统配置了 2 台 20kW 的隔离型光伏 DC/AC 逆变器，总功率为 40kW，具备最大功率点跟踪 MPPT 和限功率运行功能。

2）建设两台容量为 240kW 的大巴车双向直流充电机，搭建一套 DC±24V、容量为 310kW 的安全智能电动自行车充电系统，省去充电器转换。

3）建设一套光伏直流并网、氢＋燃料电池储能新能源互补新型"光储充"系统。当光伏发电量多余时，由储能系统存储多余的电量，光伏发电量不足时，由储能系统放电供电动大巴车和电动自行车充电。

（5）"光储空"高效空调系统

本项目在园区内建设"光储空"高效空调系统，为生产车间厂房供冷。空调系统总制冷量为 7559kW，共配置了 3 台光伏（储）直流变频离心机（图 4-112），两大一小，其中：2 台为额定制冷量为 3164kW，额定功率为 451kW，性能系数 7.02；1 台为额定制冷量为 1231kW，额定功率为 194kW，性能系数 6.35。光伏（储）直流变频离心机采用 DC750V 供电。

图 4-112 光伏直驱离心机组

（6）氢电耦合系统

氢电耦合系统（图 4-113）采用光伏发电及市政电网低谷时段电力电解水制氢，主要包括水电解装置和纯化装置两部分，系统可产生氢气 200Nm³/h 和氧气 100Nm³/h。

主要建设内容包括：

1）建设一套 200Nm³/h 碱水电解制氢＋加氢＋储氢系统；

2）配套 60kW 燃料电池实现氢能就地消纳、并设置储能调峰应用系统及氢电余热回收利用系统；

3）配套 100Nm³/h 制氢氧气提纯及增压系统供园区生产焊接助燃。

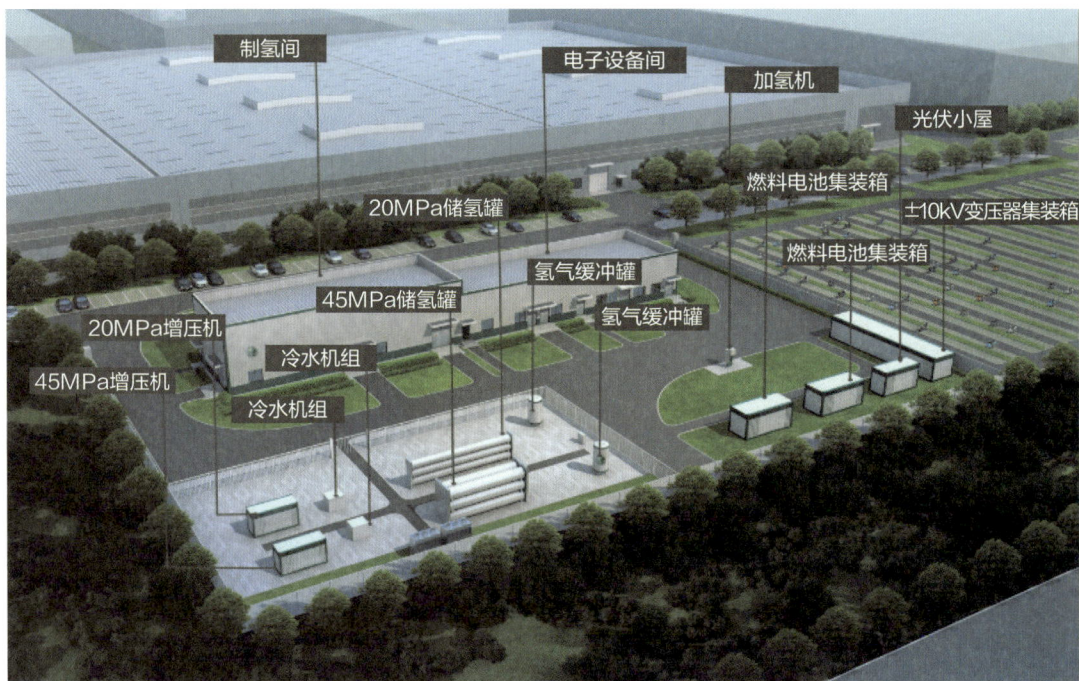

图 4-113　氢电耦合项目场景

（7）直流应用场景

1）直流写字楼

依托杭州格力园区办公楼，打造直流写字楼场景，主要直流用电设备包括：直流空调系统和直流照明系统。

① 直流空调系统：办公楼空调系统采用变频多联式空调＋新风机系统形式，见图 4-114，其中：多联式空调室外机和新风机室外机均采用 DC750V 供电，多联式空调室内机和新风机内机使用 DC48V 供电。共配置了 13 台变频多联机室外机，单台多联机额定制冷量 9.8kW，额定制热量 25kW，电机功率 8.9kW，APF 达到一级，多联机外机总制冷量为 127.4kW，总制热量为 325kW，总电功率为 115.7kW。配置了 6 台变频多联式新风机室外机，单台多联机额定制冷量 9.8kW，额定制热量 31.5kW，电机功率 14kW，APF 达到一级，多联机外机总制冷量为 58.8kW，总制热量为 189kW，总电功率为 84kW。

② 直流照明系统：办公楼照明采用 LED 高效照明灯具，见图 4-115，照明灯具总功率为 50kW，300 盏 0.2kW 的 LED 灯带组成，照明灯具采用 DC24V 供电，走廊、楼梯间采用自然光感应控制。

图 4-114　写字楼变频多联式空调实景图

图 4-115　直流照明及直流空调室内机实景图

2）直流工厂

依托园区生产车间，打造直流工厂场景，主要直流用电设备包括：直流空调、直流照明和直流生产设备。直流生产线见图 4-116。

图 4-116　直流生产线

3）光伏小屋

本项目根据建筑功能需求和新能源就地消纳应用需求，在公司西侧停车场 2 号门岗北侧建设光伏小屋 1 座，见图 4-117，满足招聘、办公和员工休憩需求，建设内容包括：

① 建设 6m×18m 集装箱建筑，功能涵盖面试招聘中心、第三方办公驻点、爱心早餐店等。

② 在屋面铺设约 150kW 光伏发电系统和户用储能系统。

③ 搭建纯直流办公应用场景和直流智能家居场景。在光伏小屋内配置即插即用直流

插座，分为 DC400V 和 DC48V。光伏空调、电磁炉、冰箱等大功率设备，通过 DC400V 直流插座连接在 DC400V 直流母线上，LED 灯、电风扇、空气加湿器、无线充电器等小功率用电设备通过 DC48V 插座连接到 DC48V 直流母线。

图 4-117　杭格光伏小屋

（8）IEMS 管理系统展示平台

在工厂打造配置 IEMS 管理系统展示平台，见图 4-118，利用一体化的平台和先进的数据分析系统，达到对能源的实时监控、用能分析、用能平衡、能效预测等，实现能源的精细化管理。同时，可以实现需求侧调动工厂内容部参与上级供电管理部门需求响应或直接进行远程优化控制，实现电力负荷的柔性化，支撑直流供用电侧的可靠、经济运行。

平台采用云服务架构体系，支持功能扩展及升级，支持接入大量的物联网终端设备，支持智能插座计量模块接入，分析计量数据，可以为用户提供用电能耗分析、电价信息、功率因数分析、负荷分析、用电量等信息显示功能，支持多表集抄的数据；利用大数据分析能力，可按月度或年度为用户提供详细的用能账单，包括电、水、气、热等多种能源使用数据，为用户提供多样的智慧能源服务；系统平台化建设，实现能效、质量及项目平台化管理；精细化管理重点能耗设备、班组、车间等。

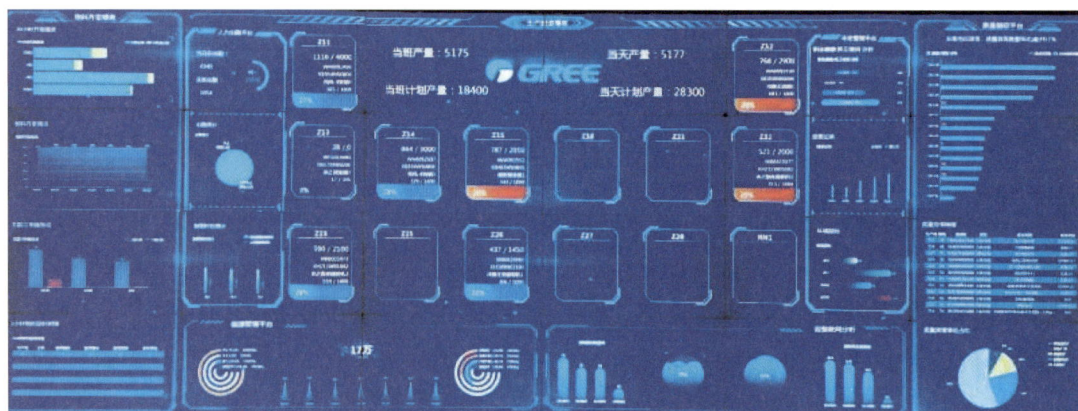

图 4-118　IEMS 管理系统展示平台

4.2.10.3 项目实施效果及特点

（1）项目实施效果

本项目"光储直柔"系统一期工程于 2019 年 3 月投入运行，目前建筑光伏、储能、直流配电及柔性控制系统均能按照设计功能需求稳定运行。

1）用电需求情况

本项目用电需求主要由建筑用电、储能充电和电动汽车充电桩充电三部分组成，见图 4-119。根据 2021 年 4 月至 2022 年 3 月的运行数据，年总用电需求量为 5080 万 kWh，其中：建筑用电量为 4721 万 kWh，占总用电需求的 92.9%；储能充电量为 335 万 kWh，占总用电需求的 6.6%；电动汽车充电桩充电量为 24 万 kWh，占总用电需求的 0.5%。

2）电力供应情况

本项目电力供应由市政电网供电、光伏供电、储能放电三部分组成，见图 4-120。目全年总电力供应量为 4995 万 kWh，其中：市政电网供电量为 4495 万 kWh，占总电力供应量的 90%；光伏发电量为 250 万 kWh，占总电力供应量的 5%；储能放电量为 309 万 kWh，占总电力供应量的 6%。

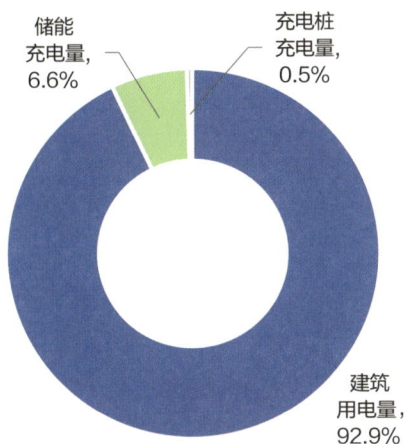

图 4-119 用电需求结构

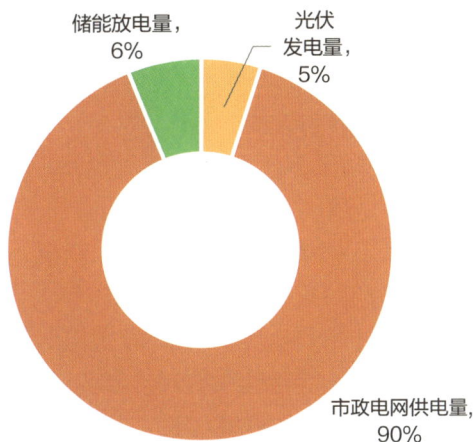

图 4-120 电力供应结构

3）电力供需平衡分析

不考虑项目内部储能的充放电量，本项目建筑净用电量（建筑用电量、充电桩充电量）为 4745 万 kWh，净供电量（光伏供电量、电网供电量）为 4745 万 kWh，其中：光伏发电量为 250 万 kWh，光伏发电量全部供建筑使用，光伏自给率（光伏发电本地消纳的电量占总用电量需求的比例）为 5%，光伏本地消纳率（光伏发电本地消纳的电量占光伏发电量的比例）为 100%，见图 4-121。可见，对于大规模的工业园区项目，由于存在需要 24h 运行的工业生产负荷，园区建筑生产负荷用电量大，光伏年发电量远小于建筑年用电量，光伏自给率小于光伏自用率，光伏发电采用自发自用、本地消纳方式，"光储直柔"系统设计时需重点关注"储"和"柔"，充分利用分布式储能和建筑柔性负荷资源"削峰填谷"，在降低市政电力负荷峰谷差的同时，提高光伏发电本地消纳比例。同时，大规模的调峰储能系统和建筑柔性负荷资源还可以在用电高峰时段参与电力需求响应，向电网返送电力，获得较好的经济收益。

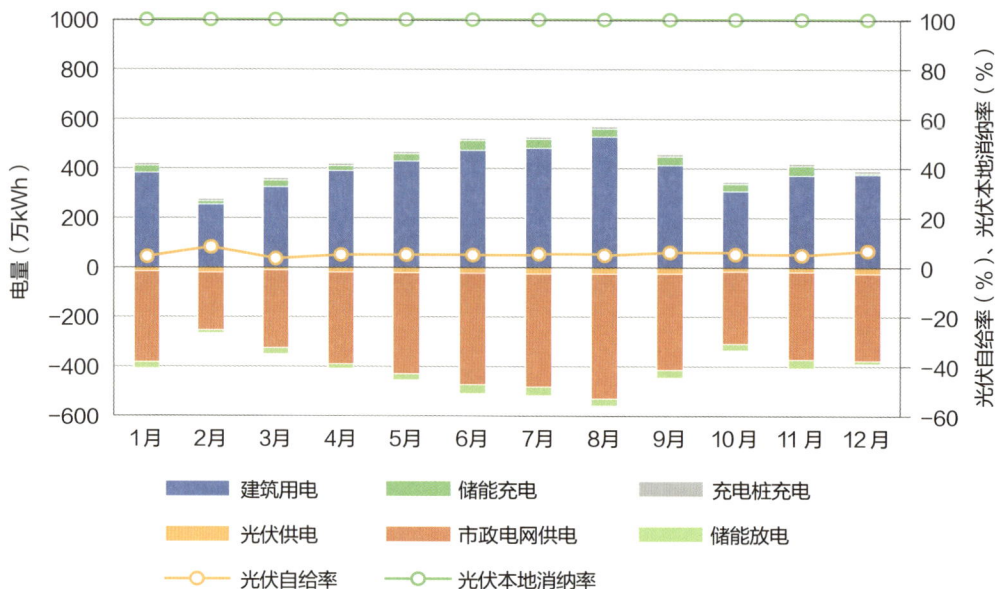

图 4-121　能源供需平衡分析

（2）项目特点

1）工业园区多能互补、新能源就地消纳

本项目是国内首个规模化利用分布式建筑光伏发电制氢、储氢、用氢综合能源示范项目，依托工业园区分布式光伏、制氢－储能－用氢设备，实现了氢能与电能互济共联，制备生产的氢能可为园区氢燃料大巴和燃料电池供能，实现新能源就地消纳。同时，氢气通过燃料电池化学反应发电，同时产生 70℃左右低品位余热，为提高整体效率，对低品位热量通过吸附制冷和除湿空调复合系统回收制冷，供数据中心使用，实现了分布式光伏发电、氢能、冷、热、电多能源互补以及新能源就地消纳。

2）中压柔直配电网应用示范项目

本项目是国内首个建成的中压柔直配电网项目，填补了我国交直流混合配电网建设、运维领域的空白。项目充分体现清洁能源、多元化负荷友好接入的示范效应，主动接入建筑分布式光伏发电、氢燃料电池发电等清洁能源和工业生产、办公、生活等各类直流负荷，同时配置足够容量的储能装置，在柔直示范工程邻近区域完整组建中低压交直流混合电网，打造了柔性直流供电应用范例，实现交直流用电场景有机融合，促进系统降损、提质、增效。

3）工业园区多场景"光储直柔"系统集成应用示范

本项目是国内首个大规模"光储直柔"工业园区应用项目，涉及直流写字楼、直流工厂、直流家居、氢电耦合四大直流应用场景，覆盖了直流技术在日常生产生活应用的各个领域。项目是国内首个直流负载用户主动接入，负荷侧完全由用户自主投资的直流配网工程。

4）"源、网、荷、储"友好互动需求响应应用示范

依托工业园区分布式光伏、9.6MWh 调峰储能系统、氢燃料电池等丰富的新能源资源、中压柔直配电网和智慧能源管理系统，可实现在电网供电低谷时段利用电网谷电制氢和（或）电池充电，在电网供电高峰时段，根据电网调峰指令，利用氢能发电和（或）储能电池放电，打造多能源形式下的"源、网、荷、储"友好互动的电力需求响应典型样板。

同时，本项目首次整合直流供电与直流家电产业链，探索电力公司与社会负荷用户协作共赢全新的商业模式。本项目"光储直柔"系统总投资 7600 万元，每年可获得收益约为 500 万元，其中：光伏系统每年节约运行电费 199.2 万元，储能系统峰谷套利运行每年收益约 391.5 万元，储能系统参与电力需求响应每年收益 16 万元。"光储直柔"系统静态投资回收期 10 年，具有良好的直接经济效益。

4.2.10.4 建设者说

问题 1：在"光储直柔"项目设计、建造或投运后，举例给您留下印象较深的事情？

当初在进行"光储直柔"项目设计及建造时，并没有确切的设计依据或者指导规范文件作为参考，唯一确定的就是要把光伏、储能、直流配用电、直流电器、智慧能源管理等元素融合到一起，尽量通过系统的智能调度让整个系统各板块间有机地联系起来并进行良性互济，起到能源高效调度及节能的效果。等项目建设完成后，由于缺少"光储直柔"建筑的评价依据，也不能评价这个项目到底有没有严格做到"光储直柔"，或者这个项目在不同的"光储直柔"项目中处于一个什么样的先进程度或等级。被别人询问到类似这些问题的时候总是很难回答，有时候自己也在调侃自己"咱们是做了个光储直柔项目吧？""嗯嗯，我感觉是的。"

问题 2：通过开展"光储直柔"项目建设，您有哪些经验可以分享给同行？

现阶段，"光储直柔"的应用还不具备明显的成本优势，甚至还会更贵些，如果是示范性的应用场景当然没有问题，如果是追求性价比和收益效益的场景，一定要选择一个适合"光储直柔"的场景来进行项目的应用，最终的效果会更好些，优先在耗电量大、冲击性负荷多的工商业场景中应用。

问题 3：您觉得哪些类型或者具备哪些特征条件的建筑，适合优先采用"光储直柔"技术？

① 新建建筑，不涉及直流改造的建筑；

② 刚性、随机性、冲击性负荷较多以及建筑能耗较大的工商业建筑场景；

③ 小高层住宅建筑。

问题 4：您觉得推动"光储直柔"建筑规模化发展，需要进一步加强哪些方面工作？

首先，"柔"的定义要逐渐定义并明确，做成什么样子才叫"柔"？"柔"的程度怎么划分？

其次，设计标准及评价标准体系的建立。

最后，柔性直流电器作为"光储直柔"的关键负荷支撑，要快速繁荣起来，电器的用电及调节要能快速、高效地参与到"光储直柔"系统的调度与互动中。

4.2.11 山西国臣新能源产业园

建设单位：山西国臣直流配电工程技术有限公司
设计单位：山西国臣直流配电工程技术有限公司
运营单位：山西国臣直流配电工程技术有限公司
项目地点：山西省运城市芮城县华泰南路 88 号新能源产业园园区内
建筑面积：7200m²
示范面积：7200m²

4.2.11.1 项目总览

（1）工程概况

山西国臣新能源产业园位于山西省运城市芮城县华泰南路 88 号新能源产业园区内，建筑高度约 20m，地上 2 层，总建筑面积约 7200m²。地上一层为生产区域，二层为办公区域。"光储直柔"系统应用范围覆盖整栋厂房。项目实景图见图 4-122。

图 4-122 项目实景图

（2）建设目标

本项"光储直柔"系统建设积极响应国家"双碳"发展战略，遵循"以人为本、安全健康、绿色低碳、智慧高效"的基本原则，采用"光储直柔"新型电力系统关键技术，实现园区高效消纳可再生能源、低压安全直流用电、精准响应电网需求，打造融合电力生产、办公、科研实验于一体的电网友好型净零碳园区。

（3）建设内容

本项目"光储直柔"系统包括：屋顶分布式光伏发电系统、储能系统、直流配电系统、直流负荷单元、能量管理系统。项目建设内容示意见图 4-123。

图 4-123　项目建设内容

4.2.11.2　项目技术方案

（1）直流配电系统

项目直流配电系统采用单级母线架构（图 4-124），分为 DC750V 和 DC220V 两级直流电压供电，园区的分布式光伏、储能、电动汽车双向充电桩、空调室外机、工厂生产线等大功率负载采用 DC750V 直流母线供电；照明、办公设备等小功率直流负荷采用 DC220V 供电。

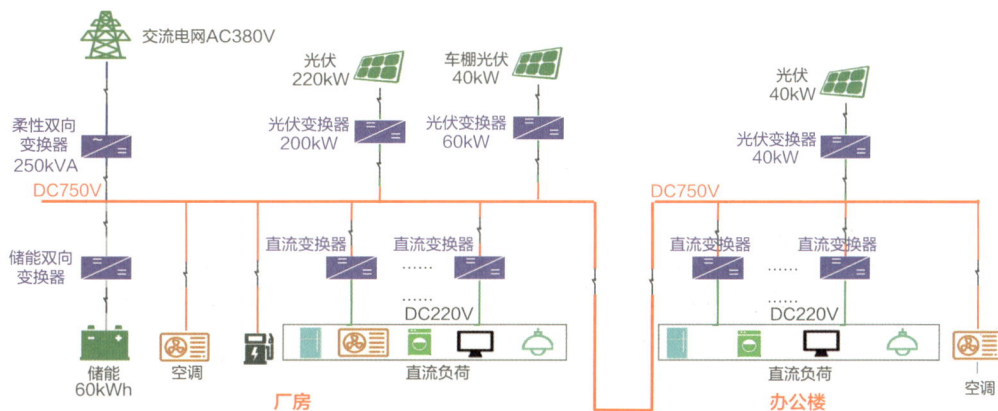

图 4-124　直流配电系统拓扑

本项目 AC/DC 设计容量约 250kW。太阳能电池阵列经汇流箱汇流后，通过光伏 DC/DC 变换器接入 DC750 直流母线；磷酸铁锂电池储能系统通过双向 DC/DC 换流器接入 DC750 直流母线；光伏发电优先供直流负荷消纳，光伏剩余时可给储能充电或是并入 AC380V 低压母线侧供交流负荷消纳；光伏发电不足时，由市政电网、储能补充供电。配合直流灭弧技术的应用，解决了负荷直流接入的问题，最经济的实现了楼内办公及生活类负荷的直流供电。

（2）建筑光伏系统

本项目光伏组件采用多晶硅组件（图 4-125），分别安装在厂房、办公楼、车棚屋顶，安装功率分别为 220kW、40kW、40kW，光伏系统总功率为 300kWp。项目配置了 12 台光伏 DC/DC 变换器，每台 20kW，具备 MPPT 自动运行控制和限功率运行功能。

（3）储能系统

储能系统位于厂房配电室（图 4-126），电池储能单元由 10 组磷酸铁锂电池组成，每组容量为 6kWh，总储能容量为 60kWh /100kW。本项目配置了 5 台双向储能 DC/DC 变换器，每台容量为 20kW，接入"光储直柔"系统 DC750V 直流母线侧。

（4）直流用电设备

直流用电设备包括 LED 照明、插座、风扇、中央空调、冰箱、微波炉、投影仪、自动冲水便池、烧水壶、饮水机、咖啡机等，见图 4-127，总功率为 200kW。项目配置了 3 台直流柔性充电桩，1 台为 120kW（双枪），2 台为 30kW（单枪）。

图 4-125　光伏系统实景图

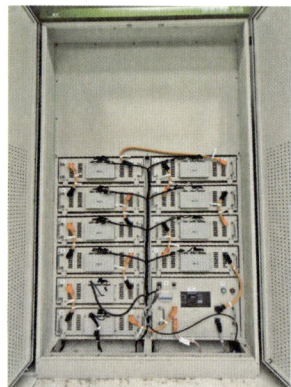

图 4-126　储能系统实景图

（a）

（b）

图 4-127　直流用电设备实景图

（a）直流生产设备；（b）直流充电桩

（5）柔性控制系统

本项目"光储直柔"系统正常情况下采用经济运行模式，市政电网断电情况下可自动或手动切换为离网模式。

经济运行模式： 为保证整个系统的经济性能最佳，实现发电、用电、储电利益最大化。建筑直流用电负荷首先由光伏供电；光伏发电多余时由储能电池存储，储能充满后仍有多余时，多余的光伏发电上网；光伏发电不足时由储能放电补充，储能不足时由市政电网供电。系统通过对直流电压的监测来判断系统当前状态，并进行光伏、储能、市政电网的合理切换。运行结果表明，此种控制策略可以实现对光伏的充分利用及对电压的有效控制，极大地提高了系统运行的经济性。

离网运行模式：当市政电网发生故障断电时，系统切换为离网运行模式，实现"发－储－配－用"自平衡。此时，由光伏发电和储能电池承担所有建筑直流用电负荷需求，当建筑用电负荷功率大于光伏和储能供电功率之和时，可按照负荷等级和设定用电优先级，切除部分不需要重点保障的负荷。系统运行模式见表 4-7。

"光储直柔"系统运行曲线见图 4-128。

直流系统运行模式　　　　　　　　　　　　　　　　表 4-7

光伏状态	楼宇直流运行模式	储能单元状态	PV-BOOST
PV ＞负荷	光伏给负荷供电同时给储能单元充电	充电	MPPT 跟踪
PV ＜负荷	光伏和储能单元给负荷供电	放电	MPPT 跟踪
PV 故障	储能单元给负荷供电	放电	停机

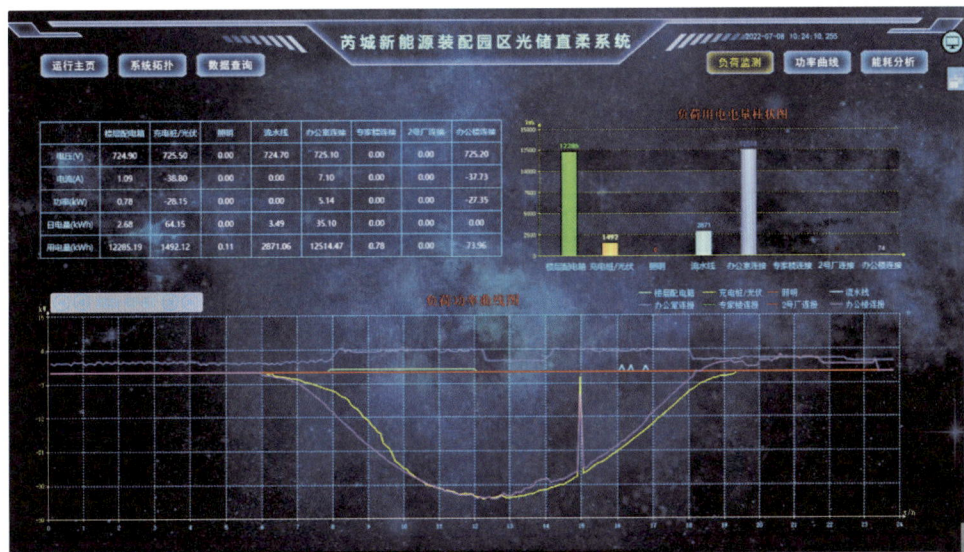

图 4-128　"光储直柔"系统运行曲线

4.2.11.3　项目实施效果与特点
（1）项目实施效果

1）用电需求情况

本项目用电需求主要由建筑用电（办公室负荷、路灯、流水线、其他）、储能充电和电动汽车充电桩充电三部分组成，用电需求结构见图 4-129。根据 2021 年 8 月至 2022 年 7 月运行数据，年总用电需求量为 3.91 万 kWh，其中：建筑用电量为 3.34 万 kWh，占总用电需求的 85.4%；储能充电量为 0.41 万 kWh，占总用电需求的 10.5%；充电桩充电量为 0.16 万 kWh，占总用电需求的 4.1%。

2）电力供应情况

本项目电力供应由市政电网电力、光伏发电、储能放电三部分组成，电力供应结构见图 4-130。项目全年总电力供应为 40.78 万 kWh，其中：光伏发电量 39 万 kWh，供建筑使用的电量为 2.13 万 kWh，多余光伏发电量上网，光伏发电供建筑使用的电量占总电力供应量的 5%，光伏发电上网电量占总电力供应量的 90%；电网供电量为 1.37 万 kWh，占总电力供应量的 3%；储能放电量 0.41 万 kWh，占总电力供应量的 1%。

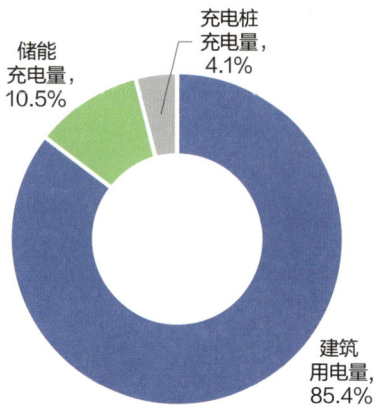

图 4-129　用电需求结构

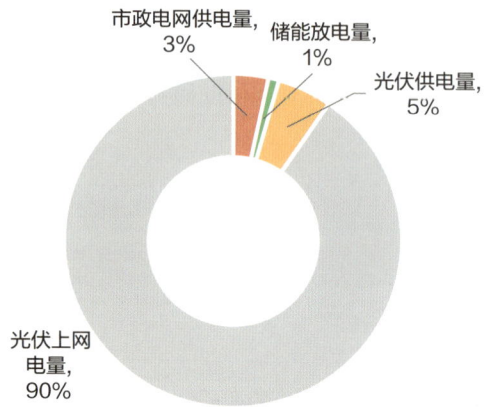

图 4-130　电力供应结构

3）电力供需平衡分析

不考虑项目内部储能系统的充放电量，项目净用电量（建筑用电量、充电桩充电量）为 3.5 万 kWh，净供电量（光伏供电量、电网供电量）为 3.5 万 kWh，其中：光伏发电供建筑使用的电量为 2.13 万 kWh，光伏自给率为 61%，光伏本地消纳率为 5%。项目电力供需平衡分析如图 4-131 所示。可见，对于小规模以低层厂房及办公为主的工业园区，园区内建筑屋顶、停车棚为光伏系统提供了大量的安装空间，光伏年发电量远大于建筑年用电量，但园区存在需要 24h 运行的工业生产线负荷，建筑用电时间与光伏发电时间不同步，光伏自给率仅为 61%，仍需从电网购买 39% 的电量才能满足建筑用电需求。因此，对于小规模以低层厂房为主的产业园区，光伏发电以"自发自用、上网输出"为主，"光储直柔"系统设计时需要重点关注光伏消纳和建筑电网柔性互动，可结合园区员工通勤需求设置电动大巴车、电动自行车和推广电动汽车有序充放电模式，鼓励柔性用电，促进本地光伏消纳的同时，选择对电网影响最小的时段上网输出电力。

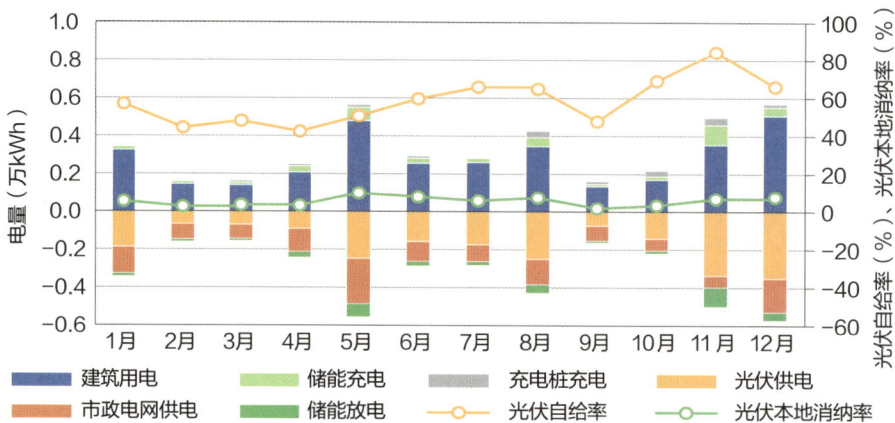

图 4-131　电力供需平衡分析

（2）项目特点

1）丰富的建筑能源灵活性资源、精准响应电网需求

本项目落地在工业园区，"光储直柔"系统覆盖范围包含生产厂房、办公建筑、园区停车棚等，具有丰富的办公空调、照明及用电设备等柔性用电负荷和电池储能、双向充放电电动汽车等能源灵活性资源，可以根据电网调度指令参与电力需求响应调度，缓解电网高峰供电压力，提高供电安全性、稳定性和可靠性，并获得一定的经济收益。同时，园区内配置的电池储能、双向充电电动汽车还可以在光伏发电多余时储存多余发电量，在光伏发电不足时释放储存的电力，提高本地光伏消纳比例，减少建筑碳排放。

2）精简电压层级、经济地实现既有建筑负荷直流化改造

本项目末端直流用电设备均是通过交流设备直流化改造实现，由于现有交流用电设备电压等级变化范围较大，本项目采用 DC750V 和 DC220V 两级直流电压供电，配合直流灭弧技术的应用，较好地解决了不同等级电压用电设备的接入问题，最经济地实现了楼内办公及生产类负荷的全直流供电。

4.2.11.4 建设者说

问题 1：在"光储直柔"项目设计、建造或投运后，举例给您留下印象较深的事情？

在山西国臣项目设计过程中，没有"光储直柔"相关标准，需要主动去搜寻可参考的标准，同时在设计中不断地摸索、优化、改进，从非标到完成设计，需要靠实践去检验。

问题 2：通过开展"光储直柔"项目建设，您有哪些经验可以分享给同行？

① 新建项目建议考虑全直流系统，可充分利用柔性调节能覆盖的容量来适当降低变压器的容量选型，也可减少电缆通道的尺寸，减少配电系统的电缆用量，降低建筑配电系统的建设成本。后期的配电系统运维工作更简单。

② 改造项目建议考虑局部直流系统，优先将照明、空调及新建充电桩负荷接入到直流系统。

③ 项目的建设要充分考虑系统的建设成本和可落地性，系统拓扑、电压等级的设计要优先考虑项目的规模和负荷配套，用户使用越简单越好。

问题 3：您觉得哪些类型或者具备哪些特征条件的建筑，适合优先采用"光储直柔"技术？

学校、医院、政府办公楼等公共建筑以及办公类园区建筑适合优先采用"光储直柔"技术，如通过建筑自身或者周边建设光伏，发电量能基本满足自身的用电量需求更好，可充分发挥直流系统的运行效率优势。

问题 4：您觉得推动"光储直柔"建筑规模化发展，需要进一步加强哪些方面的工作？

① 政策配套：地产开发商为代表的业主方，需要更明确的政策要求或者补贴机制，可参考绿建补贴。

② 标准化：设计院需要有"光储直柔"相关的标准、典型设计图集作为设计依据，电源及配电系统的设备生产厂家也需要有相关标准可参照。

③ 直流负荷配套：建筑机电负荷直流化是就地消纳和柔性用电控制的必要条件，有别于配电系统的系统化设计和供货，作为用户自己选购的产品，市场上需要有足够多的末端产品配套及消费渠道。

4.3　农村建筑"光储直柔"工程案例

4.3.1　太阳能竞赛项目：R-CELLS 小屋

建设单位：天津大学、天一建设集团有限公司、天津泰明加德低碳住宅科技发展有限公司、中发建筑技术集团有限公司

设计单位：天津大学（项目总体设计）、深圳市建筑科学研究院股份有限公司（"光储直柔"系统顾问及设计）、南京国臣直流配电科技有限公司（直流配电系统硬件）

运营单位：天津大学、中国产业海外发展协会、张家口市政府

项目地点：张家口德胜村

建筑面积：160m^2

示范面积：160m^2

4.3.1.1　项目总览

（1）项目概况

"R-CELLS：一生的健康生态住居"为天津大学参加 2022 年第三届中国国际太阳能十项全能竞赛的作品，项目荣获综合排名第一名、能源能效第一名、互动体验第一名、能源自给第一名、室内环境第一名、清洁取暖／制冷第一名、宣传推广第一名、建筑设计第一名、工程建造第一名、市场潜力第二名、成功挑战 48h 离网的好成绩。

项目位于张家口市张北县德胜村，占地面积 400m^2（含室外平台和景观），建筑面积为 160m^2，地上一层。建筑功能为住宅，并基于"定制＋预制"的模块化设计，具有适应不同功能的潜力。"光储直柔"系统应用于整栋建筑，并在场地东南角设有双向直流充电桩。项目外立面实景图见图 4-132。

图 4-132　项目实景图

（摄影师：黄维旻）

（2）建设目标

本项目"光储直柔"系统建设积极响应国家"双碳"发展战略，采用"光储直柔"的新型建筑能源系统，以第三届中国国际太阳能十项全能竞赛评分标准为评价指标，实现零碳建筑可再生能源高效利用，"源、荷、储"灵活互动运行，建设集"产、学、研、用"于一体的"光储直柔"零碳建筑。

（3）建设内容

本项目"光储直柔"系统的建设内容包括：建筑光伏系统、储能系统、直流配电系统和能源管理系统，见图 4-133。

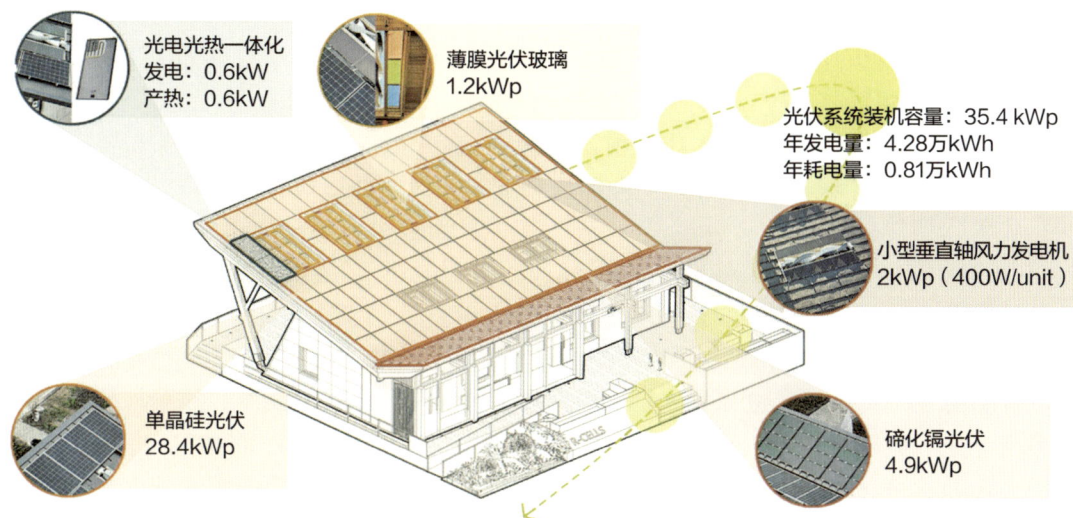

图 4-133　光储直柔系统应用范围

① 建筑光伏系统采用 BIPV 和 PV-T 光伏系统，采用单晶硅、碲化镉光伏组件，安装于建筑屋顶，光伏系统总装机容量 35.4kWp。

② 储能系统采用电化学储能，电池采用磷酸铁锂储能电池，储能容量为 99.84kWh，充放电功率 20kW，放电深度 90%。

③ 直流配电系统采用单级母线架构，建筑分布式光伏通过 DC/DC 变换器接入 DC240V 直流母线，储能系统通过 DC/DC 双向变换器接入，外部电网通过 AC/DC 变换器接入直流母线。用户侧设置 DC220V/DC48V/AC220V 三种电压等级，通过整流 / 逆变设备为交直流用电设备供电。

④ 能源管理系统主要监测"光储直柔"系统的电流、电压、功率等运行状态数据，电量及碳排放，室内温度、相对湿度、二氧化碳浓度及照度等环境参数，可以实现根据设定的能源调度策略自动进行设备状态远程控制。

4.3.1.2　项目技术方案

（1）建筑光伏＋风力发电系统

张家口地区风力和太阳能资源丰富，仅依靠太阳能单一能源来源，供电稳定性存在一定挑战，因此综合考虑利用太阳能和风能。R-CELLS 铺设了总容量为 35.4kWp 的分布式光伏发电系统以及容量为 2kW 的风力发电系统，安装于建筑屋顶，主要技术性能参数见表 4-8。光伏和风力发电机通过光伏逆变器接入直流母线侧。光伏系统年发电量约为 4.18 万 kWh。

光伏和风力发电设备参数　　　　　　　　表 4-8

类型	位置	面积（m²）或数量	装机容量（kWp）
单晶硅光伏	长坡屋面	146.5	28.4
单晶硅 PV/T	长坡屋面西北侧	3.3	0.6
碲化镉光伏	短坡屋面	37.4	4.9
碲化镉薄膜光伏玻璃	长坡面北侧开口位置	15.4	1.2
垂直轴风力发电机	长坡面北侧开口位置	五组	2.0

（2）储能系统

为实现建筑可再生能源最大化利用，提升运行经济性并实现孤岛运行，需要配备储能设备。本项目储能系统可以分为实际储能和虚拟储能两种形式。

从实际储能的角度，又可以进一步分为主动储能和被动储能，如图 4-134 所示。R-CELLS 装有容量为 99.84kWh 的蓄电池以及 120L 电热水箱，包含了蓄电和蓄热两种主动储能形式。其中采用磷酸铁锂电池作为储电设备，用于实现能量调节、功率调节、孤岛运行以及参与电网辅助服务。储电系统容量为 99.84kWh，充放电深度为 90%，充放电效率为 99%，年充电量和放电量可根据电池的应用场景动态调整，在参与能量调节服务下年充/放电量最大，年充电量为 21800kWh，放电量为 20700kWh，最高削减峰值用电负荷比例达 68.3%。储热设备为 120L 蓄热水箱，额定电功率为 0.6kW，年耗电量 1000kWh。在阳光间地板下安放了相变蓄热材料，延缓阳光间阳光直射导致的升温速率，并且可在无光照条件下暂缓室内降温速率，并且通过双向大功率直流充电桩，实现了 V2B（Vehicle to Building）功能。

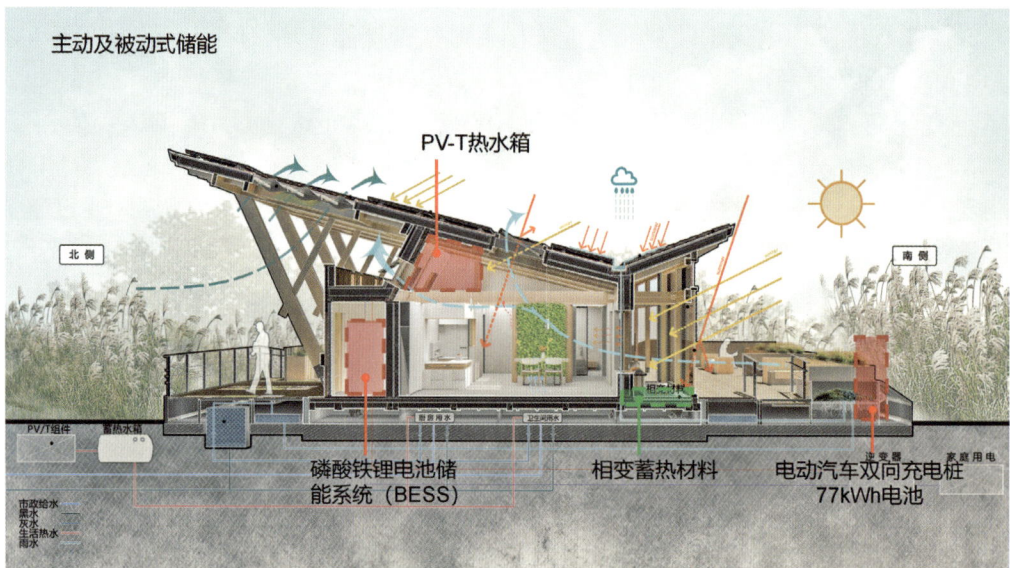

图 4-134　实际储能示意图

从虚拟储能的角度，R-CELLS拥有保温性能极佳的围护结构（$U=0.113W/(m^2 \cdot K)$），当我们把室内空气和家具等视为介质时，R-CELLS 房屋也可以成为"储能设备"，通过暖通空调系统预热和预冷，同样可以实现一定意义上的储能，这部分储能是"虚拟储能"，如图 4-135 所示。

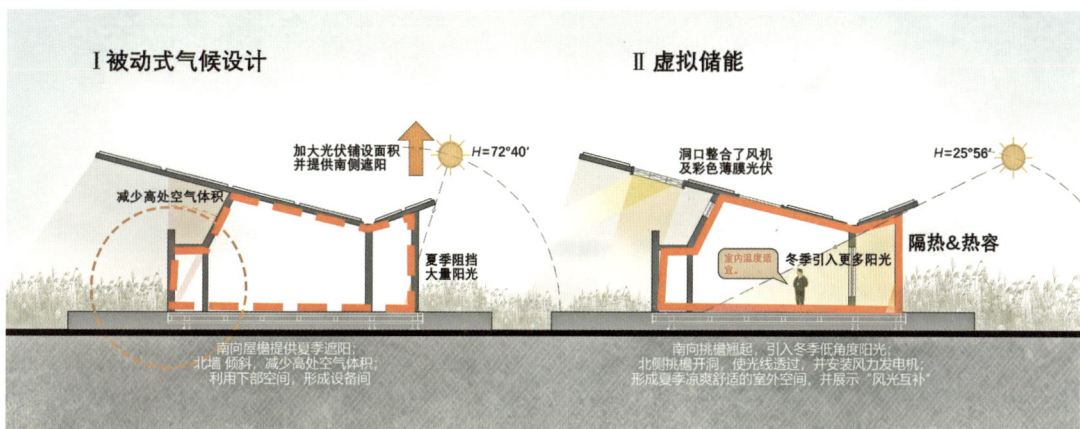

图 4-135　虚拟储能示意图

（3）交直流配电系统

"光储直柔"系统采用单级母线架构（图 4-136），光伏和储能系统经 DC/DC 变换后可直接接入 DC240V 母线，给空调、计算机及部分办公设备供电；DC48V 为屋内照明和部分办公设备供电；部分交流负荷通过逆变电源 220VAC 供电。系统采用浮地设计，DC240V 侧配置低压直流主动安全监控装置（LAP）进行直流绝缘及漏电流监测，并配置了直流集中式微机保护和漏电流保护装置。系统具备监测和计量功能，系统的运行情况可通过网口或者串口通信方式传送到展厅和其他显示终端。

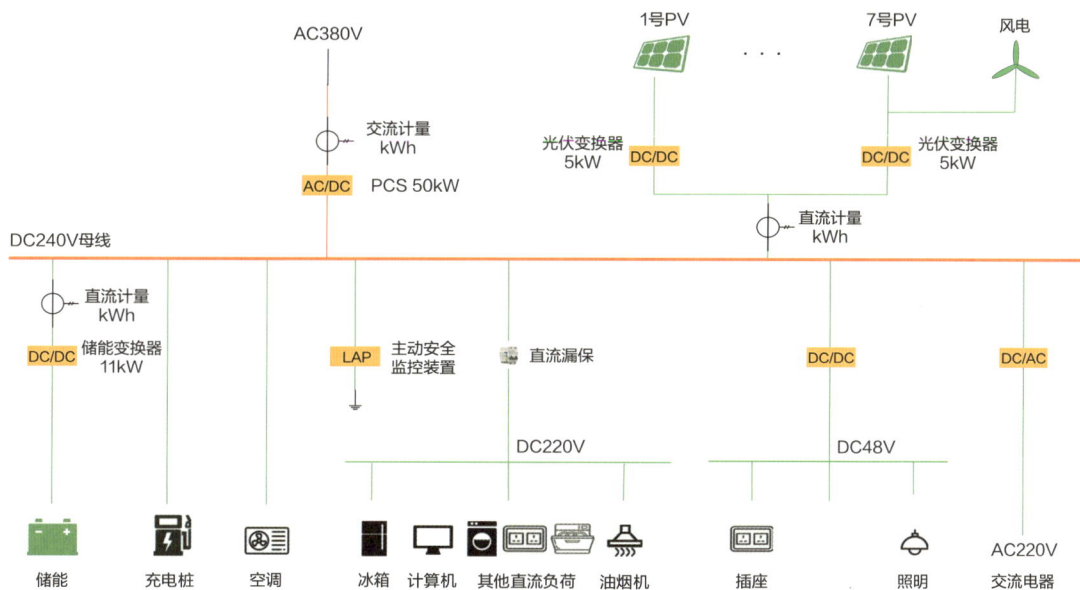

图 4-136　交直流配电系统拓扑示意图

"光储直柔"系统在双向变换器内配置相应保护设备，可实现直流过压保护、直流短路保护、交流过压保护、极性反接保护以及模块温度保护。同时配备直流漏电流保护器，保护时间（工频）< 10ms。

（4）能源管理系统

建筑直流配电运行管理系统主要由电力电源监控系统、储能单元电池管理子系统以及主监控系统组成，具备完善的远程监控和图形用户界面监测系统功能。建筑直流配电运行管理子系统如图 4-137 所示。

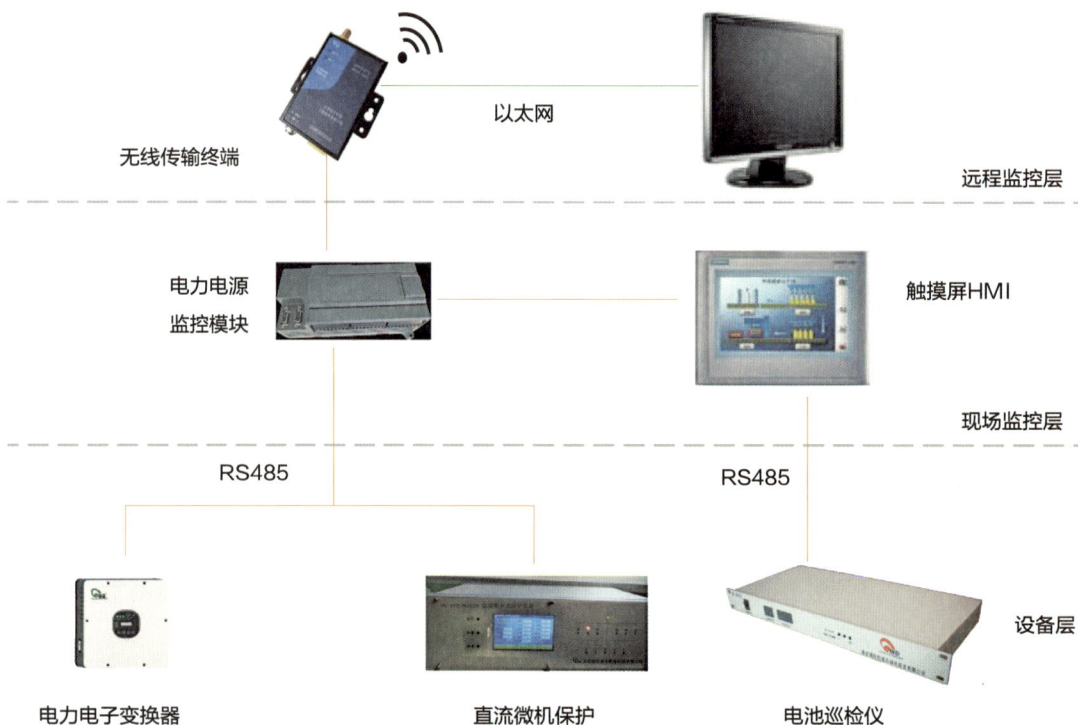

图 4-137　建筑直流配电运行管理子系统示意图

实现能量平衡需要用可变的家庭能源需求去匹配预测的能源供给，同时用多能互补的方式满足不确定的家庭能源需求。能量平衡等式如下：

光伏＋风机＋蓄电池＋市电（离网情况下无）＝刚性负荷＋柔性负荷

该等式在任何时刻点均需满足，为此我们设计了一套基于终身学习自适应的多时间尺度模型预测控制能量管理系统，如图 4-138 所示，实现从用户侧主动参与电力调节，在 R-CELLS 建筑层面实现能源最大化利用。

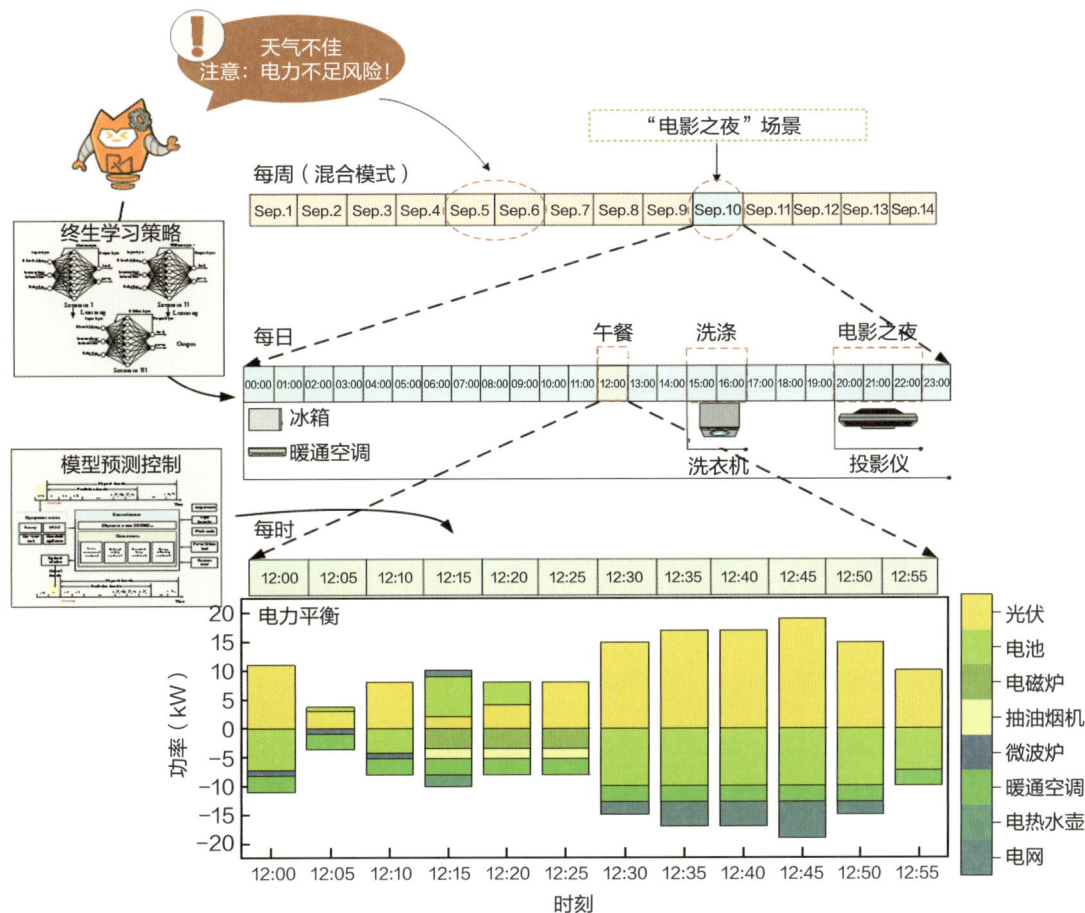

图 4-138 能源管理系统示意图

4.3.1.3 项目实施效果与特点

（1）项目实施效果

本项目"光储直柔"系统自 2022 年 8 月 1 日起正式投入运行，运行工况良好，光伏、储能、负荷均按照设定策略稳定运行。根据项目竞争规则，参赛项目需完成 48h 离网运行挑战和 4 天并网运行挑战，该项目均成功完成挑战。

1）竞赛期间实施效果

以 8 月某典型日为例，能源供需平衡如图 4-139 所示，建筑在上午 9：30 实现并离网切换，用电需求由光伏与储能共同满足，实现了孤岛运行；在并网阶段，实现了余电上网，全天总发电量 59.35kWh，全天总用电量 58.38kWh。

2）全年运行情况模拟预测

用电需求预测：本项目建筑用电需求主要由空调用电、照明用电、家用电器用电和生活热水用电四部分组成。由于建筑投入运行时间不足一个自然年，因此供暖／空调数据参考软件预测值，如图 4-140 所示，其余运行数据以 2022 年 8 月的运行数据为基础，推算全年用电需求。根据预测结果，年总用电需求量为 0.81 万 kWh，其中：空调用电量为 0.32 万 kWh，占总用电需求的 39.5%；照明用电量为 0.07 万 kWh，占总用电需求的 8.6%；家用电器用电量为 0.32kWh，占总用电需求的 39.5%；生活热水用电量为 0.10 万 kWh，占总用电需求的 12.4%。

图 4-139   8 月某典型日能源供需平衡示意图

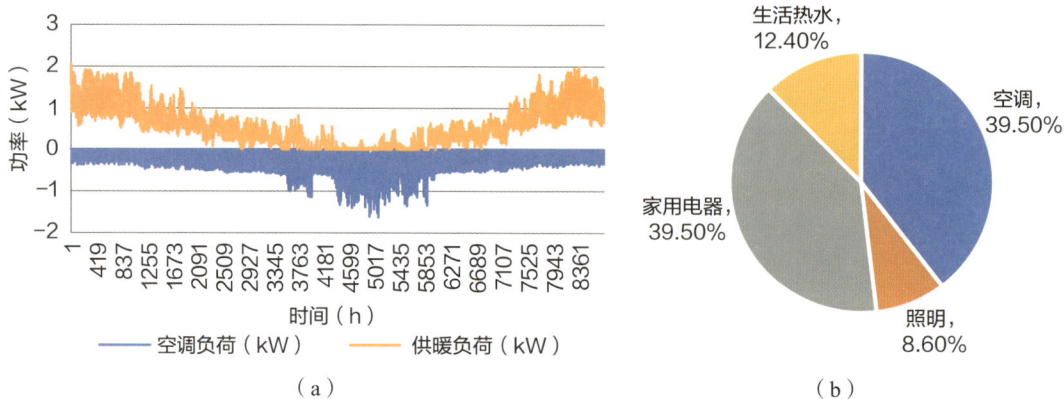

（a）

（b）

图 4-140   建筑用电需求预测值

（a）供暖/空调负荷预测值；（b）分项能耗

电力供需平衡分析：本项目总用电需求量为 0.81 万 kWh，光伏发电量为 4.28 万 kWh，光伏发电量中供建筑本地消纳的电量为 0.81 万 kWh，多余的光伏发电量上网消纳，光伏自给率为 100%，光伏本地消纳率为 19%，如图 4-141 所示。可见，对于农村住宅建筑，建筑用电负荷需求量小，且建筑屋顶及场地有足够的空间铺设光伏组件，光伏发电量远大于用电量需求，光伏发电采用"自发自用、余电上网"方式。

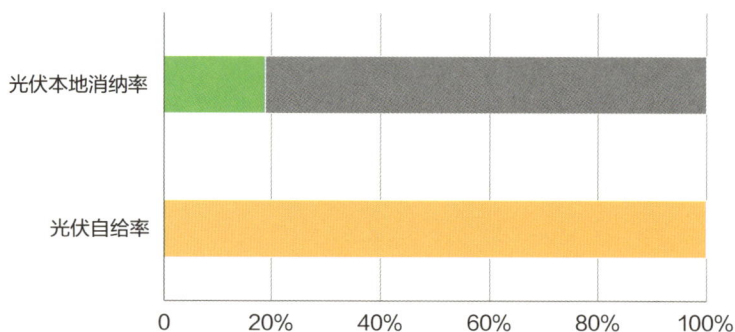

图 4-141   光伏自给率、光伏本地消纳率

因此，农村住宅建筑"光储直柔"系统设计时，需关注光伏发电上网和本地消纳，通过炊事、采暖及生活热水用能电气化、推广光伏＋电动汽车等方式提高本地光伏消纳比例，另外，通过建设村级直流微网，以台区互联的方式实现不同台区之间的电力调度，同时提高光伏消纳比例与供电可靠性。

（2）项目特点

1）多样化的建筑与可再生能源一体化设计

建筑南侧屋面采用 14° 倾斜角，实现光伏效率最大化利用和冬季积雪自然滑动的平衡，北侧屋面铺设碲化镉薄膜光伏，利用漫射光提升屋顶利用效率，增加发电量。同时考虑屋面卸风载荷的需要，在屋面南侧开孔处安装小型垂直轴风力发电机，实现"风光互补"。

2）交直流混合低压配电系统

本项目直流配电系统采用单级母线架构，直流母线电压采用 DC240V，建筑分布式光伏通过 DC/DC 变换器接入直流母线，储能系统通过 DC/DC 双向变换器接入，外部电网通过 AC/DC 变换器接入直流母线。用户侧设置 DC220V/ DC 48V /AC220V 三种电压等级，通过整流 / 逆变设备为交直流用电设备供电。同时联合面板生产厂家开发了带灭弧功能的 DC220V 面板，提升直流家电使用安全性与现有市售设备的适用性。

3）电动汽车双向充电及社区可再生能源网络

建筑配置一台大功率双向直流充电桩，最大充放电功率为 20kW，可实现电动汽车与建筑间电力双向传输。社区可再生能源网络如图 4-142 所示。

图 4-142　社区可再生能源网络示意图

4.3.1.4　建设者说

问题1：在"光储直柔"项目设计、建造或投运后，举例给您留下印象较深的事情？

我们的项目是一个竞赛的参赛作品，强调引领方向与创新。在设计阶段，我们已经完成了建筑设计，但是尚未确定创新的能源系统。这时我们听到了深圳建科院介绍的"光储直柔"系统理念，很受触动，希望在项目中实现这个系统。在2022年夏天的竞赛前期，由于深圳建科院已经成功研制出适用于住宅建筑的直流双向充电桩，我们紧急加装了这个设备，国臣还提供了与比亚迪合作新研制的具有直流双向充放电功能的电动汽车，助力我们在竞赛中获得了能源系统分项第一名。

问题2：通过开展"光储直柔"项目建设，您有哪些经验可以分享给同行？

第一，要勇于尝试。第二，要有充分的技术支持。第三，根据所能获得的条件，尽最大努力，但是也要接受理念和现实之间的差距，例如，不是所有电器都能够实现直流改造。因此，我们用变换器在直流母线基础上增加了一组交流插座，以适应市场上的常用电器。

问题3：您觉得哪些类型或者具备哪些特征条件的建筑，适合优先采用"光储直柔"技术？

"光储直柔"技术的适应性很广泛，不是特定建筑才能适用。事实上，更大规模的社区和建成环境，更能体现它的优势。但是在现有的市场条件下，电器和常规配电系统均以交流为基础，如果要实现直流系统，需要具有引领行业创新的决心。

问题4：您觉得推动"光储直柔"建筑规模化发展，需要进一步加强哪些方面工作？

首先，是宣传推广，以示范项目增强行业的信心，并提供经验；其次，是技术和产品的成熟度；最后，是设计与技术的有机结合，从设计阶段、建造阶段和运维阶段协同考虑。

4.3.2　太阳能竞赛项目：BBBC小屋

建设单位：北京交通大学
设计单位：北京交通大学、陈张敏聪夫人慈善基金、英国BRE Trust和拉夫堡大学
　　　　　国际联合团队BJTU＋
运营单位：张北德胜集团
项目地点：河北省张家口市张北县小二台镇德胜村
建筑面积：123.1m^2
示范面积：123.1m^2

4.3.2.1　项目总览
（1）项目概况

BBBC小屋项目是2022年第三届中国国际太阳能十项全能竞赛参赛项目，项目荣获综合排名第四名、家庭生活第一名、能源自给第一名、宣传推广第二名、媒体互动第

二名、最受媒体欢迎第二名、成功挑战 48h 离网运行的好成绩。

　　该项目位于河北省张家口市张北区，建筑高度约 4m，地上 1 层，总建筑面积约 123.1m²。"光储直柔"系统应用范围为整栋建筑。项目是灾后应急救援以及重建过程中的临时建筑，而 BBBC 的含义可拆解为：Bag、Box、Building、Cloud。其中 Bag 是在救灾初期应急救援使用的一种背包；Box 是在救灾行动大规模进行后的临时安置单元模块，该模块中有居住、办公、清洁、设备等功能；而在救灾后期各 Box 可进行组合设计，共同搭建出救灾中心或更大的居住单元，即 Building 阶段；Cloud 则通过数据云控制救灾物资和建筑装配情况。项目实景图如图 4-143 所示。

图 4-143　项目实景图

（2）建设目标

　　本项目是基于可持续理念的灾后应急建筑项目的尝试，项目将救灾与"光储直柔"技术结合，探索"光储直柔"技术应用新路径，提高了用电安全性和可靠性，减少了能源浪费，可根据不同应用环境条件采用不同的新能源技术。

（3）建设内容

　　本项目"光储直柔"系统建设内容包括：建筑光伏系统、储能系统、交直流配电系统、直流用电设备及柔性控制系统，见图 4-144。

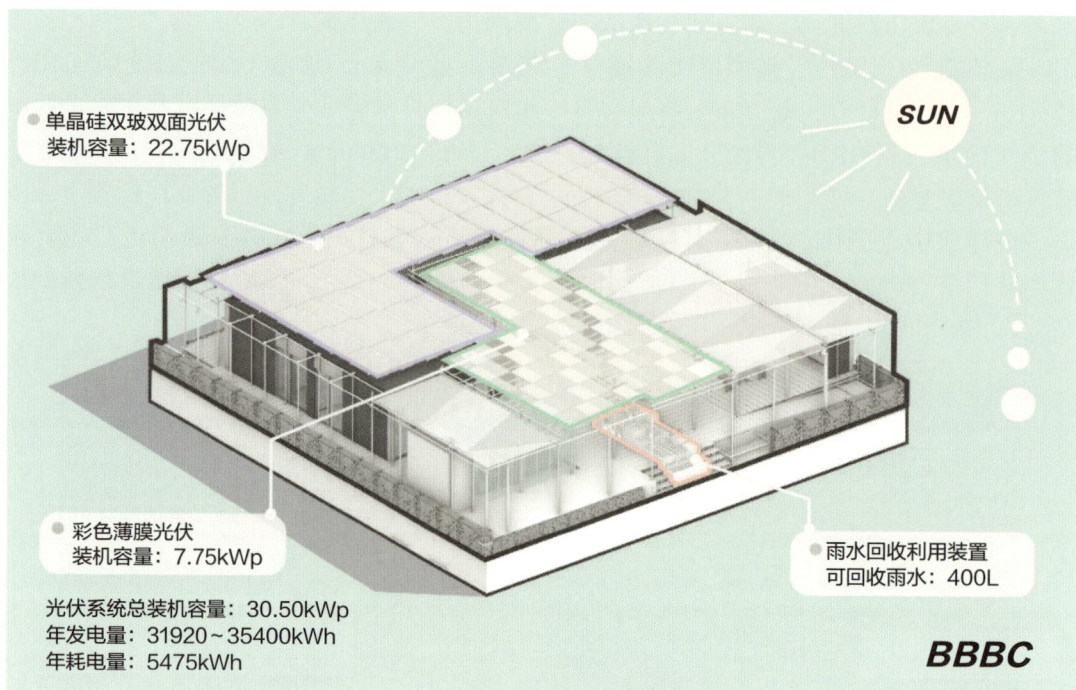

图 4-144   项目建设内容

4.3.2.2   项目技术方案

（1）建筑光伏系统

建筑光伏系统总装机容量为 30.50kWp，主要使用两种光伏组件：一种是单晶硅双玻双面光伏组件，装机容量为 22.75kWp；另一种是彩色薄膜光伏组件，装机容量为 7.75kWp。

针对 N 型双面双玻光伏，为提高双面发电效率，团队在选择建筑屋面板材质时设置了白色彩钢板，材料便于得到且能够提高光伏背面的发电效率。并在模拟全南光伏板自遮挡之后，团队设计出了最优的排布角度，保证每块光伏板发电效率达到 23.2%。

彩色薄膜光伏系统是独立于双玻双面光伏组件的发电系统，这些彩色光伏板不仅具有质量轻、方便运输与安装的特点，其在 BUILDING 阶段由阳光折射出的彩色光影对于受灾居民也能够起到一定的安抚作用。

（2）储能系统

本项目储能系统采用磷酸铁锂电池，储能容量为 64.8kWh/14.6kW。其中：直流配电系统共配置了 6 组储能电池，容量为 32.4kWh，离网运行期间最大输出功率为 10kW；交流配电系统配置了 6 组储能电池，容量为 32.4kWh，离网运行期间最大输出功率为 4.60kW。经过估算，单独由储能电池可以维持供电 24h，若考虑光伏发电和极端天气，系统可以独立运行 48h。

（3）建筑配电系统

本建筑配电系统主要基于灾后情况进行设计，有交流和直流两种系统，系统拓扑结构图如图 4-145 所示。

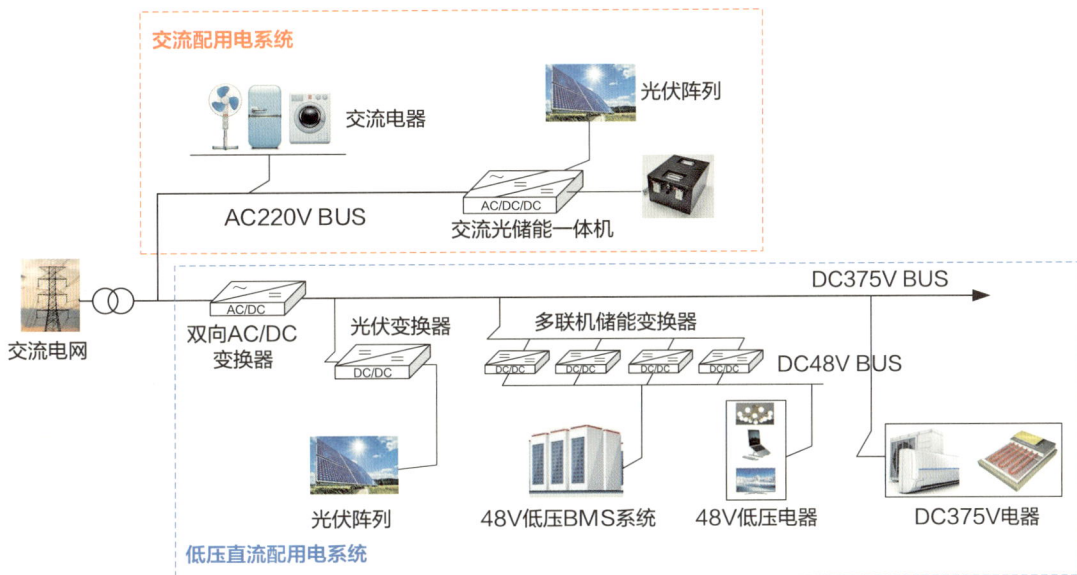

图 4-145 交直流混合配电系统拓扑结构图

建筑直流配电系统采用单极直流母线架构，通过 DC375V 直流母线连接建筑分布式光伏、储能系统、直流空调室外机等电气设备，并通过 AC/DC 变换器与公共电网实现柔性互动。直流用电设备包括电地暖、空调、照明、办公及会议设备，其中：电地暖、空调等大功率设备采用 DC375V 供电，实现分布式光伏及储能的就地高效利用；照明、小功率家用电器、办公及会议设备等人员日常频繁接触的设备采用 DC48V 低压供电。

不同用电设备在并网和离网运行模式下的控制方式：

1）电地暖接入 DC375V 母线，共分为 4 组，单组功率视房间面积大小各不相同，总功率约 8kW。每组电地暖所配置的测温式控制面板将投入或切出信号传递至直流控制系统，直流控制系统控制相应支路投入或切出。在并网模式下，不对电地暖功率进行限制，在离网模式下，由于系统最大离网供电直流功率为 8kW，为确保系统可靠运行，直流控制系统如检测到电地暖功率接近 8kW，将限制运行支路路数，各支路轮巡运行，直到总功率恢复至安全裕量范围内。

2）直流空调接入 DC375V 母线，由单一外机带动从机运行工作。直流控制系统不对空调采取控制，完全由用户设定空调运行模式。由于空调总功率小于系统离网最大供电容量，因此在离网情况下不对空调功率进行限制。

3）直流照明、直流插座接入 DC48V 低压系统，其直接从 DC48V 低压电池模组端口取电，实现能量的高效利用。直流插座 DC48V 输入，同时输出 DC48V、USB、TYPE-C 接口，实现办公电器及日常家用电器的便利接入。DC48V 低压电池模组接入光储一体机储能端口，由分布式光伏系统补能。

考虑到部分电器（热水器、部分照明及小家电）没有对应的直流产品，用电系统同时配置了一套独立于直流系统的交流配电系统，分别接入交流电器、分布式光伏、锂电池模组，实现交流设备的可靠用电。

（4）系统柔性控制

项目根据需求供给分级（图 4-146），结合能源储备设施，设定了三个能源供给模式：应急模式、节能模式、普通模式。应急模式仅提供必要的生活电器使用，如救援照明等。节能模式下则减少大功率电器的使用。普通模式下，可以满足所有电器的使用需求。

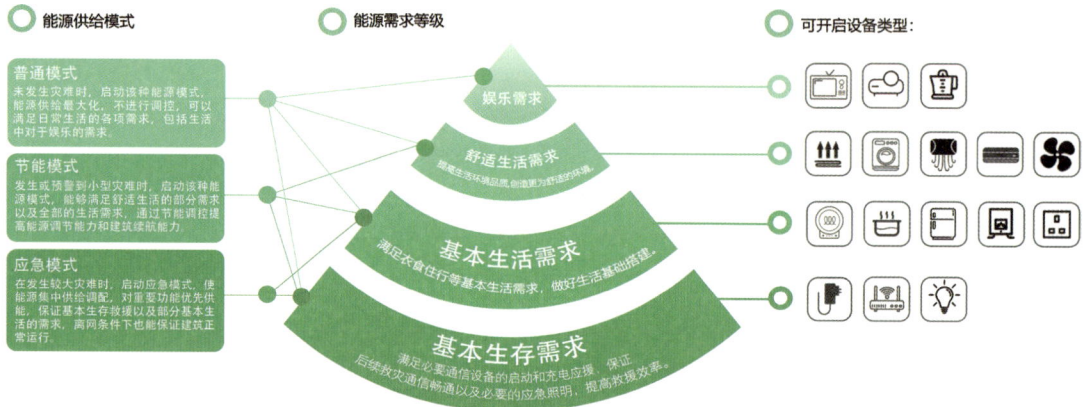

图 4-146 能源韧性：灾后能源分级利用

电气系统针对三个用电模式也有不同的控制，具体如下：

在普通用电模式下，电气系统处于并网模式，电网通过 AC/DC 变换器稳定直流母线电压，能够稳定保障系统中所有电器设备正常运行，光伏系统工作在 MPPT 模式，优先供本地负载使用，如有结余，优先存储在储能系统中，如仍有结余，返送上网。储能系统优先使用光伏电能充电，当充电至 90%SOC 上限时，停止运行。如白天光伏电能不能将电池充满，储能系统将在夜间电价谷时段使用电网电能充电至上限，确保储能系统处于满电状态。

在节能模式下，系统控制器对交流供电功率进行限制，将系统中的交流用电设备限制在 4.6kW 以下，储能及光伏控制策略与普通用电模式相同。

在应急模式下（离网运行），储能系统承担起稳定直流母线系统的功能，此时，直流供电功率将被限制在 8kW 以下，系统控制器将控制负荷处于功率限值之下。光伏系统工作在 MPPT 模式，优先为本地负载供电，如有结余，存储至储能系统中，如仍有结余，运行在限功率模式。系统中的交流功率限制在 4.6kW 以下。应急模式下，为保证照明系统和医疗设备正常运行，通过配电柜内部开关主动切除系统部分一般性负载。

（5）智慧能源管理系统

智慧能源管理系统（图 4-147）基于 ARM 架构搭建，主控制器通过通信（RS485、TCP/IP、CAN2.0B）的方式与供电系统中电池模组、AC/DC 变换器、光伏变换器、储能变换器、计量电表、IO 传感器、地暖控制面板、光储一体机等设备连接，按照通信协议实现数据监控。其次，主控制器内置的控制策略，实现系统的运行边界参数范围约束、故障保护、启停顺序、能量调度策略、统计值及评价指标计算等功能。

图 4-147 智慧能源管理系统

4.3.2.3 实施效果及特点

（1）实施效果

根据项目竞争规则，参赛项目需完成 48h 离网运行挑战和 4 天并网运行挑战，下面介绍项目在竞赛期间的实际运行情况。

1）48h 离网运行挑战

在 48h 离网运行挑战中，项目"光储直柔"系统在天气为阴天的状况下，保障了建筑内的环境品质需求和所有家用电器能源需求。48h 离网挑战期间，光伏系统总发电量为 50kWh，光伏发电量中供建筑本地消纳的电量为 39kWh（直流负载用电 8kWh、交流及 DC48V 低压负载用电 31kWh），光伏自给率（光伏发电供建筑本地消纳的电量占建筑用电量的比例）为 100%，光伏本地消纳率（光伏发电供建筑本地消纳的电量占光伏发电量的比例）为 78%；储能系统总充电电量为 37kWh，储能系统总放电量为 26kWh，储能放电量占总用电量的 67%；48h 离网阶段逐时电量平衡图见图 4-148。可见，对于农村住宅建筑，由于建筑用电量小，建筑屋顶光伏发电量可达建筑用电量的 3 倍多，通过合理配置储能系统，可实现建筑能源自给自足，离网运行。

2）并网运行情况

在并网运行的 4 天时间内，建筑用电量为 146kWh，光伏发电量为 472kWh，光伏发电供建筑使用的电量为 76kWh，上网电量为 396kWh，光伏本地消纳率为 16%，光伏自给率为 52%，购买市政电量 70kWh，占建筑用电量的 48%；并网阶段逐时电量平衡图见图 4-149。可见，对于农村住宅建筑，在正常并网运行情况下，由于建筑光伏发电量远大于建筑用电量，光伏发电采用"自发自用、余电上网"是比较适宜的方式。

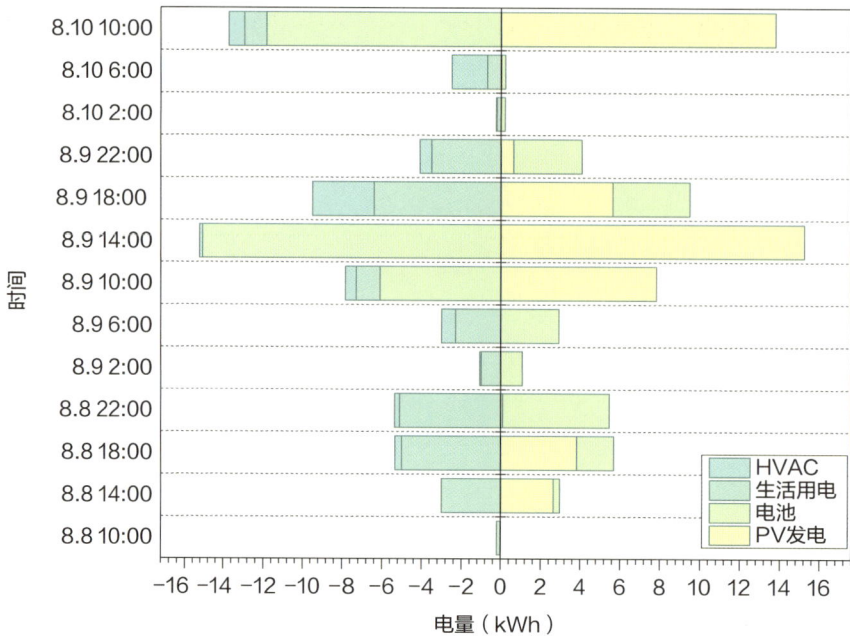

图 4-148　48h 离网阶段逐时电量平衡图

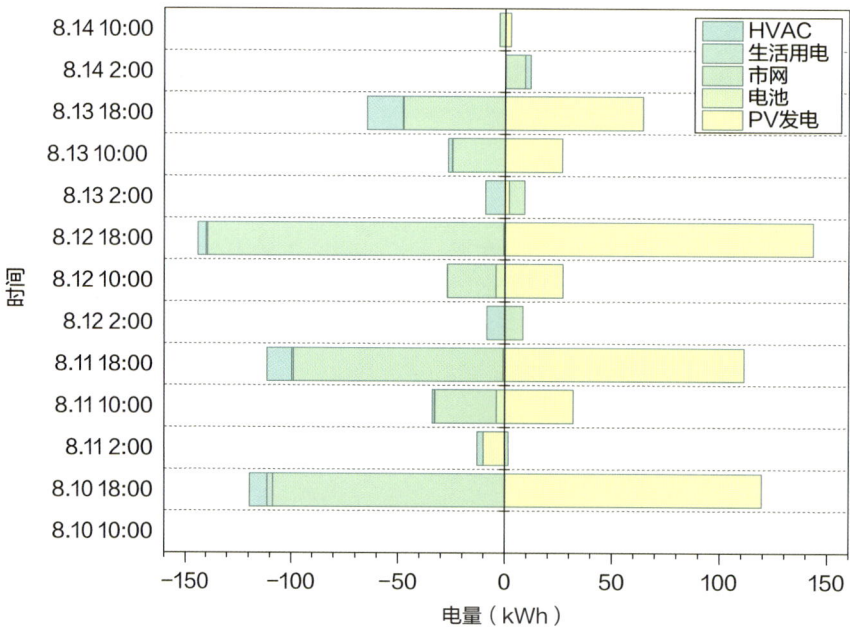

图 4-149　并网阶段逐时电量平衡图

（2）项目特点

项目用实际成果证明"光储直柔"技术在未来救灾系统的应用是非常有潜力的。我国太阳能资源可利用的地区比较多，利用光伏发电在救灾环境中就会变成一种稳定的能源供给方式。同时，这对我国面临"能源孤岛"的地区将起到更加重要的示范作用。

4.3.2.4 建设者说

问题1：在"光储直柔"项目设计、建造或投运后，举例给您留下印象较深的事情？

个人觉得印象深、有趣的一点是直流用电的分层级设计。在 BBBC 项目中将直流电分为了 375V 和 48V 两个级别。48V 的安全用电刚好跟项目中灾后的儿童庇护空间非常契合。结合灯光展示和小朋友的互动，项目制作了直流墙的互动体验，既可以挑战直流墙上的互动游戏，又感受到用电的安全性。

问题2：通过开展"光储直柔"柔项目建设，您有哪些经验可以分享给同行？

首先光伏产品的选择应该根据光照资源的情况，合理选择合适的光伏产品。例如光照资源强的地区，可以尝试零能耗建筑的实验，采用高效的光伏产品。如果在光伏资源较弱的地区，应选择具有弱光发电优势的产品。对于储能，目前看成本还是比较高的，用能过程中也存在安全隐患，储能环节需要慎重决策。直流供电正在迅速发展，一些小功率的家用电器非常适合直流供电的方式。未来直流用电可能是趋势，更多产品会丰富直流用电器的市场。建筑当中应设置智慧能源管理系统，并根据负荷主要性进行分级管理。

问题3：您觉得哪些类型或者具备哪些特征条件的建筑，适合优先采用"光储直柔"技术？

BBBC 的项目是应急类的建筑，这一类的建筑就比较适合"光储直柔"技术。在应急的情况下，能源需求非常迫切。在灾后等情况下，可靠的能源是应急救援的重要支撑。另外例如能源供给较困难的山区、荒漠、无人区等地方，"光储直柔"也能发挥重要作用。个人认为"光储直柔"也不必同时采用，例如既有建筑改造，不依托储能的情况下，在"光、直、柔"方面也能发挥潜力。

问题4：您觉得推动"光储直柔"建筑规模化发展，需要进一步加强哪些方面工作？

需要进行"光储直柔"整体性和系统性的提升。目前光伏产品已经较为成熟，储能和并网技术也相对比较稳定，储能的成本和安全性的提升是目前的主要问题。直流用电的系统性提升目前主要在用电习惯和用电产品方面。

4.3.3 太阳能竞赛项目：CCMH 斜屋

建设单位：CCMH 团队（重庆大学、中国建筑西南设计研究院有限公司、美的集团家用空调事业部、上海霍普建筑设计事务所股份有限公司）

设计单位：CCMH 团队（重庆大学、中国建筑西南设计研究院有限公司、美的集团家用空调事业部、上海霍普建筑设计事务所股份有限公司）

运营单位：CCMH 团队（重庆大学、中国建筑西南设计研究院有限公司、美的集团家用空调事业部、上海霍普建筑设计事务所股份有限公司）

项目地点：河北省张家口市张北县小二台镇德胜村

建筑面积：142m^2

示范面积：142m^2

4.3.3.1 项目总览

（1）工程概况

CCMH 斜屋项目是重庆大学联合设计团队参加 2022 年第三届中国国际太阳能十项全能竞赛项目，该项目荣获了综合排名第六名、顺利完成"48h 零能耗运行"的挑战和"最具智慧互联创新奖"的好成绩。

该项目位丁河北省张家口市张北县，建筑高度约 7.1m，地上两层，占地面积 135m²，总建筑面积约 142m²。地上一层为客厅、主卧、次卧、厨房、卫生间，面积约 135m²，二层阁楼为 DIY 空间，面积约 7m²。项目实景图见图 4-150。

图 4-150　项目实景图

（2）建设目标

为积极响应国家"双碳"目标，本项目打造的"光储直柔"建筑，遵循"人居健康、绿色低碳、智慧互联"的基本原则，采用"光储直柔"新型电力系统，实现光伏高效消纳、储能安全存储、负荷智慧用能，精准响应电网需求。其中光伏部分采用建筑光伏一体化（BIPV）技术，发挥建筑功能性的同时还原建筑的艺术性。该项目是为自由职业者、媒体从业者、初创团队等人群打造的一栋集绿电生产、家庭生活、居家办公于一体的多功能零碳建筑。

（3）建设内容

本项目"光储直柔"系统的建设内容包括：建筑光伏系统、储能系统、建筑直流配电系统、安全高效直流用电系统，见图 4-151。

图 4-151　项目建设内容

4.3.3.2　项目技术方案

（1）直流配电系统

建筑直流配电系统采用单级母线架构，直流母线电压采用 DC375V、DC48V 两个电压等级，建筑分布式光伏、储能系统、直流空调室内外机通接入 DC375V 直流母线，室内照明、办公及会议设备接入 DC48V 母线，通过配储控一体机接入 DC375V 直流母线，实现安全高效用电、建筑电网柔性互动。直流配电系统构成如图 4-152 所示。

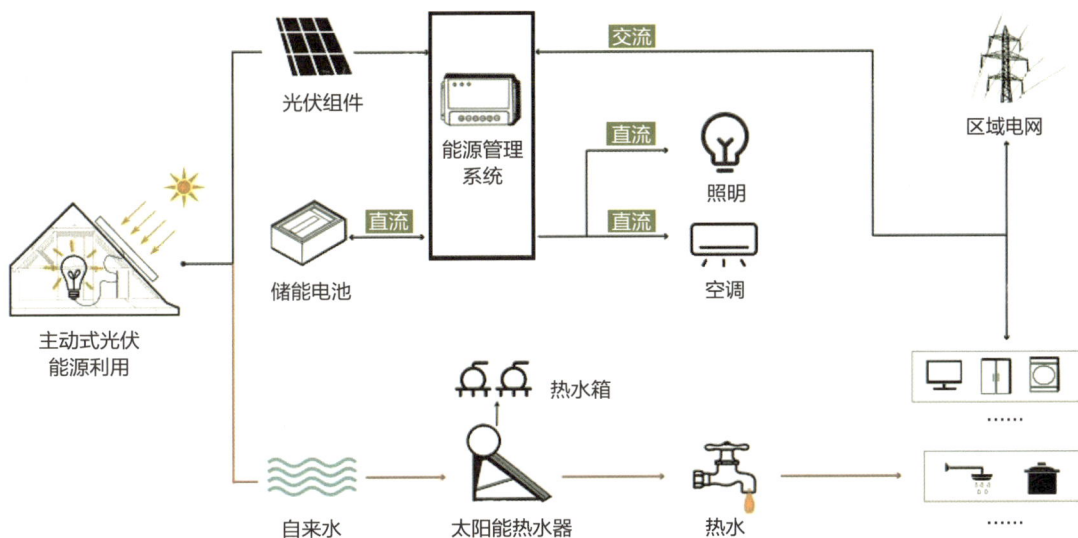

图 4-152　直流配电系统构成

（2）建筑光伏系统

建筑光伏系统采用BIPV形式，光伏组件采用单晶硅组件，安装于建筑屋顶南坡面，光伏系统总安装面积 $96m^2$，总装机容量 15.5kWp，运行模式可自动切换为并/离网模式，光伏系统年发电量 3 万 kWh 左右，发电量为本项目年用电量的 3～4 倍，光伏发电有效利用量占建筑总用电量的 100%。

（3）储能系统

本项目储能系统配置的目的是实现能量调节和功率调节，储能电池采用磷酸铁锂 48V 电池，储能电池容量为 40kWh，充放电深度在 20%～95% 之间，充放电效率为 95% 左右。

（4）负荷柔性控制技术

根据比赛规则，需完成 48h 离网运行和 4 天并网运行，且在离网运行期间，维持每个房间和用电设备的正常运作（包括舒适的室内环境、消防系统、冰箱、照明、热水、晚宴等），在并网运行期间，满足净零能耗建筑的要求。

为了保证"光储直柔"系统顺利运行，本项目采用的柔性控制策略为：离网运行时，采用"自发自用、光伏最大利用"的运行模式；并网运行时，采用"自发自用、余电上网"的运行模式。同时，通过光伏、储能、负荷的动态匹配，当管理系统感知到光伏系统处于发电高峰时，提前将屋内热水烧好、储能充满电，并将屋内环境舒适度调到最高。

（5）直流用电场景

该项目暖通系统和照明采用直流供电，其中暖通系统包含多联式空调系统、中央新风和加湿系统。暖通系统依据比赛要求和室内环境状况，自主将温度、湿度、CO_2 浓度调节至人体舒适区间，温控区间 22～25℃，湿控区间 40%～60%，CO_2 浓度 < 1000ppm。

（6）能源环境智慧管理系统

本项目针对能源管理系统监测与控制设计了能源环境智慧管理系统，展示界面如图 4-153 所示。

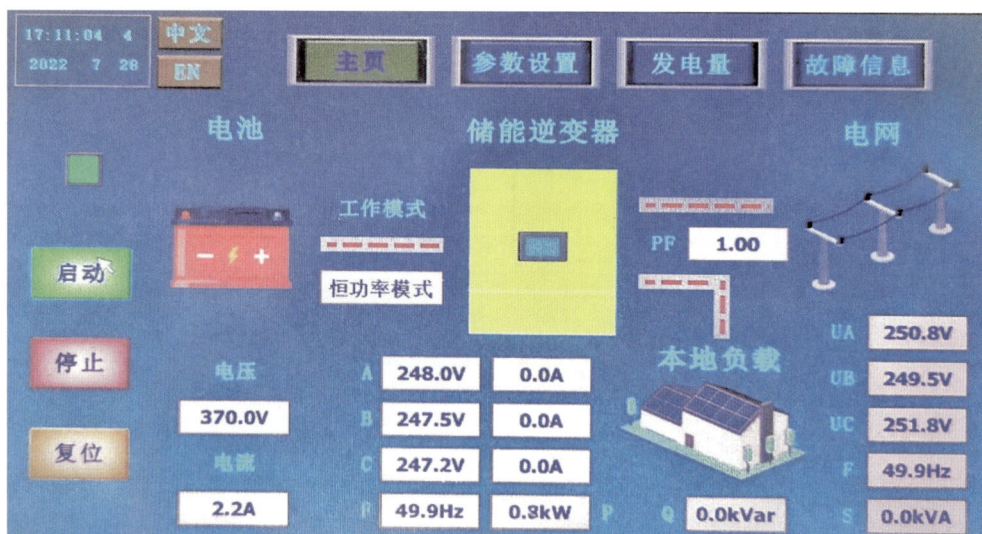

图 4-153 软件监控界面

4.3.3.3　项目实施效果与特点

（1）项目实施效果

本项目"光储直柔"系统投入运行后，顺利完成"离网4h零能耗运行"挑战，5天并网运行，成功实现净零能耗。通过全直流供电暖通系统与光伏储能系统的匹配设计，结合智能家居系统，实现光储直柔能源信息的自适应调节控制及系统中其他负荷的智能控制，为使用者营造了安全、可靠、舒适的环境。

该项目用电主要由建筑用电（空调、照明、插座、动力设备、其他）、储能充电两部分组成。根据 2022 年 8 月 8 日至 14 日运行数据，总用电量为 173.5kWh，其中：建筑用电量为 151.5kWh，占总用电需求的 87.3%；储能充电量为 22kWh，占总用电需求的 12.7%。

本项目每年光伏系统发电量约 3 万 kWh，光伏发电量供建筑使用电量为 0.9 万 kWh，光伏本地消纳率为 30%。

（2）工程特点

1）农村住宅自发自用、余电上网新型能源系统升级探索

在"双碳"、房地产快速周转、共享办公模式兴起等背景下，项目完成的斜屋建筑，可满足日常生活、居家办公等多种应用场景，且场景间可灵活调整切换，为政府、文旅开发企业、家庭工作坊等目标群体提供了完整用电解决方案，具有良好的经济效益和社会效益，对近零能耗建筑、零能耗建筑、产能建筑具有很好的参考价值。目前城镇屋顶光伏发电可提供建筑运行用电的 25%～35%，而农村屋顶光伏发电不仅能满足农村居民生活用电需求，还能服务于农村生产和交通用电，因此建设以屋顶光伏、户用储能为基础的农村新型能源系统将成为乡村能源升级的重要途径。

2）直流配电系统提高能源利用效率和用电安全性

与常规光伏建筑相比，光伏直流建筑具备电能利用率高（提高 6%～8%）、节能优势明显、设备投资少、投资回收期短等优势，在建筑上应用直流配电，可显著改善系统性能，提高电源品质和安全性。

4.3.4　山西芮城庄上村

建设单位：国家电力投资集团

设计单位：国核电力规划设计研究院

运营单位：山西国臣直流配电工程技术有限公司

项目地点：山西省运城市芮城县陌南镇庄上村

建筑面积：7000m^2

示范面积：7000m^2

4.3.4.1　项目总览

（1）项目概况

芮城县庄上村"光储直柔"直流微网是基于山西省整县（市、区）屋顶分布式光伏开发试点应用的农村可再生能源利用项目，位于山西省运城市芮城县陌南镇庄上村。项

目由国家电力投资集团投资，南京国臣直流配电科技有限公司建设。项目利用庄上村共
131 户农户自然屋顶及 108 户地坑院屋顶安装光伏发电系统（图 4-154），并在村内改造
建设直流微电网，同步配套建设储能系统，形成"屋顶光伏＋储能＋直流配电＋柔性用
电"的柔性直流微电网系统。除了配电部分以外，该项目还对全部农户户内用电进行直
流化改造，满足居民照明、采暖、炊事、热水等日常用电需求。

图 4-154   芮城县庄上村建筑屋顶光伏

（2）建设目标

2022 年，庄上村被农业农村部与联合国开发计划署列为"中国零碳村镇项目"示
范村，以此为契机，芮城县提出创建"全国能源革命示范县和碳中和示范县"的目标。
项目利用庄上村农户自建房屋顶安装光伏发电系统，并在村内改造建设直流微电网，
同步配套建设储能系统，形成"屋顶光伏＋储能＋直流配电＋柔性用电"的柔性直流微
电网系统的农村建筑低碳技术示范。

（3）建设内容

本项目"光储直柔"系统的建设内容包括：建筑光伏系统、储能系统、建筑直流配
电系统、"光储直柔"监测系统。

① 建筑光伏系统采用单晶硅光伏组件，安装于建筑屋顶，光伏系统总装机容量
2065kWp。

② 储能系统采用电化学储能，电池采用磷酸铁锂储能电池，储能容量为 717kWh/
400kW。

③ 建筑直流配电系统采用架空直流母线架构，将建筑分布式光伏、储能系统、直
流用电负荷与电网连接，实现柔性互动。

④ "光储直柔"监测系统主要负责监测"光储直柔"系统的电流、电压、功率、电
量等运行状态数据。

4.3.4.2　项目技术方案

（1）整体方案

庄上村现有自然屋顶共计 233 户，直流微电网的建设方案是最大化利用屋顶面积安装光伏，可再生能源发电优先自用，余电上网。131 户农户自然屋顶每 44 户或 43 户形成一个直流配电网，108 户地坑院屋顶，每 54 户形成一个直流配电网，农户及地坑院屋顶见图 4-155。光伏发电通过 DC/DC 变换器直接输送给 DC750V 直流配电网，直流配电网 DC750V 通过柔性双向变换器、配电变压器接入 10kV 交流配电网。户与户之间通过 DC750 直流配电网互联，用户通过户用变换器转换成 DC220V 进行使用，在光伏发电侧和入户侧均设置直流计量电表，以便计费核算。光伏发电优先在低压直流配电网流动，不足或多余部分，通过集中并网点与交流网交互，始终保持新能源最大化地就地消纳。

（2）储能系统

在农村微电网建设中，在可再生电力大比例接入的前提下，建设储能的主要目的是根据光伏发电量情况进行能量调节，以及根据整个配电网负荷情况进行功率调节。为了保证用电安全与管理，微网储能系统采用电池预制舱的模式，为每个台区分别设立储能预制舱，见图 4-156。储能选择磷酸铁锂电池，每个预制舱容量根据功率配置需求设计 100~200kWh，总容量 717kWh。预制舱外形如图所示，整体外形尺寸为长 5m×宽 2m×高 3m。采用集成一体化设计，内部设备包含柔性双向变换器（FCS）、电池组及 BMS 系统、直流微机保护单元、母线绝缘监测及直流剩余电流保护等。储能预制舱靠近台区变压器放置，便于管理与维护。

图 4-155　农户及地坑院屋顶

图 4-156　储能预制舱

（3）直流配电系统

单台区下的直流微网架构如图 4-157 所示。针对单个台区配置一台柔性双向 AC/DC 变换器（FCS）、电池组及 BMS 系统、直流微机保护单元、母线绝缘监测及直流剩余电流保护、协调控制器、用户侧配置有直流漏保开关等，台区母线电压为 DC750V。单个台变下的农户屋顶光伏形成一个直流微网，电能就地消纳后余电集中上网，辅以储能和柔性控制技术，实现多个台区的功率互济。实现了分布式光伏的高效消纳，提升发电用电的能效；有效解决了分布式光伏发电上网给电网带来的部分扩容压力、三相不平衡、谐波、电压波动及闪变等问题。储能的应用解决了光伏发电和百姓用电的随机波动性问题，实现了对电网的柔性友好接入以及可观、可测、可控。系统采用 IT 接地系统，配有漏电监测装置和集中式保护装置。

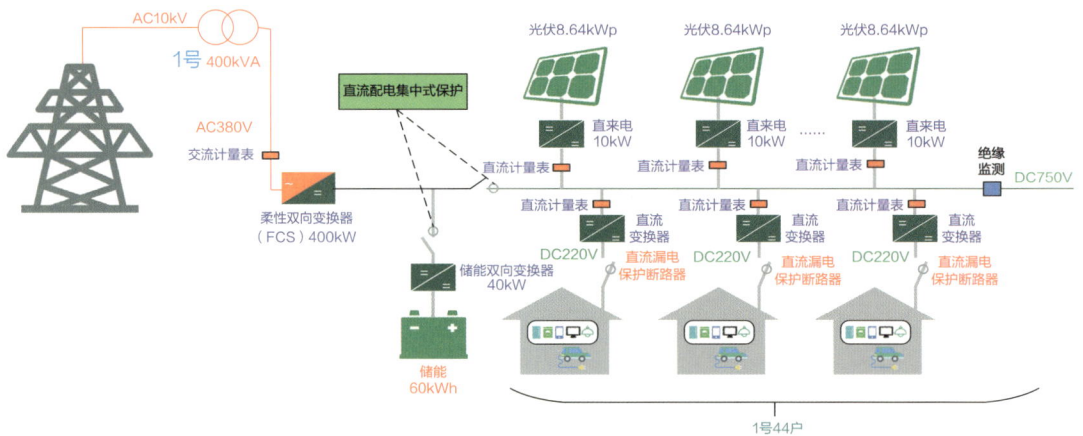

图 4-157　单台区下的直流微网架构

（4）系统运行控制

农村直流微电网系统的特点是光伏发电量要远大于用电量，因此发电上网是更为合适的运行模式。在"光储直柔"系统运行模式中，微电网中光伏发电全额上网，储能配置起到削峰填谷的作用。另一种运行模式为用电柔性控制策略，该模式下光伏发电功率可根据需要进行调节，实现保障电网安全可靠运行的目的。

（5）直流用电场景

农户家中的直流用电设备包括空调、电视机、风扇、热水器、冰箱、电磁炉及照明等，见图 4-158。

图 4-158　直流用电设备

（6）智慧能源管理系统

庄上村"光储直柔"微网系统（图 4-159），具备实时监测、能量管控、故障报警三大功能。平台显示实时监测设备的运行情况，包括发电量、用电量、设备状态、告警信息、事件记录、系统收益等信息。

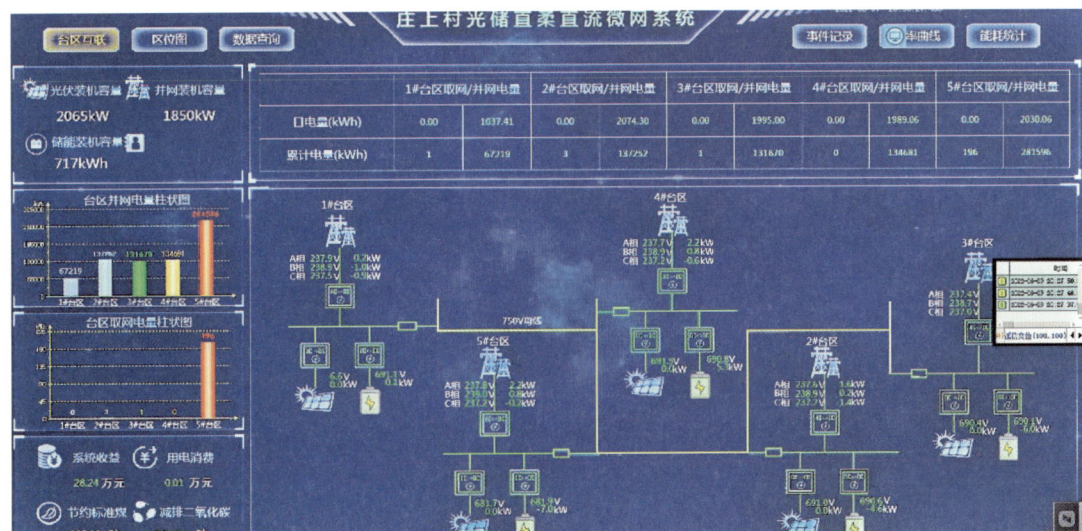

图 4-159　庄上村"光储直柔"直流微网系统

4.3.4.3　项目实施效果与特点

本项目自投运后，设备运行稳定；光伏可按照需求进行全额并网或部分弃光；储能按照既定策略运行，运行正常。系统运行半年未发生电能质量问题，相应的保护可以正常运行。

（1）项目实施效果

1）电力供需情况

截至 2022 年 12 月 20 日，5 个配电台区的光伏系统总发电量为 220.71 万 kWh，光伏发电上网电量为 201.58 万 kWh。建筑从电网取电 3.312 万 kWh，其中"光储直柔"系统预制舱中的交流负荷用电量为 2.366 万 kWh，直流负荷为 0.946 万 kWh。直流系统中储能充电量为 4.23 万 kWh，放电量为 3.402kWh。可见，对于农村住宅建筑，由于建筑用能负荷较小，且建筑屋顶及庭院有大量的空间可用于铺设光伏组件，光伏发电量远大于建筑用电量，光伏发电采用"自发自用、余电上网"方式。"光储直柔"系统设计时需要重点关注光伏上网和就地消纳问题，一方面可以通过推动农村炊事、采暖、生活热水用能电气化，推广"光伏＋电动汽车充电""光伏＋农用电机具"等"光伏＋"方式，促进光伏发电消纳，另一方面，通过建设村级直流微电网，通过台区互联实现不同农户的光伏发电与用电需求之间的优化匹配，促进光伏发电最大化利用，同时提高农村供电可靠性。

2）效益分析

本项目通过光伏发电上网每年可获得 66.92 万元收益（上网电量 201.58 万 kWh×0.332/10000 ＝ 66.92 万元），每年用电电费为 1.57 万元（从电网取电量 3.312 万 kWh×0.475/10000 ＝ 1.57 万元），光伏发电节约标准煤 806.32t，减少二氧化碳排放 2009.75t，经济效益和环境效益显著。

（2）项目特点

1）农村"光储直柔"系统解决方案——台区互联技术

针对农村规模小、较分散的特点，为每个村庄设立台区，台区之间通过 DC750V 直流微电网进行互联，见图 4-160，因此扩大了"光储直柔"系统规模，同时可以将本台区光伏多余电量输送给其他台区进行消纳。面临如此海量的新能源接入，必须相应配套配电网和输电网，资金、走廊、投资经济性，都使电网面临巨大难题。项目通过三项设计方案解决上述问题：① 户户直流互联，光伏发电量优先就地消纳；② 配置一定储能进行多余发电量存储；③ 台区通过直流互联，能量相互流动，最大化利用光伏发电，减少上网电量。光伏发电经过户—户直流就地消纳、储能存储、台区互联后，实现了最大化就地消纳，减少上网电量，解决了电网扩容难题。

本台区光伏发电用户无法消纳时，可通过储能存储多余部分，再通过台区直流互联，输送到其他台区，减少本台区消纳压力，避免重过载。同时，光伏发电不稳定时，通过储能的柔性调节，避免功率动态变化以及台区电压瞬间重过载或轻载。

2）直流电能质量技术创新

① 解决了直流微电网中电压双向越限问题。对于传统分布式能源技术，一方面，在日间日照较好的情况下，光伏发电量较大、用电负荷较小，易出现功率倒送，导致过电压的情况，严重时甚至造成用户设备损毁引发投诉；另一方面，日落后光伏发电量下

降、用户负荷上升，部分用户又存在低电压问题。

　　本项目中的"光储直柔"系统设置两级 DC/DC 变换器（图 4-161），第一级 DC750V 用于电力的传输，光伏发电直接通过 DC750V 进行电力输送；第二级 DC220V，为用户使用电压。光伏发电量较足、用电负荷较小时，光伏发电通过 DC750V 输送至储能进行电量存储或者逆变上网，用户侧通过 DC750V/DC220V 供电，一直有稳定的工作电压，不会出现因为 DC750V 母线的波动而过压。在光伏发电量不足、用户用电量较大时，"光储直柔"系统配置了储能进行能量调节，避免出现电压过低的情况。

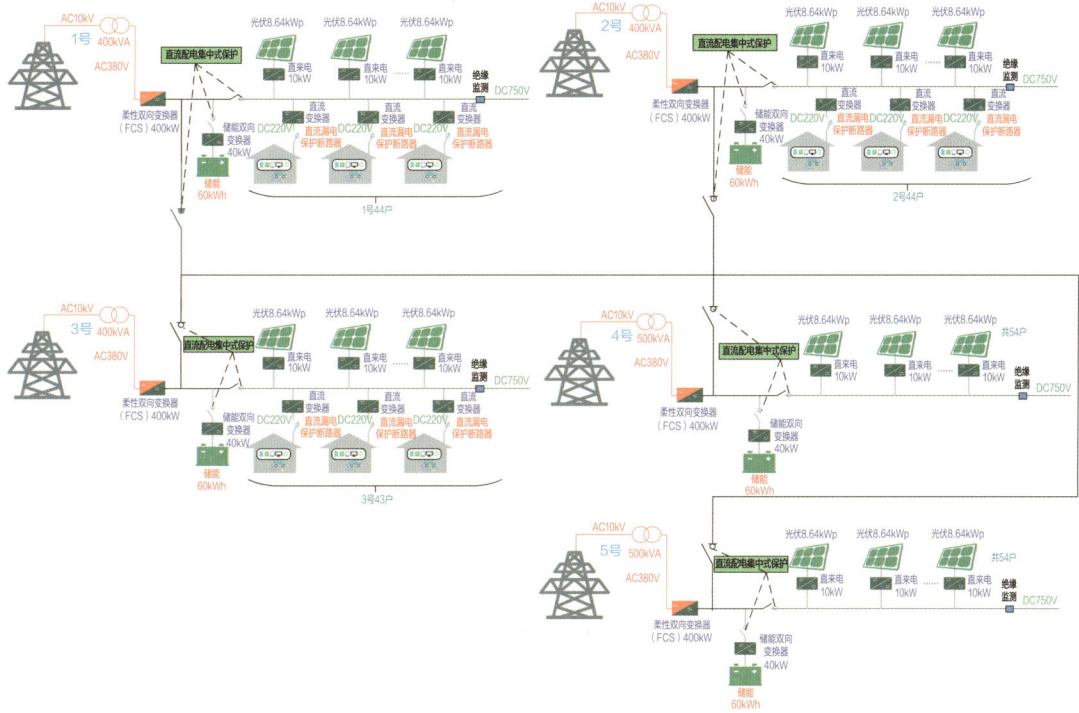

图 4-160　变压器的台区互联

图 4-161　DC/DC 变换器

② 解决了电压波动和谐波问题。"光储直柔"技术配置储能进行柔性调节，不会受到光伏发电不稳定带来的电压波动和闪变问题。传统分布式能源技术每家每户都有一个并网点，并网点多带来谐波问题严重，而本项目微电网是以台区为单位进行并网，并网点只有一个，无谐波超标问题。

4.3.4.4　建设者说

问题 1：在"光储直柔"项目设计、建造或投运后，举例给您留下印象较深的事情？

① 由于标准缺乏和产业链的不完备，早期"光储直柔"项目的前期沟通成本特别高，需要花较大精力向用户进行说明。目前直流建筑联盟在标准制定和知识普及上的工作做得很好，希望能持续坚持，这十分有利于行业的发展。

② 早期用户的实际使用，对产品的完善和提升起着很大的作用；越是挑剔的用户，对厂家的帮助越大。早期我们做的未来大厦、苏州同里等项目，用户给我们提出了许多问题，极大地促进了我们自身的技术进步和产品升级。

问题 2：通过开展"光储直柔"项目建设，您有哪些经验可以分享给同行？

① 从项目初期抓住用户的关注点，制定适合用户的"光储直柔"方案，消除用户的顾虑。

② 建设中需要和产业链的伙伴形成良好的合作关系，把控好实施中的工程细节问题，尤其是不同厂家间的设备兼容和匹配，确保系统联调顺利。

③ 帮助用户做好运维工作，及时解决系统运行中遇到的各种问题。

问题 3：您觉得哪些类型或者具备哪些特征条件的建筑，适合优先采用"光储直柔"技术？

终端用电价格较高、可调节负荷占比较大或供电容量受限的公共建筑，适合优先采用"光储直柔"技术。

问题 4：您觉得推动"光储直柔"建筑规模化发展，需要进一步加强哪些方面工作？

① 加速直流柔性负荷的产业化，为"光储直柔"终端用户扫清心理障碍；

② 推动电价改革，在用户侧体现投资"光储直柔"后带来的实际经济效益；

③ 加强产业分工合作，共同培育和促进市场的良性发展。

4.3.5　宁夏陶庄村社区办公楼

建设单位：固原市原州区住房城乡建设和交通局

设计单位：宁夏新阜特能源服务公司

运营单位：宁夏回族自治区固原市原州区头营镇陶庄社区委员会

项目地点：宁夏回族自治区固原市原州区头营镇陶庄社区

建筑面积：196m²

示范面积：196m²

4.3.5.1　项目总览

（1）项目概况

项目位于宁夏回族自治区固原市原州区头营镇陶庄社区，建筑面积为196m²，是由固原市原州区住房城乡建设和交通局投资，宁夏新阜特能源服务公司设计、承建的乡村公共建筑光伏建筑一体化示范项目。项目实景图见图 4-162。

　　项目总投资 70 万元，共采用了建筑光伏一体化、空气源热泵清洁采暖以及装配式建筑三种新型技术。主要目的是为乡村建筑光伏建筑一体化和清洁采暖应用探索可行路径，总结推广经验。

图 4-162　项目实景图

（2）建设目标

　　项目总体目标是探索实现乡村建筑光伏建筑一体化，以及利用高效空气源热泵实现光伏发电的就地消纳，最终满足乡村清洁采暖的需求。

（3）建设内容

　　项目建设内容包括：建筑光伏系统、空气源热泵系统和智能监测控制系统。建筑配电系统架构如图 4-163 所示。

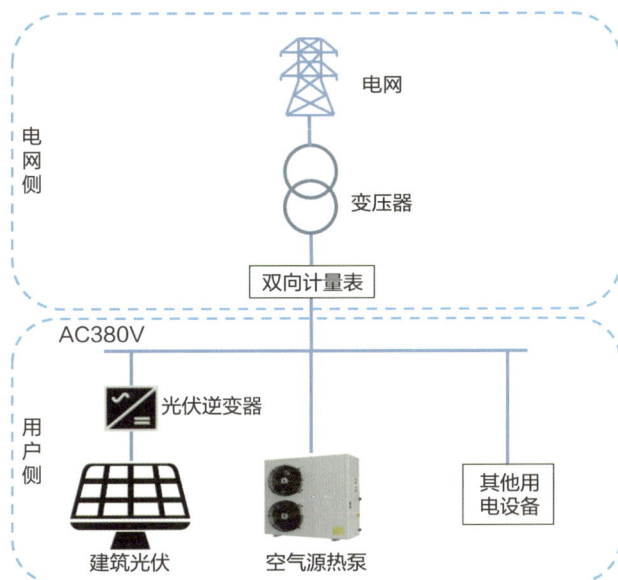

图 4-163　建筑配电系统架构图

建筑光伏系统：采用 BIPV 光伏系统，单晶硅光伏组件，安装于建筑屋顶，光伏系统总装机容量 37.52kWp。

空气源热泵系统：采用高效空气源热泵，采暖 *COP* 值达到 2.3，空气源热泵制热输出功率 20kW（-12℃）。

智慧监测控制系统：主要监测光伏发电系统。

4.3.5.2　项目技术方案

（1）建筑光伏系统

本项目光伏采用自发自用、余量上网的模式，冬季白天的电力主要供空气源热泵使用，为建筑提供采暖热源。单晶硅光伏组件安装在建筑屋顶，由 112 块 335Wp 的光伏组件组成，每 20 块或 22 块光伏组件串联后作为一个独立的直流单元接入并网逆变器，光伏组件总装机功率为 37.52kWp。光伏系统配置 1 台 33kW 的光伏 DC/AC 逆变器，具备 MPPT 自动运行控制和限功率运行功能。光伏组件通过逆变器接入用户侧 AC380V 交流母线，并通过柔性双向 AC/DC 变换器并入市政电网 AC380V 低压侧。光伏发电优先供用户侧负载使用，多余的光伏发电并入交流市政电网。光伏建筑一体化技术见图 4-164。

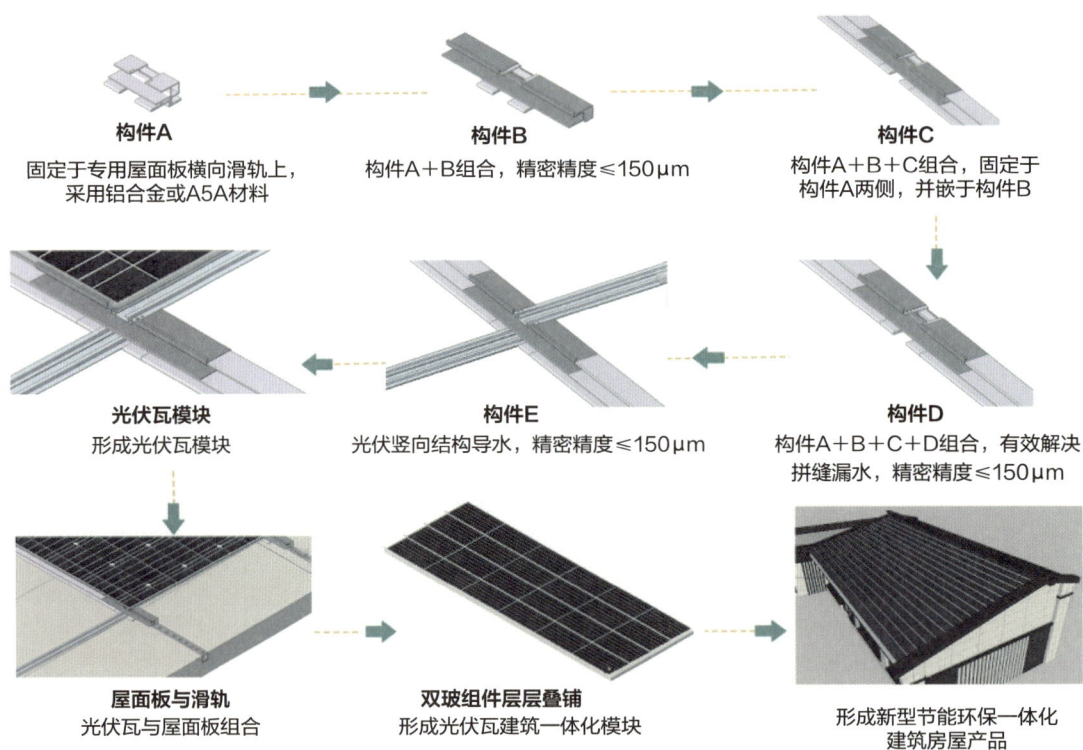

构件A
固定于专用屋面板横向滑轨上，采用铝合金或A5A材料

构件B
构件A＋B组合，精密精度≤150μm

构件C
构件A＋B＋C组合，固定于构件A两侧，并嵌于构件B

光伏瓦模块
形成光伏瓦模块

构件E
光伏竖向结构导水，精密精度≤150μm

构件D
构件A＋B＋C＋D组合，有效解决拼缝漏水，精密精度≤150μm

屋面板与滑轨
光伏瓦与屋面板组合

双玻组件层层叠铺
形成光伏瓦建筑一体化模块

形成新型节能环保一体化建筑房屋产品

图 4-164　光伏建筑一体化技术

（2）空气源热泵系统

本项目空气源热泵采用 AC380V 供电，冬季白天光伏发电优先供给空气源热泵使用，为建筑提供采暖热源。空气源热泵使用便捷，清洁无污染，包括空气源热泵分布式热源、采暖辅助一体智能机以及热辐射末端。机组具有优越的节能效果，冬季采暖能效

超过 220%，助力实现农村清洁采暖。空气源热泵系统见图 4-165。

图 4-165　空气源热泵系统

（3）智慧监测控制系统

本项目设置建筑能源管理系统（图 4-166），可实现本地的人机交互及远程监控，通过人机交互界面可以向业主实时展示光伏日发电量、光伏累计发电量、日上网电量、累计上网电量等指标信息。

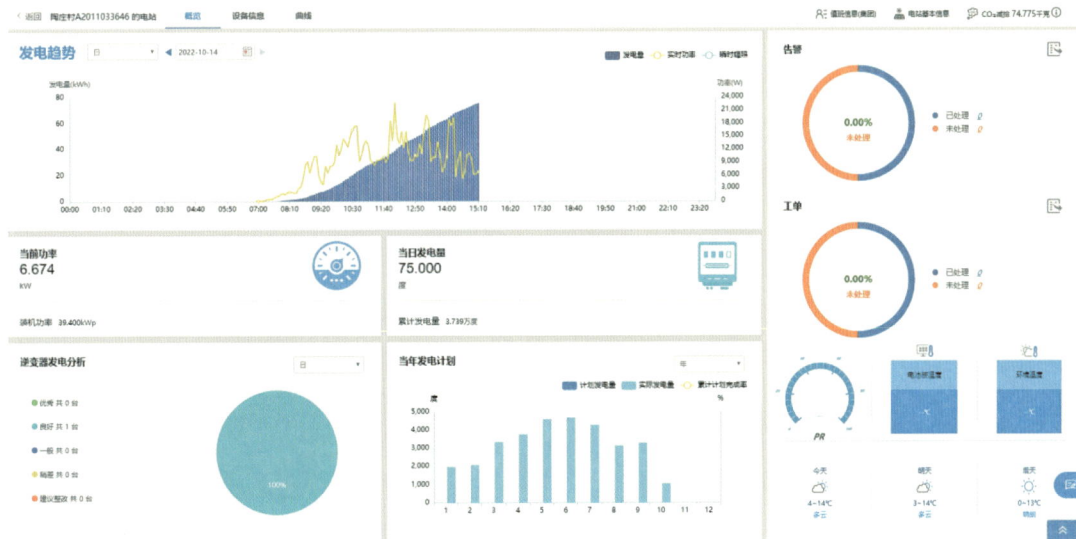

图 4-166　建筑能源系统界面

4.3.5.3　项目实施效果与特点

（1）光伏发电+空气源热泵清洁采暖技术

本项目采用光伏发电驱动空气源热泵采暖，系统原理图如图 4-167 所示，可以使安装在农村的空气源热泵成为电力峰谷差调节装置，在实现农村清洁取暖、改善居民生活状况的同时，为破解电力系统的难题、缓解"弃光"现象找到了一条新的途径。由于参与电力削峰填谷，居民也可以获得低价电费的回报，从而为减轻清洁取暖改造的经济压力找到一条新的出路。

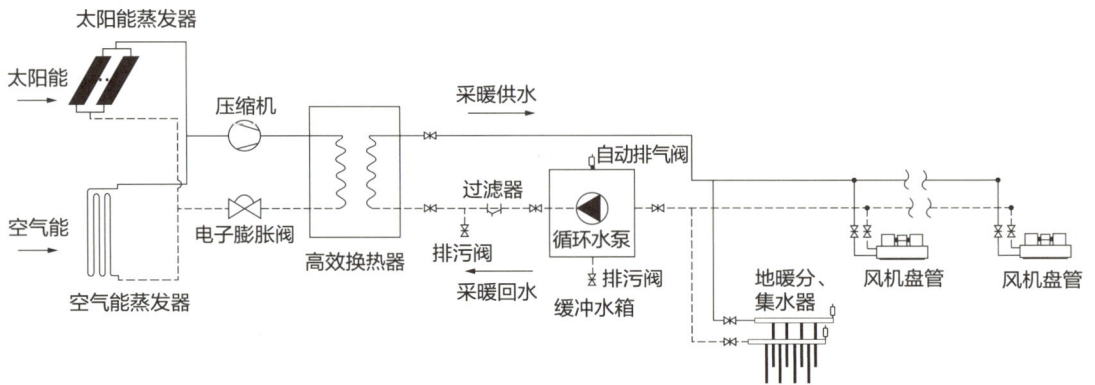

图 4-167　空气源热泵采暖原理图

（2）智能控制和节能措施及运行维护

本项目设置建筑智能控制系统（图 4-168）。光伏发电系统及空气源热泵采暖均可通过手机 App/ 小程序和终端后台两种方式进行智能控制，在使用过程及运营维护方面进一步提升能效，实现智能运行。

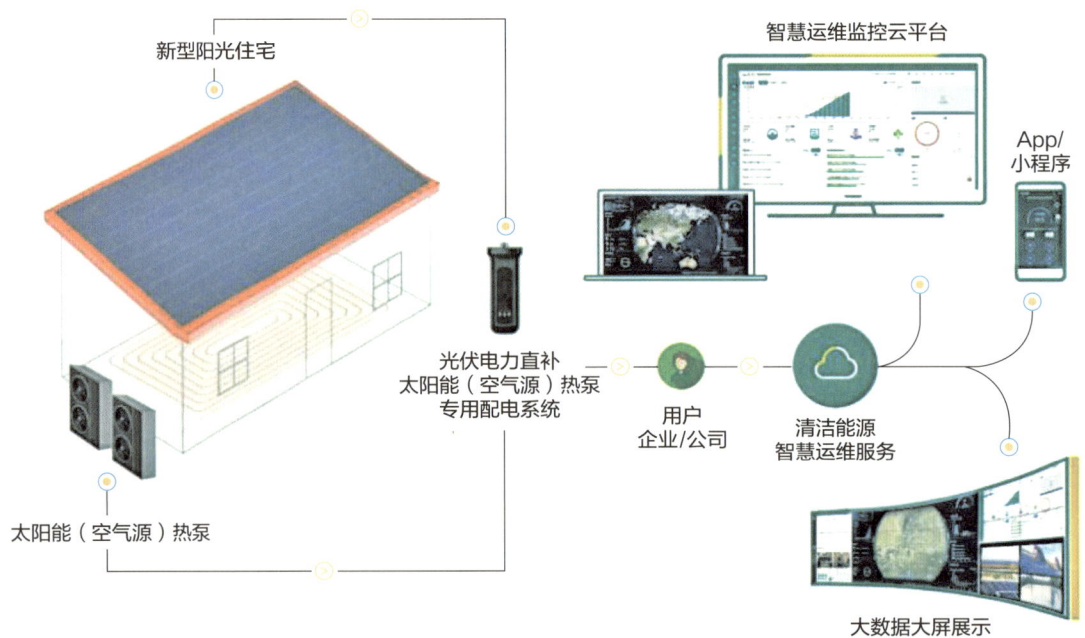

图 4-168　建筑智能控制原理图

4.3.5.4　建设者说

问题 1：在农村开展"光储直柔"项目设计、建造或投运后，举例给您留下印象较深的事情？

给我印象最深的是乡村用户对光伏产品和光伏电力的认可和喜爱。农村地区传统的用电方式和用电习惯负荷历来较小，在这一背景下，用户普遍认为空气源热泵的耗电量较高，光伏发电"自发自用"模式可大幅降低电费支出，是用户最青睐"光伏＋空气源热泵"产品的原因。

问题 2：通过在农村开展"光储直柔"项目建设，您有哪些经验可以分享给同行？

国家取消光伏补贴后，基于光伏上网电价与燃煤电价的捆绑关系，燃煤电价较低的地区光伏发电上网电价非常低，但同时光伏系统的初装成本近几年却一直在不断攀升，以上两方面的原因导致农村地区分布式光伏电站的收益率大幅下降，因此近年来农村地区光伏电站的装机和普及速度大幅趋缓。在新项目设计中，我认为应该采取"光储直柔"技术，重点关注和研究如何实现光伏的最大化消纳以及冬夏两季之间的应用平衡。

问题 3：您觉得哪些类型或者具备哪些特征条件的建筑，适合优先采用"光储直柔"系统？

城市郊区或者乡村地区的既有和新建的公共建筑，例如学校、乡镇政府、乡镇医院，都非常适合采用"光伏＋空气源热泵"采暖，既有建筑可以实施改造，新建建筑可以采用建筑光伏一体化模式。同时对于乡村住宅，我认为新建住宅采用"建筑光伏一体化模式＋空气源热泵"是一个很好的应用方向。

问题 4：您觉得推动"光储直柔"建筑规模化发展，需要进一步加强哪些方面工作？

建筑电气化的发展在农村地区有两类应用值得关注：第一是新能源汽车，第二是空气源热泵冬季取暖，其中空气源热泵在逐步普及当中，新能源汽车在农村也是屡见不鲜，预计发展速度比想象中还要快很多。鉴于此，推动"光储直柔"建筑在农村规模化发展，我们有以下两个建议：

① 着力推动农村地区建筑光伏一体化（BIPV）产业的发展和技术进步（仅从光伏电力的角度出发，一体化应用可降低初装成本、提高收益率），向农村地区提供一种基于建筑光伏一体化的农村建筑整套房屋解决方案，逐步替代农村地区现有的建筑形式，着力于改变农村地区在建筑领域的消费习惯和理念，使分布式光伏在农村成为高质量的应用形式，而且成为一种不言而喻的必需品。

② 切中应用场景。首先从农村新建建筑入手，包括乡村住宅以及乡村公共建筑，以"光储直柔"技术应用为核心，将光伏设备、直流配电设备、直流电器产品、采暖和空调产品进行综合设计，优化配电设计、促进冬夏两季电力平衡应用、实现光伏电力最大化消纳，提高光伏电力的收益。

附录 |

附录 1 "光储直柔"建筑相关标准

我国"光储直柔"建筑相关标准   附表 1

标准号	标准名称	适用场景
GB/T 34134—2017	家用和类似用途安全特低电压（SELV）交流和直流插头插座 16A 6V、12V、24V、48V 型式、基本参数和尺寸	电力设备
GB/T 10963.3—2016	家用及类似场所用过电流保护断路器 第 3 部分：用于直流的断路器	
GB/T 10963.2—2020	电气附件 家用及类似场所用过电流保护断路器 第 2 部分：用于交流和直流的断路器	
T/CEC 225—2019	直流配电网 DC/DC 变换器技术条件	
T/CEC 226—2019	直流配电网 DC/DC 变换器试验方法	
GB/T 35727—2017	中低压直流配电电压导则	低压直流系统
GB/T 39462—2020	低压直流系统与设备安全导则	
T/CABEE 030—2022	民用建筑直流配电设计标准	
T/CEC 107—2016	直流配电电压	
T/CEC 167—2018	直流配电网与交流配电网互联技术要求	
T/CEC 248—2019	直流配电系统保护技术导则	
GB/T 38833—2020	信息通信用 240V/336V 直流供电系统技术要求和试验方法	通信、数据中心
GB/T 38428.1—2019	数据中心和电信中心机房安装的信息和通信技术（ICT）设备用直流插头插座 第 1 部分：通用要求	
GB/T 25085.4—2020	道路车辆 汽车电缆 第 4 部分：交流 30V 或直流 60V 单芯铝导体电缆的尺寸和要求	道路车辆
GB/T 25085.3—2020	道路车辆 汽车电缆 第 3 部分：交流 30V 或直流 60V 单芯铜导体电缆的尺寸和要求	
GB/T 37317—2019	轨道交通 直流架空接触网雷电防护导则	轨道交通
GB/T 28026.2—2018	轨道交通 地面装置 电气安全、接地和回流 第 2 部分：直流牵引供电系统杂散电流的防护措施	
GB/T 28026.3—2018	轨道交通 地面装置 电气安全、接地和回流 第 3 部分：交流和直流牵引供电系统的相互作用	
GB/T 34581—2017	光伏系统用直流断路器通用技术要求	光伏
GB/T 39750—2021	光伏发电系统直流电弧保护技术要求	
GB/T 33765—2017	地面光伏系统用直流连接器	
GB/T 18802.31—2021	低压电涌保护器 第 31 部分：用于光伏系统的电涌保护器性能要求和试验方法	
GB/T 18487.3—2001	电动车辆传导充电系统 电动汽车辆交流／直流充电机（站）	电动汽车
GB/T 20234.3—2015	电动汽车传导充电用连接装置 第 3 部分：直流充电接口	
GB/T 18216.1—2021	交流 1000V 和直流 1500V 及以下低压配电系统电气安全 防护措施的试验、测量或监控设备 第 1 部分：通用要求	低压配电安全
GB/T 18216.2—2021	交流 1000V 和直流 1500V 及以下低压配电系统电气安全 防护措施的试验、测量或监控设备 第 2 部分：绝缘电阻	

续表

标准号	标准名称	适用场景
GB/T 18216.3—2021	交流 1000V 和直流 1500V 及以下低压配电系统电气安全 防护措施的试验、测量或监控设备 第 3 部分：环路阻抗	低压配电安全
GB/T 18216.4—2021	交流 1000V 和直流 1500V 及以下低压配电系统电气安全 防护措施的试验、测量或监控设备 第 4 部分：接地电阻和等电位接地电阻	
GB/T 18216.5—2021	交流 1000V 和直流 1500V 及以下低压配电系统电气安全 防护措施的试验、测量或监控设备 第 5 部分：对地电阻	
GB/T 18216.8—2015	交流 1000V 和直流 1500V 以下低压配电系统电气安全 防护措施的试验、测量或监控设备 第 8 部分：IT 系统中绝缘监控装置	
GB/T 18216.9—2015	交流 1000V 和直流 1500V 以下低压配电系统电气安全 防护措施的试验、测量或监控设备 第 9 部分：IT 系统中的绝缘故障定位设备	
GB/T 18216.2—2012	交流 1000V 和直流 1500V 及以下低压配电系统电气安全 防护措施的试验、测量或监控设备 第 2 部分：绝缘电阻	
GB/T 18216.1—2012	交流 1000V 和直流 1500V 及以下低压配电系统电气安全 防护措施的试验、测量或监控设备 第 1 部分：通用要求	
GB/T 18216.12—2010	交流 1000V 和直流 1500V 以下低压配电系统电气安全 防护措施的试验、测量或监控设备 第 12 部分：性能测量和监控装置（PMD）	
GB 20943—2013	单路输出式交流—直流和交流—交流外部电源能效限定值及节能评价值	能效评定
GB/T 21413.3—2008	铁路应用 机车车辆电气设备 第 3 部分：电工器件 直流断路器规则	轨道交通
GB/T 10411—2005	城市轨道交通直流牵引供电系统	
GB/T 28429—2012	轨道交通 1500V 及以下直流牵引电力电缆及附件	
GB/T 25890.1—2010	轨道交通 地面装置 直流开关设备 第 1 部分：总则	
GB/T 25890.2—2010	轨道交通 地面装置 直流开关设备 第 2 部分：直流断路器	
GB/T 25890.4—2010	轨道交通 地面装置 直流开关设备 第 4 部分：户外直流隔离开关、负荷开关和接地开关	
GB/T 25890.5—2010	轨道交通 地面装置 直流开关设备 第 5 部分：直流避雷器和低压限制器	
GB/T 25890.7—2010	轨道交通 地面装置 直流开关设备 第 7-1 部分：直流牵引供电系统专用测量、控制和保护装置 应用指南	
GB/T 25890.8—2010	轨道交通 地面装置 直流开关设备 第 7-2 部分：直流牵引供电系统专用测量、控制和保护装置 隔离电流变送器和其他电流测量设备	
GB/T 25890.9—2010	轨道交通 地面装置 直流开关设备 第 7-3 部分：直流牵引供电系统专用测量、控制和保护装置 隔离电压变送器和其他电压测量设备	
GB/T 25890.3—2010	轨道交通 地面装置 直流开关设备 第 3 部分：户内直流隔离开关、负荷开关和接地开关	
GB/T 25890.6—2010	轨道交通 地面装置 直流开关设备 第 6 部分：直流成套开关设备	
T/CECS 705—2020	直流照明系统技术规程	照明
GB/T 19654—2005	灯用附件 钨丝灯用直流／交流电子降压转换器 性能要求	
GB/T 19656—2005	管形荧光灯用直流电子镇流器 性能要求	
GB 19510.5—2005	灯的控制装置 第 5 部分：普通照明用直流电子镇流器的特殊要求	

续表

标准号	标准名称	适用场景
GB 19510.6—2005	灯的控制装置　第6部分：公共交通运输工具照明用直流电子镇流器的特殊要求	照明
GB 19510.7—2005	灯的控制装置　第7部分：航空器照明用直流电子镇流器的特殊要求	
GB/T 30104.206—2013	数字可寻址照明接口　第206部分：控制装置的特殊要求　数字信号转换成直流电压（设备类型5）	
GB 19510.13—2007	灯的控制装置　第13部分：放电灯（荧光灯除外）用直流或交流电子镇流器的特殊要求	
GB/T 15144—2020	管形荧光灯用交流和/或直流电子控制装置　性能要求	
GB/T 24825—2022	LED模块用直流或交流电子控制装置　性能规范	
GB 19510.14—2009	灯的控制装置　第14部分：LED模块用直流或交流电子控制装置的特殊要求	
GB 19510.3—2009	灯的控制装置　第3部分：钨丝灯用直流/交流电子降压转换器的特殊要求	
GB 19510.8—2009	灯的控制装置　第8部分：应急照明用直流电子镇流器的特殊要求	
GB/T 35715—2017	船舶直流电力系统短路电流计算方法	船舶
GB/T 35719—2017	船舶中压直流电力系统通用要求	
GB/T 25292—2010	船用直流电机技术条件	
GB/T 17846—2009	小艇　直流电动舱底泵	
GB/T 19311—2003	小艇　电气系统　超低压直流装置	
GB/T 22691—2008	电池式电动工具用直流开关	电动工具
GB/T 18269—2008	交流1kV、直流1.5kV及以下电压等级带电作业用绝缘手工工具	
GB/T 37139—2018	直流供电设备的EMC测量方法要求	直流电源
GB/T 20114—2019	普通电源或整流电源供电直流电机的特殊试验方法	
GB/T 19826—2014	电力工程直流电源设备通用技术条件及安全要求	
GB/T 7260.503—2020	不间断电源系统（UPS）　第5-3部分：直流输出UPS　性能和试验要求	
GB/T 17478—2004	低压直流电源设备的性能特性	
GB/T 21560.3—2008	低压直流电源　第3部分：电磁兼容性（EMC）	
GB/T 21560.6—2008	低压直流电源　第6部分：评定低压直流电源性能的要求	
GB/T 17626.29—2006	电磁兼容　试验和测量技术　直流电源输入端口电压暂降、短时中断和电压变化的抗扰度试验	
GB/T 19826—2014	电力工程直流电源设备　通用技术条件及安全要求	
GB/T 17626.17—2005	电磁兼容　试验和测量技术　直流电源输入端口纹波抗扰度试验	
GB/T 10190—2012	电子设备用固定电容器　第16部分：分规范　金属化聚丙烯膜介质直流固定电容器	其他
GB/T 39553—2020	直流伺服电动机通用技术条件	
GB/T 29843—2013	直流电子负载通用规范	
GB/T 22716—2008	直流电机电枢绕组匝间绝缘试验规范	

续表

标准号	标准名称	适用场景
GB/T 3930—2008	测量电阻用直流电桥	其他
GB/T 14913—2008	直流数字电压表及直流模数转换器	
GB/T 3927—2008	直流电位差计	
GB/T 3928—2008	直流电阻分压箱	
GB/T 1311—2008	直流电机试验方法	
GB/T 999—2021	直流电力牵引额定电压	
GB/T 13958—2008	无直流励磁绕组同步电动机试验方法	
GB/T 10401—2008	永磁式直流力矩电动机通用技术条件	
GB/T 4997—2008	永磁式低速直流测速发电机通用技术条件	

IEC（International Electrotechnical Commission）
出版的"光储直柔"建筑相关标准   附表 2

标准编号	标准英文名称	标准中文名称	适用场景
IEC 60038:2021	IEC standard voltages	IEC 标准电压	电力系统
IEC 60059:2009	IEC standard current ratings	IEC 标准额定电流	
IEC TS 62749:2020	Assessment of power quality - Characteristics of electricity supplied by public networks	电能质量评估 - 公共网络供电的特性	
IEC TS 63222-1:2021	Power quality management - Part 1: General guidelines	电能质量管理 - 第 1 部分：一般准则	
IEC TR 63282:2020	LVDC systems - Assessment of standard voltages and power quality requirements	LVDC 系统 - 评估标准电压和电能质量要求	
IEC 61140:2016	Protection against electric shock - Common aspects for installation and equipment	电击防护 - 装置和设备的通用要求	电击防护
IEC TS 61200-101:2018	Electrical installation guide - Part 101: Application guidelines on extra-low-voltage direct current electrical installations not intended to be connected to a public distribution network	电气安装指南 - 第 101 部分：不打算连接到公共配电网络的超低压直流电气装置的应用指南	电气安装
IEC TS 61200-102:2020	Electrical installation guide - Part 102: Application guidelines for low-voltage direct current electrical installations not intended to be connected to a public distribution network	电气安装指南 - 第 102 部分：无意接入公共配电网的低压直流电气安装应用指南	

续表

标准编号	标准英文名称	标准中文名称	适用场景
IEC TS 62735-1:2015	Direct current (DC) plugs and socket-outlets for information and communication technology (ICT) equipment installed in data centres and telecom central offices - Part 1: Plug and socket-outlet system for 2.6kW	安装在数据中心和电信中心局的信息和通信技术（ICT）设备的直流（DC）插头和插座 - 第 1 部分：2.6kW 的插头和插座系统	数据中心
IEC TS 62735-2:2016	Direct current (DC) plugs and socket-outlets for information and communication technology (ICT) equipment installed in data centres and telecom central offices - Part 2: Plug and socket-outlet system for 5.2kW	安装在数据中心和电信中心局的信息和通信技术（ICT）设备的直流（DC）插头和插座 - 第 2 部分：5.2kW 的插头和插座系统	
IEC TS 63236-1:2021	Direct current (DC) appliance couplers for information and communication technology (ICT) equipment installed in data centres and telecom central offices - Part 1: 2.6kW system	安装在数据中心和电信中心局的信息和通信技术（ICT）设备的直流（DC）电器耦合器 - 第 1 部分：2.6kW 系统	
IEC TS 63236-2:2021	Direct current (DC) appliance couplers for information and communication technology (ICT) equipment installed in data centres and telecom central offices - Part 2: 5.2kW system	安装在数据中心和电信中心局的信息和通信技术（ICT）设备的直流（DC）电器耦合器 - 第 2 部分：5.2kW 系统	
IEC TS 63236-3:2021	Direct current (DC) appliance couplers for information and communication technology (ICT) equipment installed in data centres and telecom central offices - Part 3: AC/DC appliance inlet	安装在数据中心和电信中心局的信息和通信技术（ICT）设备的直流（DC）电器耦合器 - 第 3 部分：AC/DC 电器入口	
IEC TR 62511:2014	Guidelines for the design of interconnected power systems	互联电力系统设计指南	能源与电网互联
IEC TS 62786:2017	Distributed energy resources connection with the grid	能源资源与电网的连接	
IEC TS 63060:2019	Electric energy supply networks - General aspects and methods for the maintenance of installations and equipment	电能供应网络 - 装置和设备维护的一般方面和方法	
IEC 62934:2021	Grid integration of renewable energy generation - Terms and definitions	可再生能源发电的电网整合 - 术语和定义	
IEC TR 63043:2020	Renewable energy power forecasting technology	可再生能源电力预测技术	
IEC TS 63102:2021	Grid code compliance assessment methods for grid connection of wind and PV power plants	风电和光伏电站并网的电网规范符合性评估方法	

续表

标准编号	标准英文名称	标准中文名称	适用场景
IEC 61968 系列	—	互补的用于促进电力系统管理及信息交换的系列标准	信息交换
IEC 61970 系列	—		
IEC TS 62898-1:2017	Microgrids - Part 1: Guidelines for microgrid projects planning and specification	微电网 - 第 1 部分：微电网工程规划设计导则	微电网
IEC TS 62898-2:2018	Microgrids - Part 2: Guidelines for operation	微电网 - 第 2 部分：运行导则	
IEC TS 62898-3-1	Microgrids - Part 3-1: Technical requirements - Protection and dynamic control	微电网 - 3-1：技术要求 - 保护和动态控制	
IEC 62924:2017	Railway applications - Fixed installations - Stationary energy storage system for DC traction systems	铁路应用 - 固定装置 - 用于直流牵引系统的固定式储能系统	铁路
IEC 60092-101:2018	Electrical installations in ships - Part 101: Definitions and general requirements	船舶电气装置 - 第 101 部分：定义和一般要求	船舶
IEC PAS 63108:2017	Electrical installation in ships - Primary DC distribution - System design architecture	船舶电气安装 - 一次直流配电 - 系统设计架构	

IEEE（Institute of Electrical and Electronics Engineers）

出版的"光储直柔"建筑相关标准　　　　附表 3

标准编号	标准英文名称	标准中文名称	适用场景
IEEE P2030	IEEE Guide for Smart Grid Interoperability of Energy Technology and Information Technology Operation with the Electric Power Systems (EPS), End-Use Applications, and Loads	IEEE 能源技术和信息技术与电力系统（EPS）、终端应用和负载的智能电网互操作性指南	信息交换
IEEE Std. 2030.1.1-2015	IEEE Standard Technical Specifications of a DC Quick Charger for Use with Electric Vehicles	用于电动汽车的直流快速充电器的 IEEE 标准技术规范	电动汽车
IEEE P2030.2.1/D7.0	Draft Guide for Design, Operation, and Maintenance of Battery Energy Storage Systems, both Stationary and Mobile, and Applications Integrated with Electric Power Systems	固定式和移动式电池储能系统以及与电力系统集成的应用的设计、操作和维护指南草案	储能
IEEE P2030.3 TM	Energy-Storage Test Procedures for Equipment Interconnecting Electric Energy Storage with Electric Power Systems	储能系统接入电网测试标准	

续表

标准编号	标准英文名称	标准中文名称	适用场景
IEEE Std 2030.5-2018	IEEE Standard for Smart Energy Profile Application Protocol	智能能源配置文件应用协议	信息交换
IEEE Std 2030.6-2016	IEEE Guide for the Benefit Evaluation of Electric Power Grid Customer Demand Response	电网客户需求响应效益评估指南	
IEEE P2030.9-2019	IEEE Recommended Practice for the Planning and Design of the Microgrid	微电网规划设计推荐性实践	微电网
IEEE Std.1901b-2021	IEEE Standard for Broadband over Power Line Networks: Medium Access Control and Physical Layer Specifications Amendment 2: Enhancements for Authentication and Authorization	IEEE 电力线网络宽带标准：媒体访问控制和物理层规范 修订 2：身份验证和授权的增强	信息交换
IEEE Std.929-2000	IEEE Recommended Practice for Utility Interface of Photovoltaic (PV) Systems	推荐应用的光伏系统接口	接口
IEEE Std.1547-2003	IEEE Standard for Interconnecting Distributed Resources with Electric Power Systems	分布式电源与电力系统互联相关标准	能源与电网互联
IEEE Std.1686-2007	IEEE Standard for Substation Intelligent Electronic Devices (IEDs) Cyber Security Capabilities	智能电子设备安全性相关标准	信息交换
IEEE 802.3bt-2018	IEEE Standard for Ethernet Amendment 2: Physical Layer and Management Parameters for Power over Ethernet over 4 pairs	IEEE 以太网标准修正案 2：4 线对以太网供电的物理层和管理参数	信息交换
IEEE 802.3bu-2016	IEEE Standard for Ethernet-- Amendment 8: Physical Layer and Management Parameters for Power over Data Lines (PoDL) of Single Balanced Twisted-Pair Ethernet	IEEE 以太网标准 - 修正案 8：单平衡双绞线以太网数据线供电（PoDL）的物理层和管理参数	信息交换

ITU（International Telecommunication Union）

出版的"光储直柔"相关标准　　　　　　　附表 4

标准编号	标准英文名称	标准中文名称	适用场景
ITU-TL.1200（05/2012）	Direct current power feeding interface up to 400 V at the input to telecommunication and ICT equipment	DC400V 及以下直流供电系统与信息通信设备供电接口要求	信息交换
ITU-TL.1201（03/2014）	Architecture of power feeding systems of up to 400 VDC	DC400V 及以下的馈电系统的架构	数据中心直流供电系统
ITU-TL.1204（06/2016）	Extended architecture of power feeding systems of up to 400 VDC	DC400V 及以下的供电系统的扩展架构	

续表

标准编号	标准英文名称	标准中文名称	适用场景
ITU-TL.1205（12/2016）	Interfacing of renewable energy or distributed power sources to up to 400 VDC power feeding systems	可再生能源或分布式电源与 DC400V 及以下供电系统的接口	数据中心直流供电系统
ITU-TK.151（01/2022）	Electrical safety and lightning protection of medium voltage input and up to ±400 VDC output power system in ICT data centres and telecommunication centres	ICT 数据中心和电信中心中压输入和 −DC400V～DC400V 输出电源系统的电气安全和防雷保护	
ITU-TL.1207（05/2018）	Progressive migration of a telecommunication/information and communication technology site to 400 VDC sources and distribution	将电信／信息和通信技术站点逐步迁移到 DC400V 电源和配电	

ESTI（European Telecommunications Standards Institute）
出版的"光储直柔"相关标准 附表 5

标准编号	标准英文名称	标准中文名称	适用场景
ETSI EN 300 132-2 V2.6.1（2019-04）	Environmental Engineering (EE); Power supply interface at the input of Information and Communication Technology (ICT) equipment; Part 2:-48 V Direct Current (DC)	环境工程（EE）；信息和通信技术（ICT）设备输入处的电源接口；第 2 部分：−48V 直流电（DC）	信息交换
ETSI EN 300 132-3-1 V2.1.1（2012-02）	Environmental Engineering (EE); Power supply interface at the input to telecommunications and datacom (ICT) equipment;Part 3: Operated by rectified current source, alternating current source or direct current source up to 400V	环境工程（EE）；电信和数据通信（ICT）设备输入处的电源接口；第 3 部分：由 400V 及以下的整流电流源，交流电源或直流电源操作	

附录 2 术语和缩略语中英文对照表

英文缩写	英文名称	中文名称
AC	alternating current	交流
APR	active power response	功率主动响应
BAPV	building attached photovoltaic	光伏附着在建筑上
BIPV	building integrated photovoltaic	光伏建筑一体化
BMS	battery management system	电池管理系统
DC	direct current	直流
EMS	energy management system	能量管理系统
ESS	energy storage system	储能系统
ESTI	European Telecommunications Standards Institute	欧洲电信标准化协会
GIB	grid-interactive building	建筑电力交互
IEA	International Energy Agency	国际能源署
IEC	International Electrotechnical Commission	国际电工委员会
IEEE	Institute of Electrical and Electronics Engineers	电气电子工程师学会
IMD	insulation monitoring device	绝缘监测装置
ITU	International Telecommunication Union	国际电信联盟
LED	light-emitting diode	发光二极管
LVDC	low voltage direct current	低压直流
MOSFET	metal-oxide semiconductor field effect transistor	金属 - 氧化物半导体场效应管
MPPT	maximum power point tracking	最大功率点跟踪
PEDF	Photovoltaics, Energy storage, Direct current and Flexibility	光储直柔
PES	Power & Energy Society	电力与能源协会
PFC	power factor correction	功率因数校正
PPI	peak performance index	峰荷性能指标
RCD	residual current device	剩余电流保护装置
RCM	residual current monitor	剩余电流监测装置
SCRT	short circuit ride through	短路故障穿越
SOC	state of charge	荷电状态
SPI	subscribed performance index	认缴性能指标
UPS	uninterruptible power supply	不间断电源
V2B	vehicle to building	建筑电动汽车交互
V2G	vehicle to grid	电动汽车电网交互